EXPLORING THE ORIGINS OF LIFE

Coevolution of Earth and Living Organisms in Space

生命の起源をさぐる

宇宙からよみとく生物進化

日本宇宙生物科学会
奥野 誠／馬場昭次／山下雅道——[編]

東京大学出版会

Exploring the Origins of Life

Coevolution of Earth and Living Organisms in Space

Edited by

Japanese Society for Biological Sciences in Space,

Makoto OKUNO, Shoji BABA, Masamichi YAMASHITA

University of Tokyo Press, 2010

ISBN 978-4-13-063331-4

はじめに

本書は、第一九回日本宇宙生物科学会大会において行われたシンポジウム「生命機能の起源を探る」を骨格として、講演内容をリニューアルして書き下ろしたものである。執筆には、講演者とさらに若干名の研究者に加わっていただいた。

日本宇宙生物科学会は、宇宙とかかわる生命科学の研究を志す研究者の活動の場として、二〇年以上活動をしてきた。地球外生命の探求を目指すアストロバイオロジー、重力や宇宙線など地上とまったく異なった環境が生命に与える影響を研究する重力生物学や放射線生物学、ヒトの宇宙進出に欠かせない宇宙医学など、多面的に生物を研究する者の集まりである。物理学や化学が地球上に限らず宇宙で通じる、いわばユニバーサルな学問であるのに対し、今までの生物学は地球上に限定された学問、いわば地球生物学であった。その垣根を取り払うことで、普遍的な生命科学への道が開けるのではないか、という理念で私たちは活動を続けている。

今年の一〇月には、国連生物多様性条約第一〇回締約国会議（COP10）が名古屋で開かれた。生命の多様性に対する私たちの認識は、いまや国際レベルで議論されるまでになっているが、一方で、一千万種以上といわれる地球上の生命は、たった一つのコモノートを源とすることがわかってきている。誕生した生命は増殖し、進化し、多様性を増しただけでなく、地球環境をも変え、それによってさらにその新しい環境に適した種が誕生し、適応できない種は滅びてきた。地球は生命を宿すことで、ダイナミックに躍動する惑星に変貌した。

そのような生命とは何なのか。そしてその一員でもある私たちはどこから来てどこへ行こうとしているのか。これらの問いかけの答えは漸近線として、永久に得られないものかもしれないが、それでも着実に近づいていることを私たちは実感している。日本人宇宙飛行士の頻繁な活躍のみならず、小惑星探査機「はやぶさ」の帰還は一つの大冒険物語として私たちを興奮させた。宇宙はますます身近なものとなり、生命の起源は地球上なのかそれとも地球外の宇宙なのか、地球以外に生命体は存在するのかなどの多くの問題は、いまや科学の射程で捉えられるものとなってきている。

生命を定義することは、生命科学を研究するより難しいといわれるように、生命を一言で定義することは不可能であろう。しかし私たちは生命の具現する様々な機能を知っている。それらの機能を生命はいかにして獲得したのか、むしろ逆にいかにしてそれらの機能を獲得し、生命体となりえたかという問題意識でまとめたのが、本書である。本書によって生命に対する新たな見方を発見していただければ、また、本書が宇宙的視野に立った生命科学を志すきっかけになれば望外の喜びである。

二〇一〇年　一二月

編者一同

●目次●

序章　宇宙から生命をさぐる

山下雅道

私たちがどこからきたのか、この世界がどのようにはじまったのかを理解しようとする現代の科学にとって、宇宙はその鍵をあたえてくれる良い研究対象である。生物は自然発生しない。私たちには親がいて、その親にはまた親がいる。とすると最初の生命はどのようにしてうまれたのだろうか。そもそも生命は地球の上で誕生したのだろうか、あるいは、生命の起源を地球外にもとめるパンスペルミア仮説のいうようにほかの天体から「生命のたね」がもたらされたのだろうか。

地球上の生物は、少なくともこれまでに調べられている限りにおいて、たった一つの共通の祖先にたどり着くことができる。そして、その共通の祖先から多様な生物種に進化してきたことがわかっている。地球外の生命はそこそこに私たちと通じ合う似たような生命だろうか、それともまったく別のしくみや原理にもとづいているのだろうか。宇宙は、私たちの問いに驚きの答えを用意してくれているかもしれない。

生命のゆりかごとしての太陽系

太陽系惑星の一つである地球の特性と、その上ではぐくまれてきた生命のありさまは、相互に深く関連していることがわかってきている。生命体を構築しているさまざまな物質の構成元素は、宇宙での元素の組成に少なからず規定されて選ばれている。

宇宙のはじまりであるビッグバンの直後につくられた原子はH（水素）とわずかなHe（ヘリウム）であった。これらはたがいに引き合い、ごくわずかではあるが核融合反応による原子核合成を行いながら塊をつくって星となった。大きな星の内部では高密度・高エネルギー状態となり、核融合反応によるさらなる原子核合成が進んだ。その結果、星の内部には重い原子核をもつ原子が蓄積した。やがて星がその一生を終えるとき、そこで生成した元素は超新星爆発によって周囲の宇宙空間に散らされ、次の星をつくる原料物質となった。何回か、いや途方もない数のこれらの繰り返しの末に太陽系星雲ができた。

原子核反応（核融合と核分裂）によってどんな原子や元素が生成しやすいかは、原子核をつくる陽子と中性子の相互作用やそれらの間の結合エネルギー、そして反応のネットワークによって決まっている。結果として、宇宙全体でのLi（リチウム）、Be（ベリリウム）、B（ホウ素）の存在比は小さく、偶数の陽子（原子番号が偶数の元素）で偶数の中性子の同位体は多い。また、原子量がFe（鉄）周辺の原子は原子核の核子あたりの結合エネルギーが大きいために安定である。総じてFeより軽い原子は核融合、重い原子は核分裂して、宇宙での物質進化の過程でFe周辺の原子の存在比を大きくしてきた。ただし、宇宙全体でみればH、Heや軽元素の存在比は、いまだに圧倒的に大きい。

太陽系星雲の内部の元素分布をみると、中心近くでは重力によって引き寄せられたために重い元素が多く、周縁部では少ない。この元素分布が太陽系の惑星の個性を生み出す要素の一つとなっている。地球がどのようにしてでき、現在の姿となったか、また地球上で生命がはじまり、そして進化がどのように可能であったのかを理解するには、太陽系のほかの惑星と地球を比較することが、その解答を引き出す一つの鍵となる。太陽系の惑星には、水星、金星、地球、火星という太陽に近い四つの固体惑星と、核融合反応が着火せず太陽になりそこねた巨大な気体惑星である木星、土星、そしてさらに以遠にある巨大な氷からなる天王星、海王星がある。

太陽系がうまれたしくみは次のように考えられている。回転する太陽系星雲が、その重力と遠心力の作用によって回転面上に平たく広がり、ガス状の宇宙塵が中心天体である太陽に向かって落ち込んでいった。この降着円盤のなかのあちこちで宇宙塵が凝集して微惑星ができ、衝突による集合離散の果てに惑星が育っていった。そうして大きくなった惑星が周囲の小さな天体を重力により引きつけ、さらに大きくなっていった。大きく育った惑星の内部ではFeやNi（ニッケル）などの重い金属が分離して重力により中心部に集まる。このような重い金属が沈んでいく過程で生じた熱エネルギーによって、高温で溶融した核が惑星の中心にできる。

一方、惑星に降り注ぐ天体が惑星表面に衝突することによって生じた熱エネルギーによって、惑星の表面の岩石は溶融して、マグマの海であるマグマオーシャンができて厚い層をなして全球を覆った。地球が冷えてマグマオーシャンが固化すると、隕石や宇宙塵がもたらした水は液体となり全球を深く覆う海をつくった。惑星に最初にあった一次大気は太陽風によって吹き飛ばされ失われた。惑星が大きく育った後にも、降ってきた隕石・宇宙塵の脱ガスによって、また引き続き内部からも供給された二酸化炭素やメタン（CH_4）によって二次大気ができ、これが固体惑星を覆うことになった。さらに惑星中心部の溶融した鉄を主体とした金属の流動は強い磁場を形成し、宇宙線の地表への飛来を大気の層とともに遮蔽することとなった。このようにして誕生した惑星の一つである地球は、特徴的な元素構成、絶妙な太陽からの距離とサイズによって、地球型の生命をはぐくむ惑星となったのである。

ここで地球の特徴の一つとしての水について考えてみよう。宇宙空間を漂う水は氷の状態であるが液体のように振る舞うことが観測されている。宇宙の氷は「生命のゆりかご」ともいわれているが、惑星を考えるときには液体の水の存在がやはり生命の条件である。地球は固体惑星のなかでは格段に大きい。惑星表面でいまも液体の水があるのは太陽系では地球にかぎられ、しかもその量が圧倒的に多い。しかし、自身の重力で周囲の小さな天体を引きつけ、公転軌道の周囲の空間を掃き清めた直後の火星には、少ないとはいえ質量が地球の一〇分の一ということもあって、地球よりは規模が小さいものの、液体の水が表面に豊富にあった。

第1章で詳しく述べるが、生命の起源においてＲＮＡ（核酸塩基、糖のリボース、リン酸が結合し、それが縮合した鎖状のポリマー）の果たした役割はきわめて大きいと考えている研究者が多い。それでは、ＲＮＡの合成に必須で直接の原材料となる物質であるＲＮＡ前駆体が宇宙で生成しうるのであろうか。この点に関しては、ＲＮＡ分子の片割れである核酸塩基の原料となるシアン化水素（HCN）、糖をつくるアルデヒドが宇宙で生成することは、実験的にも隕石からの採取でも確かめられている。これらのパーツがそろったら、次の段階として鎖状にＲＮＡをつなぐリン酸も含めて、一箇所に必要なパーツをどう揃えるかが問題となる。ＲＮＡを構成するリボースといった糖分子を安定に存在させるためには、宇宙での存在比は微小であるＢ（ホウ素）の化合物が（Caの存在とともに）有効であると考えられている。その場合、全球が海に覆われていた初期の地球よりは、水がそれほど多くないために海岸線が長く、波打ち際の潮だまりが多かった火星の方がＲＮＡをつくるには有利であったかもしれない。このように考えると、地球は生命の誕生にとって最適の条件ではなかったかもしれないのである。

一方、深海底の熱水噴出孔の周辺や地球深部の生命については、第1章や第2章で述べられるように多くのことがわかってきている。光合成にはよらない化学合成生物の姿が明らかにされ、地球深部の安定した環境が、生命のはじまりを可能にしたのかもしれないとも推論されている。地球表層近くでみられる生物は単一の共通祖先にたどりつくことができる。仮に複数の原理の生命がはじまったとしても、ひとつながりの海のなかや陸の上では、適応度の高い生物がほかの原理の生物を殲滅してきた結果、単一の共通祖先をもっているようにみえるのであるという説もある。しかし、地下深部には隔離された環境の下で異なる祖先の生物がいるかもしれない。ただし、地下深部の生物は、海水がマントルへ引き込まれたとき、とくに七・五億年前から大量の海水がマントルへ流入したときに、海水と一緒に表層の生物が深部に移ったともいわれている。そうであるなら、異なる祖先をもつ生物は駆逐されてしまっているのかもしれない。いずれにしても深海底の生物相は、古細菌を中心とした一風変わった生物群であることが明らかにされている。

このように、生命のはじまりについてはさまざまな可能性が推測され、また多様な生命形態があってもおかしくはないと考えられている。しかしそれらを見出すのは実は容易ではない。地球上では私たちと先祖を一にする生命が圧倒的で、それ以外の形態の生命はすぐに駆逐され、とって代わられた可能性が高い。地下五〇〇mという深部にも生命は存在しうるので、隕石のなかにも容易に侵入する。その結果、宇宙から運ばれてきたものか地上で汚染されたものかのみきわめは非常に困難になる。そこでとくに宇宙に関しては生命探査の対象である天体を不用意に地球起源の生物や有機物で汚染しないように、国際的な宇宙科学の組織である宇宙研究委員会（Committee on Space Research、CO-SPAR）には惑星防護パネル（Planetary Protection Panel、PPP）という組織があり、各国の計画が十分にねらわれ汚染防止が実施され、それが実証されるかを監視している。

逆に、二〇一八年以降の宇宙飛行ミッションとして計画されている、火星から試料（サンプル）を採取しもち帰る（リターン）というマース・サンプルリターン・ミッション（Mars Sample Return Mission）では、持ち帰られるかもしれない火星生命により地球の生物や生物圏の環境に悪い影響が与えられないか、帰還サンプルについて科学的な研究に供する前に、慎重な惑星検疫が行われるだろう。

宇宙生命探査というアプローチ――火星をめぐって

このように考えを進めていくと、ほかの惑星でも十分に生命が誕生する可能性があることがわかる。宇宙を舞台とする生命探査の計画は、そのときどきの生命の理解により組み立てられる。火星を例にとれば、一〇〇年前には、少しばかりの懐疑は添えられていたにせよ、地球から視認できるほどの立派な運河を建設する知的な生命体がいるとも考えられていた。半世紀前に計画された火星の生命探査船バイキング（一九七六年）では、火星の表層が光合成活動をエネルギーの基盤とする地球表層の生物圏と同様であるかどうかがさぐられたが、生命が存在することに関しては否定的だった。この探査に対して、地球からでも火星の大気の成分組成と温度をみれば、表層での光合成による生命活動のないことはわかるという批判もあった。しかし、火星の大気を採取して、詳しく同位体の組成まで調べたことは、後に火星隕石を同定するための手がかりをあたえてくれたのであった。

その後、地球表層の生物圏には依存せず地下深部に生きる生物が発見されたことは、火星をはじめとする宇宙での生命探査に新しいアプローチを可能にした。火星の内部にはかつて地球と同じように溶融した金属の核があり、その運動によりつくられる磁場もあった。地球と比べ一〇分の一の質量の火星は、すでに内部が固化しているが、冷え切ってしまったわけではない。大峡谷といった地形から火星の表面には以前液体の水が存在したことは明らかなのだが、その水の量は地球と比べて少なかったただろう。地球では、金属の核とマントルに分かれ、さらにマントルから最外層に地殻が分化してできた。火星の地殻に相当する層は地球に比べて分化の程度は浅い。火星は仮に生命を宿したとしても、地球とは異なった環境を生命にあたえただろう。しかし、地下の環境はさほど地球と変わるところはないかもしれない。

マース・グローバル・サーベイヤー（Mars Global Surveyor、MGS、一九九六年に打ち上げ）は、火星大気のなかに何回も突入し、徐々に速度を落として、火星を周回する軌道の遠地点を下げて、ほぼ円形の周回軌道に入っていった。そして火星の表面すれすれをかするときに、高分解能で細かな地形を撮影することに成功した。その映像のなかに、クレータの側壁から鉄砲水が噴出したような地形が多くみつかった。細かな砂の表面に刻まれた風波などから、その噴出年代はおよそ一〇〇〇万年前と推定された。噴出地形のなかには、ここ一〇年以内につくられたものも一つみつかっている（図0・1）。液体が噴き出したのはおよそ五〇〇ｍの深さからであると見積もられたが、その深さでは温度が高く、いまでも液体の水が存在しているのかもしれない。

この五〇〇ｍという深さは、南極の雪原で一九八四年に採集された火星隕石ALH84001が火星から射出された際に隕石がもとあったとされる深さの推定値と、偶然にも一致する。ALH84001が火星起源であることの推定は、バイキングでの火星大気の同位体組成にもとづいている。ALH84001からは、一度は水に溶解した炭酸塩が析出した鉱物がみられるといった液体の水の痕跡のほかに、火星由来の

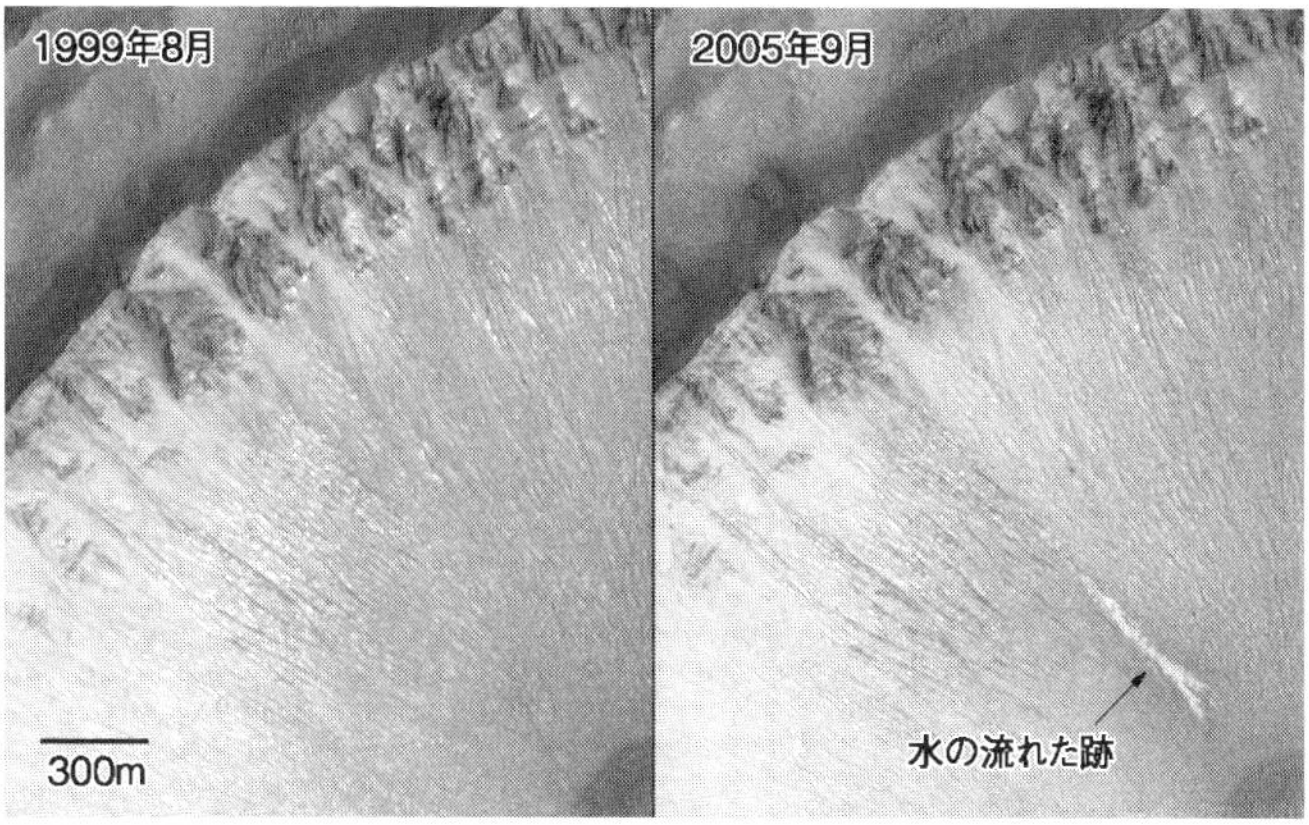

図0.1　火星クレータ内の鉄砲水（NASA ウェブサイト）
2005 年 9 月 10 日，火星のクレータに水（？）の流れた跡が発見された．さかのぼって記録を調べると，2004 年 2 月 21 日に初めてこの地形が撮影されていた．

有機物がみつかった。これは多環芳香族炭化水素（Poly-Aromatic Hydrocarbon、PAH）とよばれるものの一つで、地球では化石燃料の燃焼により生成する。また、生物のつくった有機物が石炭化するときにも生成するものである。星間空間で非生物的に生成するＰＡＨの存在も知られているのだが、火星隕石のＰＡＨは飽和炭化水素の一つのアルカン側鎖のようすから生物起源である可能性がある。

さらにALH84001には微生物が這い回った跡を示す微化石（観察に顕微鏡を必要とするような大きさ数十nm以下の微細な化石）のような像がみられ、生物か否かの議論が沸騰した。議論の焦点の一つは、その大きさが地球での最小の自立的生物の大きさより一ケタ小さかったことの可否である。生物学の進歩は、生きる細胞のしくみの深い理解を可能にし、生きる最小の細胞システムがどんな根拠により決まるか、そしてそれを実現する生体分子の種類と量の最小値について推定できる時代になっている。しかし火星隕石での一ケタ小さい生命体（候補）についての議論は、始原的な生命は、ひょっとすると単一の自立的な生物ではなく、何種かの微小な生物が共生していたのかもしれないという仮説をみちびきだしたが、結論はまだ得られていない。

ところで、火星の水ということでは、多くの発見がなされている。それまでにみられていた荒涼とした火星表層の風景からすると、大きな変わりようである。マース・オデッセイ（二〇〇一年）は、火星周回軌道において火星表層に入射した宇宙線が核反応をひき起こして生成する中性子を観測した。さまざまなエネルギーの中性子が火星表層の原子によりどのように散乱されるかを調べることで、表面から深さ一m以内での水素（H）の分布を火星全球にわたり推定することができる。その結果、極域はもとより、赤道近くでも場所により表面直下に水の存在する場所があることが明らかになった。さらにマース・エキスプレス（二〇〇三年）による極域の水の観測では、極の氷を溶かせば火星全球を水深一一mの海で覆えるだろうと推定された。また、火星表面で活躍した二機のローバー（スピリッツとオポチュニティ、二〇〇四年に火星表面に着陸した探査車）も、海の岸辺とおぼしき場所で水から析出したとみられる小さな球状鉱物をみつけた。さらに、フェニックス（二〇〇八年に着陸）は極近くの表層下から採取したレゴリス（固体の岩石の表面を覆う軟らかい堆積層の総称で、火山灰や堆積した土など）を加熱し、現存する水分子を気化させて検出しているし、流れる雲の動画像も撮影している。このように、火星は赤い砂漠ではなく、ある程度の水をもち、生命をはぐくむ可能性があることがわかってきたのだ。

一方、火星の有機物としては、火星大気に微量ながらメタンが含まれることをマース・エキスプレスが発見した。マース・エキスプレスとは独立に、メタンは地球からの観測でも確認されている。火星が形成された時代に火星外部からもたらされ火星内部に収蔵されてきたメタンが火星大気に漏れ出ているのかもしれないが、地球の地殻深部ではメタンを使って生きている生物や、あるいはメタンを生成する生物が生息していることが知られている。五〇〇mより深い層での液体の水の存在の推定とあわせて、火星生命探査の対象を考えていく上で重要な発見である。

さて、これからの火星探査計画は、将来の有人探査の展望を含めて多彩である。近未来でも、マース・サイエンス・ラボラトリー（二〇一一年打ち上げ予定）、エクソ・マース（二〇一六年）、マース・サンプルリターン・ミッション（二〇一八年）など、生命探査が主軸の多くの計画がたてられている。エクソ・マースでは、火星の表層を少しではあるが掘り下げて、バイオマーカー（生命の存在もしくはその痕跡を示すもの）を検出する試みもなされる。

始原的な太陽系から生命にいたる道筋

生命探査の対象は火星ばかりではない。太陽系の惑星の周りには、衛星が多彩な姿をみせて回っている（図0・2）。木星にはイオ、エウロパ、ガニメデ、カリストなど六九個の衛星（太陽の周りを周回するのが惑星で、さらに惑星の周りを回るのが衛星）があり、これらのうちのいくつかは探査機ガリレオによって詳しく調査された。このうちエウロパは、潮汐力により内部が加熱されており、表面を覆う氷の層の下に液体の水の層があり、その底から熱水が噴出し、地球での深部生命と同じような生命をはぐくむ環境である可能性がある。またガニメデは、大きさは太陽系最大の衛星であり、大気は酸素で、衛星の内部に液体の水があるかもしれない。土星にも多数の衛星があるがそのうちのタイタンは、衛星としては太陽系第二の大きさ（火星と同じくらい）をもつ。その大気には有機物が含まれ、そのような大気の起源と進化や、さらに生命の可能性に興味がもたれている。

これらの天体の探査ばかりでなく、宇宙における化学進化のようす、すなわち、星間空間でどのようにしてどんな有機物を生成したのかなどを、始原的な太陽系星雲の姿をいまだに残している隕石や宇宙塵からさぐろうとする計画もある。太陽系の外縁には、水、一酸化炭素、二酸化炭素、メタンなどが凍った球殻状のオールトの雲（太陽系の外殻にあると予想されている無数の小天体や宇宙塵からなる雲）が広がっている。そこから太陽系の中心に向かってさまざまな大きさのものが飛び込んでくる。そのような宇宙塵の表面では、凝固した水、一酸化炭素、二酸化炭素、メタンなどから宇宙線や短波長の光による化学反応によって複雑な有機物が生成する。このような宇宙塵が集合することで、保護膜のようなはたらきをして、生成した有機物の分解を防いだという説もある。宇宙塵の起源はオールトの雲に限定されるわけではないが、大きさが小さいほど飛来頻度は大きい。いまでも地球には一年に四万トンほどの宇宙塵が降下し、依然として有機物を運び込んでいると推定されている。

隕石には、すでに金属の核と岩石に分化したものの惑星になりそこないの状態で破砕した隕石と、

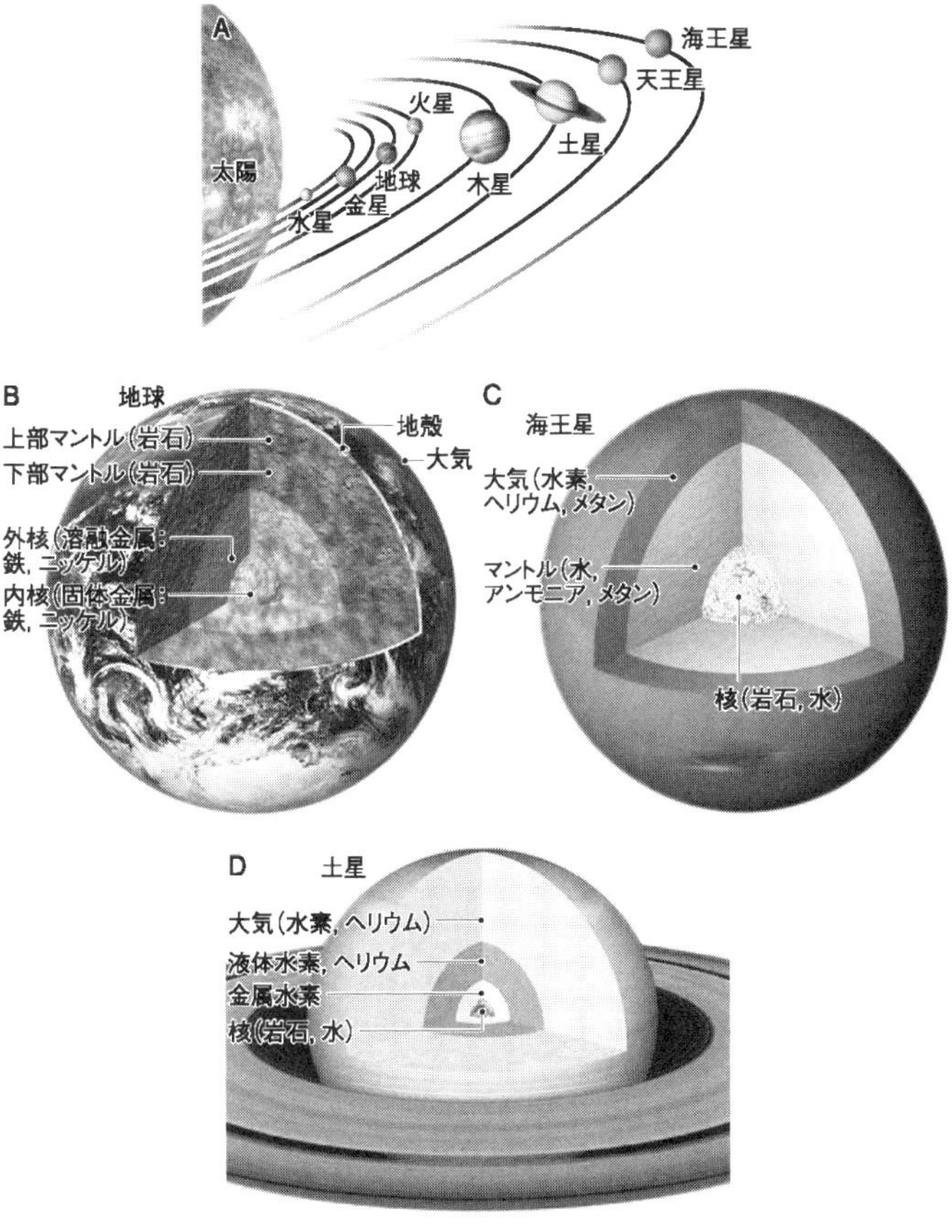

図 0.2　太陽系の惑星（NASA ウェブサイト，Ⓒ Calvin J. Hamilton）
A：手前から水星，金星，月をともなった地球，火星，木星，土星と続く．B：地球，C：海王星，D：土星，の内部構造．

始原的な太陽系のすがたを残す未分化で炭素質の多い隕石とがある。たまたま研究者の眼前でカナダの氷結していた湖に落ちたために、汚染なく実験室に運び込まれたタギッシュ湖隕石から、多くの発見がなされている。その一つは、星間塵の上につもり生成した有機物の球状の層の構造である。その有機物の化学的な特性は分光学的な手段で調べられようとしている。スターダスト計画（二〇〇六年）では、彗星起源の宇宙塵をエアロゲルにより捕集して地球に持ち帰り、有機物などその性状を分析している。小惑星探査機「はやぶさ」は、小惑星イトカワに着陸しその試料を採集して持ち帰った。地球周回軌道で宇宙塵を捕集しようとする計画も、着々と準備されている。宇宙空間を生物が移動することができるかどうかを、地球由来の生物を宇宙空間に曝露して評価しようという構想もそのなかに含まれている。

太陽系を超えて宇宙に生命をさがす

この宇宙に生命は地球生命だけに限られるのだろうか、という問いは、惑星やさらにその衛星をもつ星は太陽以外にもあるのかに答えることが前提となる。光を放つ恒星の温度は高すぎて、その表面近くに生命を期待することはできない。太陽以外の星に惑星がはじめて発見されたのは一九九〇年代である。惑星の運動により恒星が動くことが、恒星からの光がドップラー効果を示すことにより検出され、計算の結果、恒星のすぐ近くを短い公転周期で周回する巨大な惑星が存在することがわかった。

それでは地球と似た系外惑星（太陽系以外の惑星）はあるのだろうか。それを確かめる方法の一つは、太陽系での惑星形成モデルを観測される系外惑星群にあてはめてつきあわせることである。このような研究の結果、地球に似た惑星が存在する可能性は十分にあると結論された。直接の観測においても、重力レンズ効果による光強度の変化から惑星のあることを確かめるといった方法などがあり、表面温度が地球と似る惑星がみつかったという報告もなされている。惑星の検出方法には、ほかにも星の前を惑星が横切りその星からの光をさえぎるときの光量の変化をみたり、星からの光をさえぎる微弱な惑星の像をみるという方法などがあり、実際に試みられている。系外惑星の観測を、地球大気による擾乱のない宇宙空間にあげた望遠鏡で行おうとする計画は、米国、ヨーロッパ、日本で競われている。この分野の観測は急速に進んでおり、複数の惑星が恒星の周りを周回する像が得られている。

では、惑星がみつかったとして、その惑星の上に生命がいるかどうかはどのようにしてさぐることができるのだろうか。その手だてを考えるには、生命活動のある地球を遠くの宇宙から観測して、ほかの太陽系惑星と比較するのがよい。先にバイキングによる火星表面の生命探査に関連してふれたように、惑星や衛星の表面での生命活動の有無は、大気の組成とその組成が化学的に平衡したものであるかどうかによって判断され、遠隔からでもわかる。地球の表面には燃える有機物があり、大気中には有機物を燃やす酸素があって、反応が進めばエネルギーを放出する化学的に非平衡な状態がある。このような状態は生命を宿す地球だからこそみることができる。それにひきかえ、酸化反応の産物である二酸化炭素が大気の主成分である火星の表面は、化学反応によってエネルギーをうみだす物質の組み合わせも少なく、化学的非平衡はあったとしてもごくわずかなものである。大気に酸素、あるいは有機物が含まれていても、太陽系の衛星の例でわかるように、ただちに生命の存在とは結びつかない。将来の系外惑星探査でバイオマーカーの候補として考えられているのは、表面の液体の水、大気中の水蒸気、酸素、オゾン、表面や大気の化学的に非平衡な状態を示す組成、光合成に関連した光スペクトル、生命現象ならではの季節変動などである。

さらに一歩踏み込んで、先に述べたように生命の起源であるかもしれない地下に生息する生命を、系外惑星の表面下でさぐるにはどうしたらよいだろうか。地球の地下深部の生命について理解が進むことで、有効な手だてが構想されるだろう。海洋の地殻でマントルに達するほどの掘削計画が日本で進められている。そのなかで、地下深部の微生物の探索はテーマの一つである。これらの研究の進展は、宇宙に生命をさぐるのに大きく貢献することだろう。

宇宙からみた生命

ところで、ある「物」が存在し続けるとはどういうことだろうか。永遠に傷もつかないようにみえるダイヤモンドでも、熱によって燃えてしまう。ある「物」がまったく同じままで何億年ももつことはありえない。それを克服し、ある「物」が存続するためには、同じ「物」が増えることが必要である。増えること、すなわち自己を複製することによって、たとえ大部分は消滅してもその「物」は存続する可能性が生じる。こうして増えるという特性を備えた「物」が長い年月を経ても存続し、私たちの目にふれているということができる。この一つの形態が生命であり、自己を維持することを含めて増殖することが生命のもっとも大きな特徴であるといえよう。

しかし自己を維持するということは実はたいへんなことである。水を満たしたコップの底に氷砂糖を沈めてみよう。それはやがて溶けてみえなくなってしまう。もとの氷砂糖のかたちを維持することも、溶けた状態からもとの姿に戻すことも難しい。つまり、コップのなかで氷砂糖がひとりでに溶けていく現象は、そのままではもとに戻らない不可逆な過程である。熱力学では、熱の出入りをともなう現象の不可逆性を表現するのに、出入りする熱量を絶対温度で割ったものとして定義されるエントロピーという量を用いる。不可逆過程では必ずエントロピーが増加する（エントロピー増大の原理）。氷砂糖のように結晶化し、規則的な構造をもつ状態はエントロピーが低く、溶けて砂糖の分子がばらばらになった状態のエントロピーは大きい。これをもとに戻すには砂糖水に熱を加え、水分をとばし再結晶化させる必要がある。すなわちエネルギーを必要とする。生物は非常に精密な、いわばエントロピーの低い構造体であり、自己を維持するため、そしてさらに増殖するためにエネルギーを必要とする。代謝がそれである。外界から代謝の基になるもの＝基質やエネルギー（光など）を取り込み、利用できるエネルギーに変えたり同化したりして自己の複製の材料とする。それゆえに代謝もまた生命が備えている大きな特徴の一つである。

代謝をするしくみをもつ生命は、そのしくみや代謝の原料や生産物を保持するために、それらを閉じ込めておく、いわば袋を必要とする。この袋、すなわち細胞膜によって生命は自己を確立した。さらに生命は自己を複製するためにその情報を記録した設計図を描いた。それが遺伝子である。こうして生物の基本的なしくみが整っていく。これらのしくみを支えるためにはそれらをつくるための材料が必要である。いわゆる有機物とよばれてきた物質、アミノ酸、糖、核酸、などなど。これらはどのようにして生成したのか。これらは地球上でうまれたのか、それとも宇宙空間で生じて「生命のたね」として地球にもたらされたのか、どのような条件下でそれは起こるのか。一九五三年にミラー（S. Miller）がユーリー（H. Urey）の指導のもとに行った、いわゆるユーリーとミラーの実験を端緒とするさまざまな研究の成果を、本書では第1章で披露する。

ところで生命は先に述べた複製や代謝のしくみをもち、袋で囲われた個体である。そしてそのような性質をもつ最小の単位が細胞である。個として機能するための袋、すなわち細胞膜をもつことは生物の重要な特徴である。オパーリン（A. I. Oparin）はコアセルベートとよぶコロイドが外部の物を取り込み、増えることから生命の起源と密接に関係すると主張している。しかしコアセルベートは細胞膜で囲われている細胞にはほど遠いものだった。最近では、細胞膜に似た袋構造が、その材料となる基質をあたえることによって大きくなり、さらには増殖することが試験管内実験で可能になった。また、生命の祖先は一つであり、それがもっているしくみが地球生命に普遍的なものとなったのか、それともほかの可能性があるのかについての探究が第2章で紹介される。

さて、細胞は増えることによって環境の過酷な変化に遭遇しても生きのびてきた。全球凍結、生物の大絶滅を引き起こすほどのほかの天体との衝突、大気組成の変動など、地球上の環境の激動に対してどのように対処してきたのだろうか。生命はよりよく生きのびるための機能を獲得したものほど生きのびるチャンスが高くなる。そのためには二つの道があった。一つは細胞一個体内での高機能化である。たとえば、多くの単細胞生物は繊毛・鞭毛をもち、遊泳運動をするが、運動することにより、より広い範囲で代謝の基質を獲得できるという利点をもつ。このように自身を高機能化・複雑化させる一方でさらに別の機能をもったほかの細胞（原核細胞）を共生させることによってより高機能を獲得した細胞が出現する。これが真核細胞である。その一つである光合成植物の繁栄は酸素を増やし、二酸化炭素を減らすという、地球規模で大気の環境を変えるほどの力をもつことになった。そして細胞がより生きのびるためのもう一つの道は、多細胞化である。多細胞になり機能を分担させることでより高次の機能を生命は獲得してきたのだ。これらに関しては第3章で述べる。

生命が生きのびるためには、増殖はもちろんのこと、襲いくるさまざまな環境変化に対応する必要があることはすでに述べたが、生命は生命機能の高度化に加えて多様化することでこれをしのいできた。同じ種内での変異の幅を広げ共有すること、それは種を決定しているゲノム（遺伝子の総体）を混合することがてっとり早い。この遺伝子の混合のしくみが性である。

ところで性をもつ生物は性なしに（無性的に）増殖するものに比べて、増殖という点に関しては効率が悪い。しかし地球上の生命は短期的にせよほとんどが性をもっている。この事実は性が生命の存続のために非常に重要な意味をもっていることを示唆している。この問題についても第3章で議論することになる。

ここでふたたび最初の問いに戻ってみよう。私たちはどこからきたのか。地球上で過去をさかのぼ

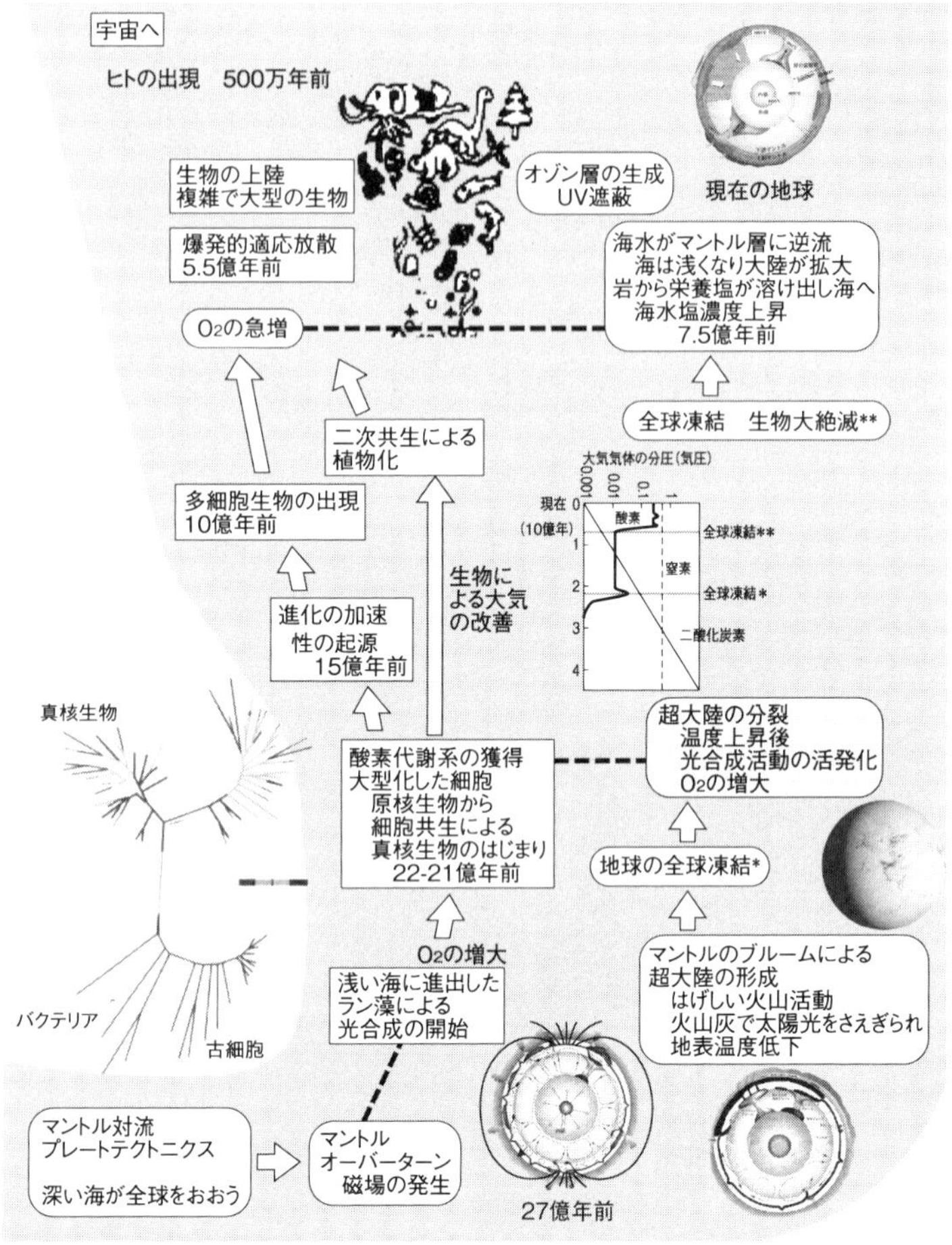

宇宙へ
ヒトの出現　500万年前
現在の地球
生物の上陸
複雑で大型の生物
オゾン層の生成
UV遮蔽
爆発的適応放散
5.5億年前
海水がマントル層に逆流
海は浅くなり大陸が拡大
岩から栄養塩が溶け出し海へ
海水塩濃度上昇
7.5億年前
O2の急増
全球凍結　生物大絶滅**
二次共生による
植物化
大気気体の分圧（気圧）
0.001
0.01
0.1
1
現在
(10億年)
酸素
窒素
二酸化炭素
全球凍結**
全球凍結*
多細胞生物の出現
10億年前
生物に
よる大気
の改善
進化の加速
性の起源
15億年前
真核生物
超大陸の分裂
温度上昇後
光合成活動の活発化
O2の増大
酸素代謝系の獲得
大型化した細胞
原核生物から
細胞共生による
真核生物のはじまり
22-21億年前
地球の全球凍結*
O2の増大
マントルのプルームによる
超大陸の形成
はげしい火山活動
火山灰で太陽光をさえぎられ
地表温度低下
浅い海に進出した
ラン藻による
光合成の開始
バクテリア
古細胞
マントル対流
プレートテクトニクス
深い海が全球をおおう
マントル
オーバーターン
磁場の発生
27億年前

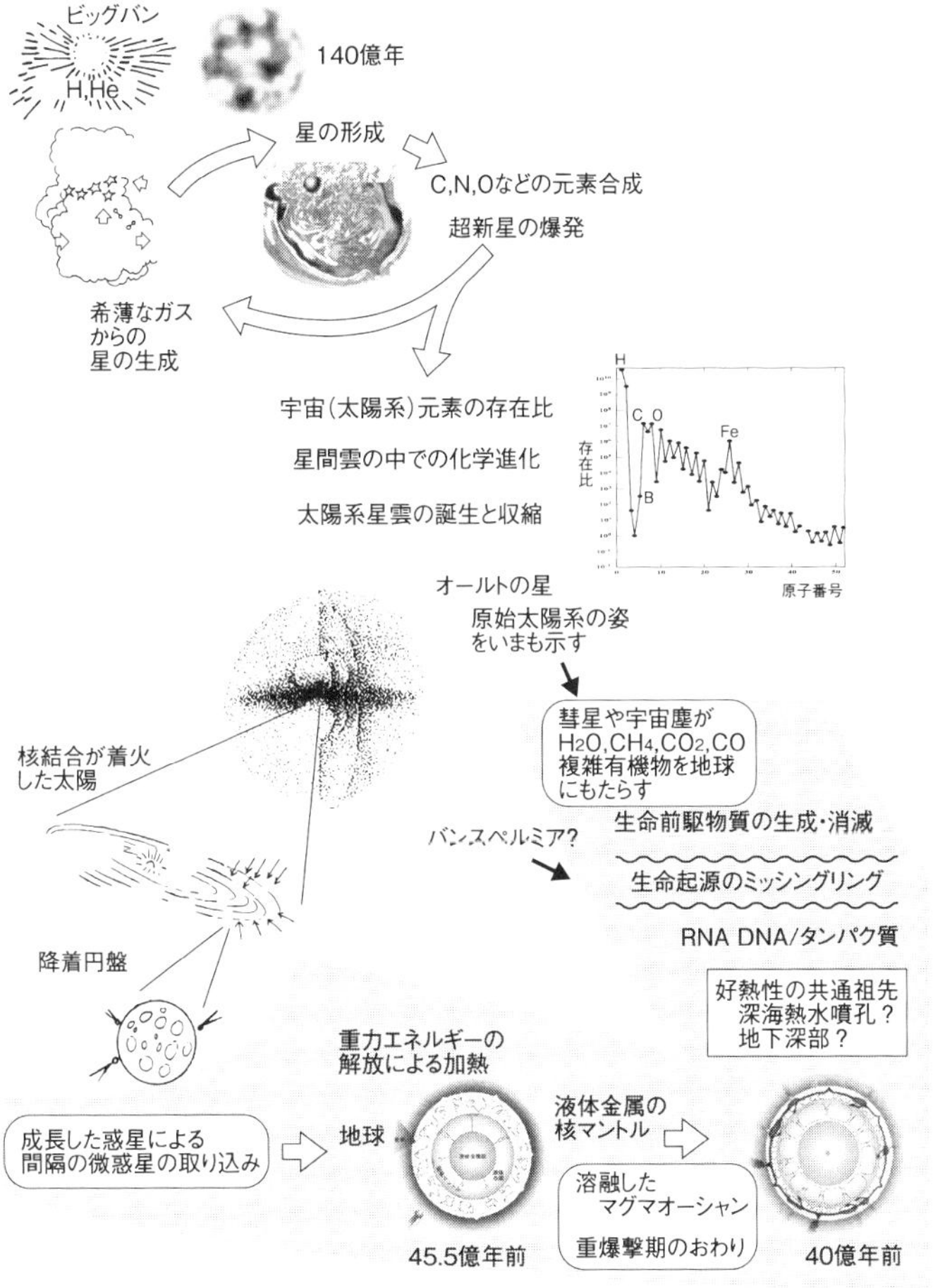

図 0.3　宇宙の誕生と生命の誕生，そして生命体による生命の起源の探索（山下作成）

ることは非常に難しい。しかし、私たちは地球が広大な宇宙の一つの惑星であることを知っている。宇宙の視点をもつことで、生命の理解はその広がりをぐっと増す。一つの共通の先祖から発した現在の地球生命と同じしくみをもった生命や、もしくはまったく独立に出現し進化した生命が、はるか彼方の宇宙のみならず身近な惑星や衛星、もしかするとわが地球の奥深くに潜んでいるかもしれない。いまや科学の手は生命の謎を着実に解き明かそうとしている。そして、私たちはどこへ行くのか。これは現在の私たちに課された課題である（図0・3）。

第1章　生命をうみだす有機分子

小林憲正

1　生命の起源は解明できるか

生命はどのようにして誕生したのか？　これは宇宙の起源、物質の起源、人類の起源などとならぶ、私たち人類に遺された最大の謎の一つである。しかし、これが科学上の課題としてとりあげられたのはそれほど古い話ではない。

ヨーロッパなどにおいて、生物は簡単に発生する、という「自然発生説」が広く信じられてきた。これは、古代ギリシャ時代、アリストテレスが生物（昆虫やネズミなどを含む）の「自然発生」を説き、中世においてはキリスト教教会がアリストテレスの言説を規範としたためである。しかし、一七世紀になると、イタリアの科学者、レディ（F. Ledi）は、「昆虫の発生に関する実験」を行い、昆虫が自然発生しないことを示した。しかし、「微生物」がレーウェンフック（A. van Leeuwenhoek）により発見されると、ネズミや昆虫はともかく、微生物ならば自然発生すると、依然として信じられ続けた。

生物、とくに微生物が自然発生するか否か。一九世紀になるとこの問題は大きな論争をよんだ。フランスのパストゥール（L. Pasteur）は巧妙な「白鳥の首フラスコ」を用いた実験により、この論争に決着をつけた。フラスコにスープを入れて放置しておくと、スープは腐り、そのなかには多数の微生物が観察される。パストゥールは、フラスコにスープを入れ、口を細長く引き延ばして、外気中の塵などが入り込まないようにした後、スープを煮沸して、もともといた微生物を殺菌した。このようにして放置されたスープは何カ月置こうが、何年置こうが腐らず、微生物の発生もみられなかった。このようにして、いかに単純な微生物たりとも、自然発生することはない、ということは実証された。

同じ頃、イギリスのダーウィン（C. R. Darwin）は『種の起源』を著し、生物進化説を唱えた。生物進化説によれば、さまざまな生物「種」は、その種より「下等」もしくは「単純な」一般的な（generic）種から派生した（derived）種が進化してうまれてきたことになる。では、もっとも単純な「生命」はどのようにして誕生したのだろうか。「生命の起源」は自然科学上の重大な問題として認識されている。

生命の起源に関するさまざまな考え方を、図1・1・1にまとめる。もし、地球上で生命が誕生しえないのならば、地球外で誕生した生命を地球にもち込めばよい。このような、ほかの惑星で誕生し

生命の地球外起源説	パンスペルミア説		アレニウス
	意図的パンスペルミア説		クリック
生命の地球起源説	無機物起源説		ケアンズ=スミス
	有機物起源説	有機物地球起源説	ミラー
		有機物地球外起源説	グリーンバーグ

図 1.1.1　生命の起源の諸説（小林作成）

た生命の「胚種」が宇宙空間を旅して地球にたどり着き、地球生命のもとになったとする考え方は、古代ギリシャのアナクサゴラスから一九世紀のベルツェリウス、リヒター、ヘルムホルツらまで、何度も提案されてきたが、一九〇六年にスウェーデンの化学者、アレニウス（S. A. Arrhenius）により科学的な考察が加えられ、「パンスペルミア説」と名づけられた。この説に対しては、地球外でどのようにして生命が誕生したかについての説明がないこと、生命が宇宙を長期間旅することが困難と考えられることから、多くの支持を得るにはいたらなかった。近年、微生物の一部が宇宙空間でも生存可能であることがわかり、生命の宇宙起源説も否定はできなくなったが、一般には地球起源説が有力であるので、これを前提として論を進める。

一九二〇年代になり、ロシアのオパーリン（A. I. Oparin）とイギリスのホールデン（J. B. S. Haldane）により独立に「生命の起源」に関するまとまった論考がなされた（Oparin, 1924）。彼らの考え方は基本的には同じで、原始海洋中で物質（有機物）が単純なものから複雑なものへと進化し、生命の誕生にいたったとするものである。これは生物進化に対して「化学進化」とよばれ、生命の起源の考え方の根幹をなしている。しかし、後述する一九五〇年代のカルビン（M. Calvin）やミラー（S. L. Miller）の実験（Miller, 1953）が報告されるまで、生命にいたる化学進化の実験的検証にはきわめて長い時間がかかった。

生命と生命前を分ける分界点

生命の起源を考えるには、まず、生命とは何かを定義する必要がある。現在、地球上には、ヒトをはじめとする動物や、植物から、単細胞の微生物までさまざまな「生物」が暮している。「生物」は生命を有しており、また、一つないし多数の細胞からできている。では、生命とは何だろうか。生命と生命前や生きていない状態を分けるのは何だろうか。

アインシュタイン（A. Einstein）の相対論やシュレディンガー（E. R. J. A. Schrödinger）の量子論などに代表されるように、二〇世紀前半は「物理科学の半世紀」であった。これに対し、ワトソン（J. D. Watson）とクリック（F. H. C. Crick）によるDNA二重らせん構造の提案により幕をあけた二〇世紀後半は「生命科学の半世紀」とよばれる。この間、地球生物のしくみについての私たちの理解は格段に深まった。しかし、「生命とは何か」との質問に対しては、確固たる解答は得られておらず、おそらく、答える人ごとに違った答えが返ってくる。しかし、多くの人が共通してあげる生命（厳密にいえば地球生命）の特徴・定義は、以下のようなものである。

①膜により外界と自己を区別している。
②外部から物質やエネルギーを取り込み、体内でそれらを用いた化学反応により自分を構成する物質を合成したり、活動のエネルギーを得たりする（「代謝」を行う）。
③自己と同じ個体をうみだし、増殖する（「自己複製」を行う）。

くわえて、生物には「種」があり、「進化」することを、地球生物の基本的な特質としてあげることもできる。

地球生物は、タンパク質（酵素）を用いて②を行い、核酸（DNA、RNA）を用いて③を行う。しかし、タンパク質と核酸は、それぞれ単独ではたらいているわけではない。タンパク質が機能を有するためには、正しい構造（アミノ酸配列）をもたなければならないが、そのための情報は核酸がもっている。一方、核酸は自己複製できる分子であるが、実際にDNAが自己複製したり、DNAからRNAを転写するには、触媒であるタンパク質のはたらきを借りる必要がある。つまり、地球生物はタンパク質と核酸という二大高分子の構造と機能、および相互作用の上で成り立っている。そこで現在の地球生物は、タンパク質・核酸などの分子を使い、①〜③のような特徴をもつ個体と考えることができ、そのようなものが誕生した時点を「地球生命」の起源、生命と生命前を分ける分界点としよう。そのために必要なのは、地球生物を構成する生体有機物がどのようにしてできたか、また、代謝や自己複製などの生物機能がどのようにして発生・創発したかを知ることである。次に、生体有機物や生体機能の起源についてのこれまでの研究をみていこう。

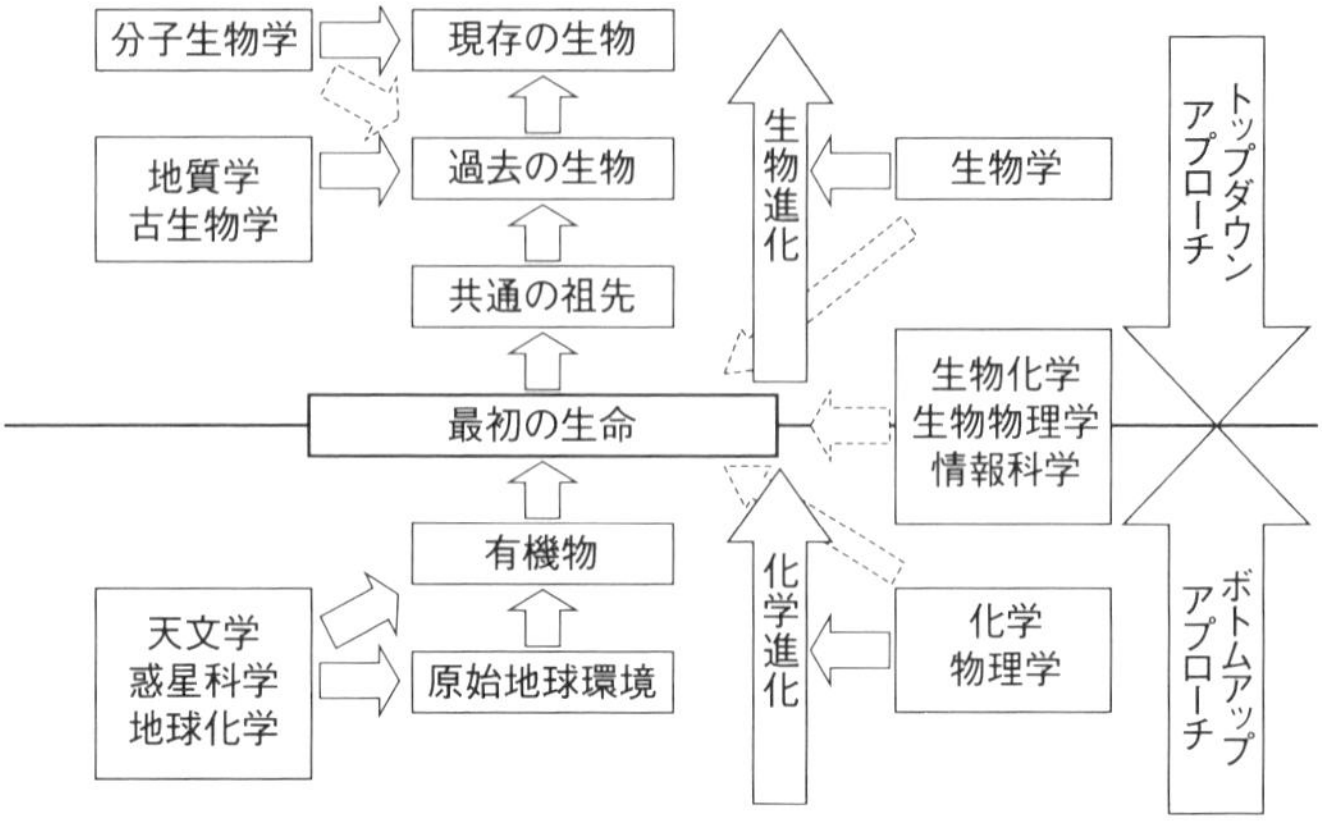

図 1.1.2　生命の起源へのアプローチ（小林作成）

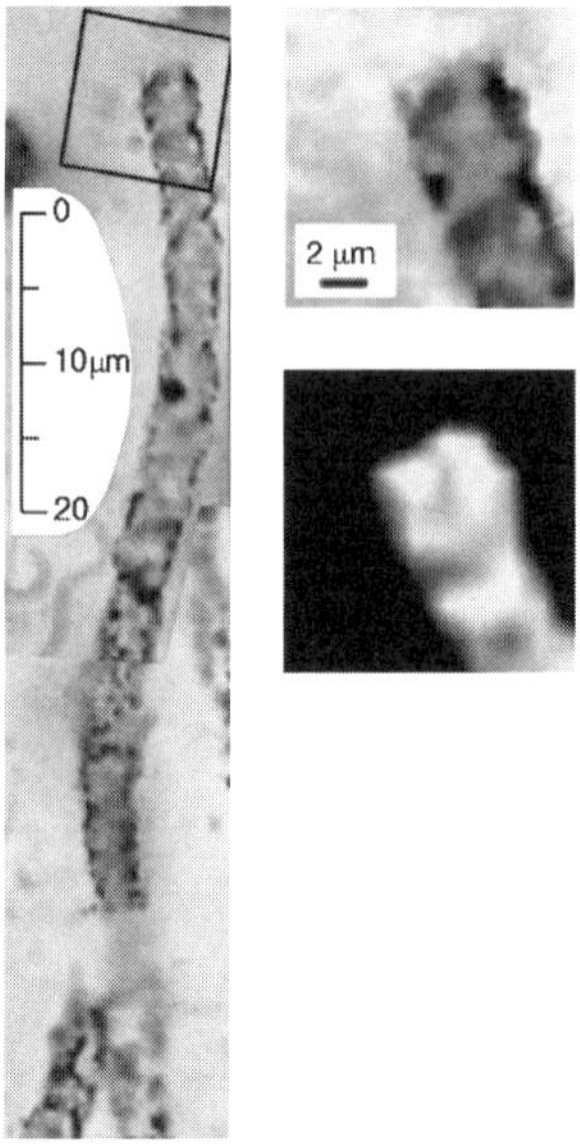

図 1.1.3　ショップによって発見された 35 億年前の岩石中の微生物化石
(Schopf, 2002)

なお、生命の起源を研究する方法としては、前述のような化学進化を調べていく方法に対して、現存する生物から昔の生物へとさかのぼっていく方法がある。前者をボトムアップアプローチ（積み上げ方式）とするならば、後者はトップダウンアプローチといえる（図1・1・2）。トップダウンアプローチには、たとえば、生物進化をさかのぼって、過去の生物を調べていく方法（古生物学・地質学的手法）や、現存する生物の有するタンパク質や核酸のなかに、過去の生物の痕跡をさぐっていく方法（分子生物学的手法）がある。これらの方法による成果には、次のようなものがある。

ⓐ三五億年前のオーストラリアの岩石中から微生物の化石がみつかり（図1・1・3）、さらに三八億年前のグリーンランドの岩石中に封じ込められた物質の炭素の同位体比から、三八億年前にすでに生命が誕生していたことが示唆された。

ⓑ現存する生物の有する核酸の塩基配列から、分子系統樹が作成できる。これまでに発見され調べられた現存のすべての地球生物は「共通の祖先」から進化したものであることが分子系統樹からわかる。くわえて、共通の祖先に近い生物が至適生育温度が80℃以上の超好熱菌であることから、生命が熱い環境のもとで誕生した可能性が示唆された（第2章3参照）。

2　アミノ酸から生きる機能分子をつくる

小林憲正

原始地球上でのアミノ酸の無生物的生成

化学進化の実験的研究が本格化したのは一九五〇年代になってからである。まず、一九五一年、カリフォルニア大学のメルビン・カルビン（M. E. Calvin）らのグループは、二酸化炭素と二価の鉄イオンを溶かした水溶液に加速器からのヘリウムイオンを照射したところ、生成物中にギ酸（HCOOH）やホルムアルデヒド（HCHO）といった有機物が生成するのを検出した。次いで、一九五三年、シカゴ大学の学生であったミラーはメタン、アンモニア、水素、水の混合気体中で火花放電を行った（図1・2・1）（Miller, 1953）。生成物を分析すると、酢酸、尿素などに加えてグリシン・アラニンなどのアミノ酸も生成していることがわかった。この報告から、「アミノ酸」という、生命に直結する有機物でも、いとも簡単に無生物的に生成しうることが知られるようになった。そして、種々のエネルギーを用いて同様な出発材料からアミノ酸を合成する試みが多数行われた。そして、出発材料にメタンとアンモニアが入っていれば、放電のほか、紫外線、熱、放射線、衝撃波などによりアミノ酸の合成が可能であることが示された。この場合、有機物生成に有効なエネルギーフラックスの大きい、紫外線や放電が有機物（アミノ酸）生成の重要なエネルギー源ということになる。

また、アミノ酸の生成機構としては、放電などによりまずシアン化水素（HCN）やホルムアルデヒド（HCHO）が生成して原始海洋に溶け込み、これらとアンモニアから海水中での反応によりアミ

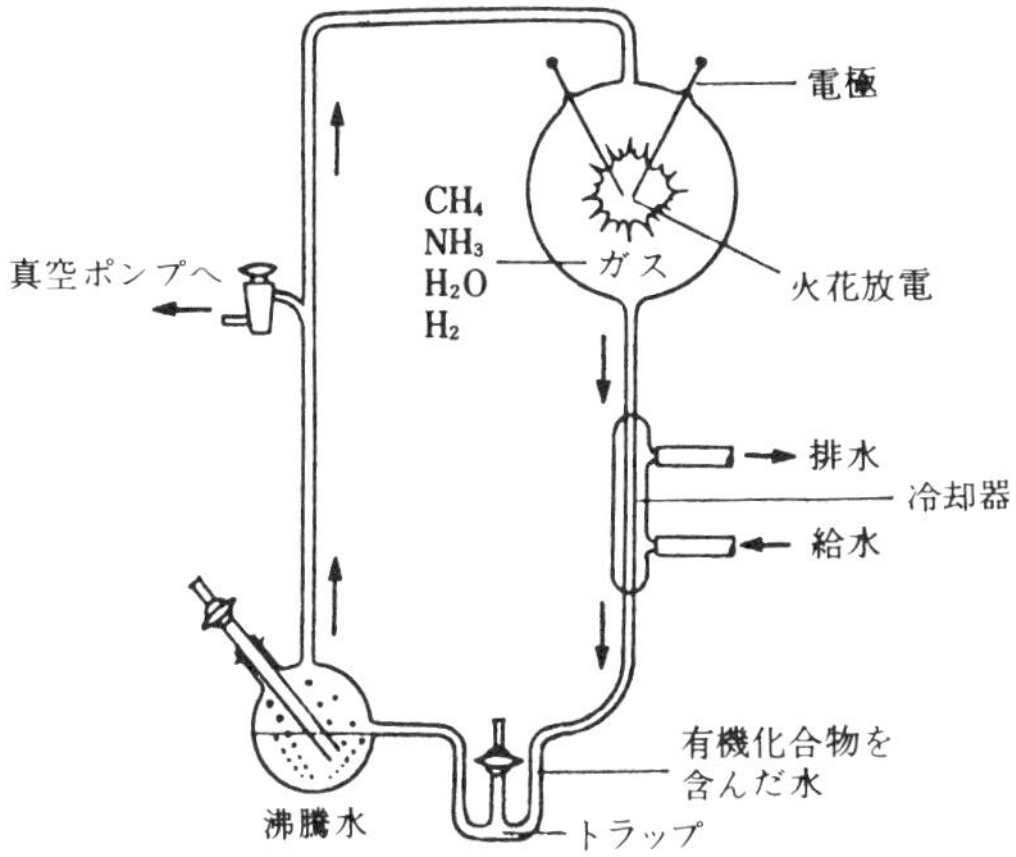

図 1.2.1　ミラーの実験装置（生命科学資料集編集委員会, 1997）

ノ酸が生成する、というストレッカー反応説や、海水中に溶け込んだシアン化水素の重合によって生成する高分子状化合物の加水分解によりアミノ酸が生成する、というシアン化水素重合説などが提唱された。さらに、このようにして生成したアミノ酸は、海水中で重合してペプチドが生成したとされた。

ミラーがメタンやアンモニアなどを用いたのは、原始地球大気がそれらを多く含む「強還元型」大気だったとするユーリーらの説にしたがったためである。しかし、近年、原始地球大気はそのような強還元型大気ではなく、二酸化炭素、一酸化炭素、窒素、水などを主とする「弱還元型」大気と考えられるようになった。そのような混合気体からは、紫外線、火花放電、熱などではアミノ酸はほとんど生成しないことがわかった。

小林らは、従来、エネルギーフラックスが小さいとして無視されていた宇宙線エネルギーに注目し、弱還元型大気からのアミノ酸の合成を試みた。宇宙線は宇宙から降り注ぐ高エネルギーの陽子や電子、そのほかの種々のイオンからなるが、主成分は陽子線である。そこで、二酸化炭素、一酸化炭素、窒素、水の混合気体に、加速器からの高エネルギー陽子線を照射した。生成物を酸加水分解後に分析すると、多種類のアミノ酸が高収率で生成することが確認された。このことは、原始地球大気がメタンやアンモニアを含まない、弱還元型のものであったとしても、宇宙線のはたらきによりアミノ酸のもとになる分子（アミノ酸前駆体）の生成が可能であることを示している。ただ、紫外線や放電などのエネルギーではこの反応は難しいため、アミノ酸の生成量は強還元型大気よりは少ない。

地球圏外でのアミノ酸の生成

近年、地球外にも有機物が存在することが知られるようになってきた。その代表的なものが隕石と彗星（ほうき星）である。また、宇宙空間に存在する有機分子が、電波望遠鏡などを用いて探索されている。野辺山の電波望遠鏡などで、宇宙空間に存在する分子固有の微弱なマイクロ波領域の電波を観測して、その分子が何であるかが同定されている。電波望遠鏡で観測された宇宙空間に存在する星間分子として、現在一四〇種以上が報告されている。水、アンモニア、シアン化水素、ホルムアルデヒド、シアノアセチレン、シアナミド、メタノール、エタノールなど生物に関係したいろいろな分子が宇宙空間に存在している。

さて、隕石にはさまざまな種類があるが、炭素を多く含む黒っぽい色の未分化な隕石は「炭素質コンドライト」とよばれ、原始太陽系の姿を残していると考えられている。この炭素質コンドライトを熱水で処理すると、アミノ酸が検出されることは二〇世紀前半から知られていた。しかし、このアミノ酸がもともと隕石中に含まれていたものか、地球に落ちてから混入したものかの判断がつかなかった。

一九六九年、オーストラリアに落下した「マーチソン隕石」は、落下直後に採取され、注意深く分析され、検出されたアミノ酸が隕石固有であることが証明された。なお、マーチソン隕石抽出物中には、アミノ酸のほかにも、カルボン酸、核酸塩基、糖の誘導体などがみつかっている。同じ一九六九年、日本の南極観測隊は雪原上に多くの隕石を発見した。以後、南極での隕石さがしが繰り返し行われ、今日まで一万個をこえる隕石が収集された。そのなかの炭素質コンドライトからもアミノ酸を多く含むものの存在が報告されている。地球の生命体を構成するアミノ酸二〇種のうちの約半数が見出され、さらに数十種類の非天然型のアミノ酸も隕石中に存在することが下山晃やクローニン（J. R. Cronin）らにより確認されている。

一方、彗星中にも有機物が含まれることは地上からの分光学的な観測からも知られていた。一九八六年のハレー彗星接近のおり、ソ連（当時）、ヨーロッパ（ＥＳＡ）および日本は探査機による観測を行った。探査機ベガ1号、ジオットに搭載された質量分析計による彗星コマ（彗星をとりまくダストやガス）の分析の結果、コマには一酸化炭素、シアン化水素などの小分子のほか、きわめて複雑な有機物が含まれることがわかったが、アミノ酸の存在は確認できなかった。二〇〇五年七月、ＮＡＳ

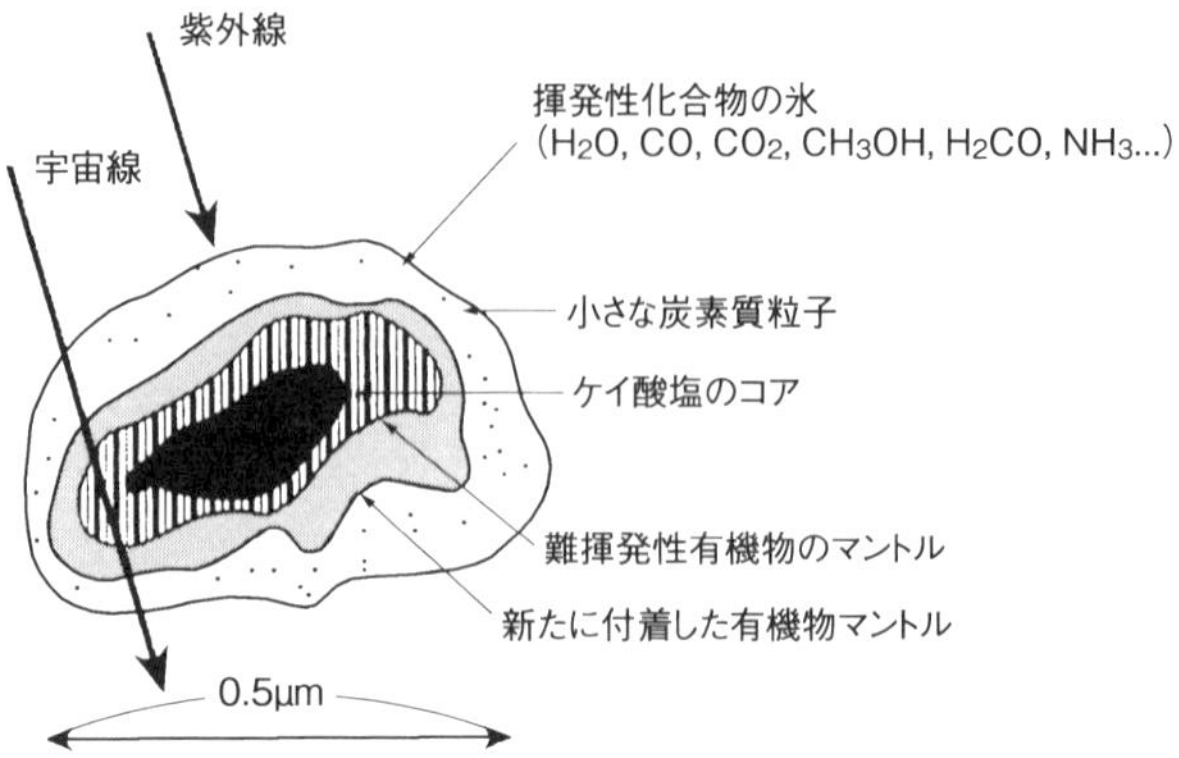

図 1.2.2 星間塵（グリーンバーグモデル）

Aはディープインパクトとよばれる探査機により、テンペル第1彗星に弾をぶつけ、割れ目から吹き出したガスやダストの分析を行った。また、同じくNASAはスターダスト計画により彗星物質のサンプルリターンに成功して、有機物の分析も行われた。このとき、アミノ酸の一種のグリシンが初めて検出された。今後、ESAのロゼッタ計画などにより、彗星中の有機物に関する情報が大幅に増えることが期待される。

では、隕石や彗星に含まれる有機物はどのようにして生成したのだろうか。グリーンバーグ（J. M. Greenberg）は、分子雲（暗黒星雲）中のダスト中でこれらの有機物が生成したとするシナリオ（グリーンバーグモデル）を提案した。その概要は以下のとおりである。分子雲中はきわめて低温（一〇K）であるため、ほとんどの分子はケイ酸塩ダストの表面に凍結している（図1・2・2）。この「アイスマントル」の主成分は水であり、次いで一酸化炭素、メタノール、アンモニア、メタンなどが含まれる。これに宇宙線や、宇宙線の作用により生じた紫外線が作用し、種々の有機物が生成する。

このダストは、やがて太陽系が生成するおりに集まって、やがて彗星や隕石を構成する物質となった。

このモデルにもとづき、星間での有機物生成を検証しようとする試みが日本および欧米で行われてきた。一酸化炭素、アンモニア、水の混合気体をクライオスタット（低温実験装置）内の一〇Kに冷却した金属板に吹きつけて凍結する。これに加速器からの陽子線を照射する。生成物を取り出し、加水分解すると、アミノ酸が検出された。陽子線の代わりに紫外線を用いても同様な結果が得られた。このことは、星間において「アミノ酸前駆体」が生成しうることを示唆するものである。

アミノ酸不斉の起源

生体分子には、立体的に非対称の分子が多い。たとえば、アミノ酸には鏡像対称の左手型の分子（L-アミノ酸）と右手型の分子（D-アミノ酸）の光学異性体がある。地球生物が用いているタンパク質分子は、原則としてL-アミノ酸が重合してできている。D-アミノ酸のみを用いても地球生物が用いているタンパク質分子と鏡像対称のタンパク質分子ができるので、L-アミノ酸によるタンパク質分子と同じような機能をもつタンパク質をつくることは可能である。しかし、D体とL体の混合物からは高次構造やそれにもとづいた機能（触媒活性）を有するタンパク質をつくることは困難である。一方、ミラーの実験などで合成されたアミノ酸や、隕石中にみつかるアミノ酸は両者がほとんど等量混じり合ったラセミ体である。では、生命の誕生以前にアミノ酸の一方（L体）のみがどのようにして選び出されたのだろうか。この不斉の起源の問題に対しては、さまざまな仮説が提案されてきたが、どの説も十分に検証できず、決定力を欠いていた。

近年、この問題に対し、地球外有機物が大きな役割を果たした可能性がクローズアップされてきた。その第一は、マーチソン隕石中のアミノ酸中に「不斉のたね」がみつかったことである。一九九七年、クローニンらはマーチソン隕石中のアミノ酸の精密分析を行い、その結果、「一部のアミノ酸」にL体の過剰がみられることを報告した。ただし、偏りのみられたアミノ酸はイソバリンなど、中心炭素に水素がついていないアミノ酸に限られた。タンパク質に使われているアミノ酸は、すべて中心炭素についた水素（α水素）をもっている。この理由は次のように説明されている。α水素をもつアミノ酸は、もたないアミノ酸よりもD体からL体への反応、およびその逆の反応の速度（ラセミ化速度）がずっと速い。その結果、もともとすべてのアミノ酸にL体の過剰があったのが、ラセミ化反応のため、今日ではα水素をもつアミノ酸にL体の過剰がみられなくなった。

では、最初のアミノ酸の偏りはどのようにしてうまれたのだろうか。一つの可能性は円偏光によるものである。ベイリー（J. Bailey）らは、宇宙において円偏光を検出した。さらに福江翼らは、円偏光が太陽系の四〇〇倍以上にも広がっているのを見出した。また、円偏光を照射することにより、不斉分子の一方が他方よりも多く分解したり生成したりすることも予想され、地上の実験室で短波長の偏光源をもちいて実証されている。つまり、星間空間で生成したアミノ酸（またはその前駆体）に円偏光があたり、一方の（地球近傍の場合はL体の）アミノ酸が多く生成した（あるいは残った）。これが隕石などにより地球に運び込まれて地球生命のもとになった、というシナリオを描くことができる。円偏光源としては中性子星などさまざまなものが考えられている（図1・2・3）。

なお、不斉の物理的要因としては、円偏光説のほかに、パリティ非保存由来説もある。これはこの宇宙において放射壊変により発生するβ線（電子）が左巻きのみに限定されており、この「偏極電子」の作用により、アミノ酸の一方が他方よりも生成または分解しやすいとする説である。この説の長所は、円偏光説にも一部残る「偶然要因」（例えば、中性子星のどちら側に原始太陽系があったか、など）を完全に排除できることであり、いま実験的な検証が試みられている。

宇宙において生じた「不斉のたね」（わずかな偏り）から、どのようにしてすべてL体のタンパク質ができたのか？ この点に関しては、硤合《そあい》憲三らが提唱している自己触媒系による不斉の増幅説が有力な仮説の一つである。光学活性ではない対称なAという分子から光学活性のB（左手型の分子B1と右手型の分子B2）という分子が生成する。このとき、生成物であるBという分子がA→Bの反応を触媒し、B1はB1の生成を、B2はB2の生成を触媒するとする。この場合、B1がわずかにB2よりも多い場合、時間の進行とともにB1とB2の差は拡大し、やがてほとんどがB1になってしまうとする仮説である。いずれにせよ、D体、L体を含むラセミ体やわずかな偏りでは、第1章3でもふれるように、核酸の二重らせんがつくれないなど、生命機能は実現されない。

原始海洋中での化学進化と代謝能・触媒分子の起源

一九七〇年代末、深海底から三〇〇℃をこえる高温で、さまざまな金属イオンや硫化物を含む海水

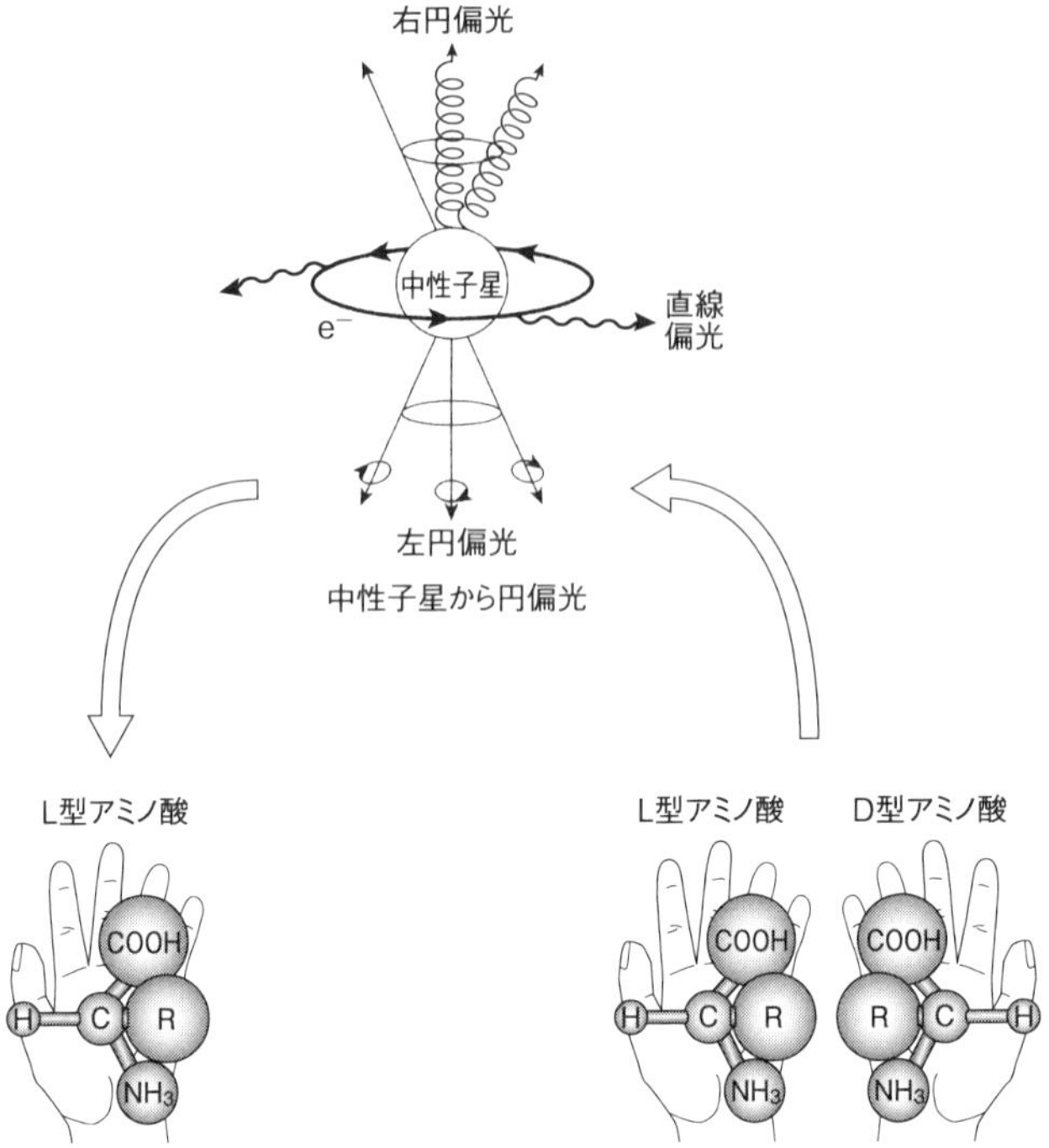

図 1.2.3　中性子星からの円偏光（小林作成）

が地殻のなかから噴き出している「海底熱水噴出孔」が発見された。

太陽系星雲から微惑星ができ、その地球のたねに小天体が衝突しながら大きくなっていく。地球が大きくなるにしたがって、小天体の衝突時に開放される重力エネルギーが大きくなり、地球の表面は溶融したマグマオーシャンの厚い層で覆われる。地球周囲の小天体が地球の重力により引き寄せられ、掃き清められる過程で一次大気は吹き飛ばされたが、その後に衝突した小天体からの脱ガスによってできた二次大気のなかに含まれる水が雨となり降り注いだ。地球の表面が冷えて固化すると、それまで落下途中で蒸発していた雨は表面にまで達することができ、全球を覆う深い海をつくった。ところどころに火山島が海水面に頭を出し、地球内部の活発な運動により、海底には熱水噴出孔がいくつもできただろう。海水が塩辛くなるのは、大量の海水がマントルのなかに引き込まれて大きな陸地が現れて岩石中のナトリウムをはじめとする金属イオンが降雨によって溶け出し、海に流れ込むからと理解されている。

さて、「海底熱水噴出孔」の発見は、生命の起源に関わる原始海洋のイメージを、従来の常温の海から、超高温で化学的に非平衡な部位のある海へと変えた。原始大気や星間で生成した有機物はこのような熱い部位のある原始海洋に溶け込み、さらに化学進化をとげた。近年、海底熱水系を模した実験が多々行われている。たとえば、柳川らは、海底熱水系を模した高温高圧条件下で、アミノ酸から細胞状構造物が生成することを報告している。生命の定義の第一である「外界と自己を区別する膜」は、このようにしてはじまったのだろう。

生命の誕生に先立って、生命の特質である代謝能（あるいは触媒能）と自己増殖能（あるいは自己複製能）がうまれたと考えられる。後者に関しては第1章3でふれるとして、ここでは触媒能の起源についていくつかの説を紹介しよう。

①タンパク質（アミノ酸重合物）説

もっとも古典的な考え方は、このタンパク質説である。アミノ酸は原始地球環境や星間環境でも容易に生成する。そこでこのアミノ酸を重合させていけば、ペプチドを経て、タンパク質に進化することになる。室内実験により、アミノ酸を種々の条件で重合させる試みが多々行われてきた。アミノ酸とアミノ酸の結合は縮合反応でつくられるので、縮合時に水を除く必要がある。適当な縮合剤を加えた水溶液中でアミノ酸を縮合させる実験、アミノ酸水溶液を乾固させて縮合させる実験、海底熱水系を模した高温高圧下でアミノ酸を縮合させる実験などが行われてきた。これらの実験の結果、たとえばグリシンが数個つながったオリゴグリシンなどは容易に生成することがわかった。しかし、実際に触媒能をもちうるようなタンパク質をつくる条件を明らかにするまでにはいたっていない。

固体のアミノ酸を加熱することにより「熱重合アミノ酸」をつくる試みもなされている。たとえば原田馨とフォックス（S. W. Fox）は、アミノ酸の熱重合により高分子量の「プロティノイド」が生成し、ある種の触媒能も有することを見出した。このプロティノイドは水中で構造体（ミクロスフェア）をつくることから、原始細胞モデルとしても興味深い。ただし、原始地球上で固体の遊離アミノ酸が一カ所に高濃度で蓄積するのは、後述するように困難である。

②ＲＮＡワールド説

核酸は情報を担い自己複製能を実現する分子としてみられてきたのだが、チェック（T. R. Cech）らによる触媒活性を有するＲＮＡの発見を契機に、最初の生命を構成した分子は、触媒活性能と自己複製能をあわせもつＲＮＡであった、とするＲＮＡワールド説が提唱され（Gilbert, 1986; Joyce & Orgel, 1993）、多くの分子生物学者の支持を集めている。確かに、そのようなＲＮＡが存在すれば、生命の起源の多くの謎が解決へと向かうだろう。

しかし、この説の問題点は、第1章3で述べるように、ＲＮＡがどのようにして無生物的に生じたかである。核酸塩基の前駆体は隕石中にも見出されているが、糖（リボース）の起源はいまだ謎である。また、塩基と糖から生成するヌクレオシド、ヌクレオシドとリン酸が縮合してできるヌクレオチドも、原始地球上で効率よく生成したとはとても考えられない。また、ＲＮＡはＤＮＡやタンパク質と比べて熱安定性に劣り、最初の生命が熱水中で誕生したとする場合、そのような環境でもＲＮＡを安定化させる化学的な条件が与えられたかどうかが鍵となる。

以上から、ＲＮＡワールドはコモノート（現生の全生物の共通祖先）以前のいずれかの時点で現れた可能性は考えられるが、それが最初の触媒分子であった可能性が確実だとは断言できないだろう。

③金属イオン・鉱物

カルビンは触媒分子の起源の説明として、金属イオンの触媒能を用いた。図1・2・4にその概略を示す。三価の鉄イオン（Fe^{3+}）はペルオキシダーゼ活性（過酸化水素を分解する触媒活性）をわずかながら有する。もし、Fe^{3+}がポルフィリン環に配位してヘムを形成すると（中央図）、その触媒能は一〇〇〇倍に増幅される。これにさらにタンパク質鎖がついて現在の酵素「カタラーゼ」（右図）となるとその触媒能はさらに一〇〇〇万倍になる。つまり、最初は金属イオンの触媒活性に依存していた原初の「物質系」が有機物を利用することにより触媒能を徐々に改良し、最初の「生命系」へと進化していった、というアイデアは古びてはいない。

生命の起源の諸説は、代謝能と自己複製能のいずれかに重きをおいている。後者の代表がRNAワールド説とすると、近年の前者の代表選手はヴェヒターースホイザー（G. Wächtershäuser）の硫化鉄ワールド説であろう。彼は、海底熱水系に多くみられる硫化鉱物表面が多様な反応を触媒し、一種の代謝系を形づくるというアイデアを提出した。この説の支持者は多く、また硫化鉱物表面がいくつかの化学進化反応を触媒することは調べられているが、実際に生命の代謝系まで進化しうるかに関してはさらなる実験的な検証が必要である。

④ゴミ袋ワールド

ダイソン（F. J. Dyson）もまた、生命の起源において代謝に重きを置いている。彼は生命の起源に関する著書（Dyson, 1999）のなかで「ゴミ袋ワールド」（Garbage-bag world）を提唱している。原始海洋中で、オパーリンのコアセルベートのような原始細胞状構造体もできただろう。そしてそのような「袋」のなかにさまざまな有機分子が取り込まれていたとする。それはさながら雑多な分子を詰め込んだ「ゴミ袋」のようなものであった。ゴミ袋中の分子のなかには触媒分子も含まれ、その作用に

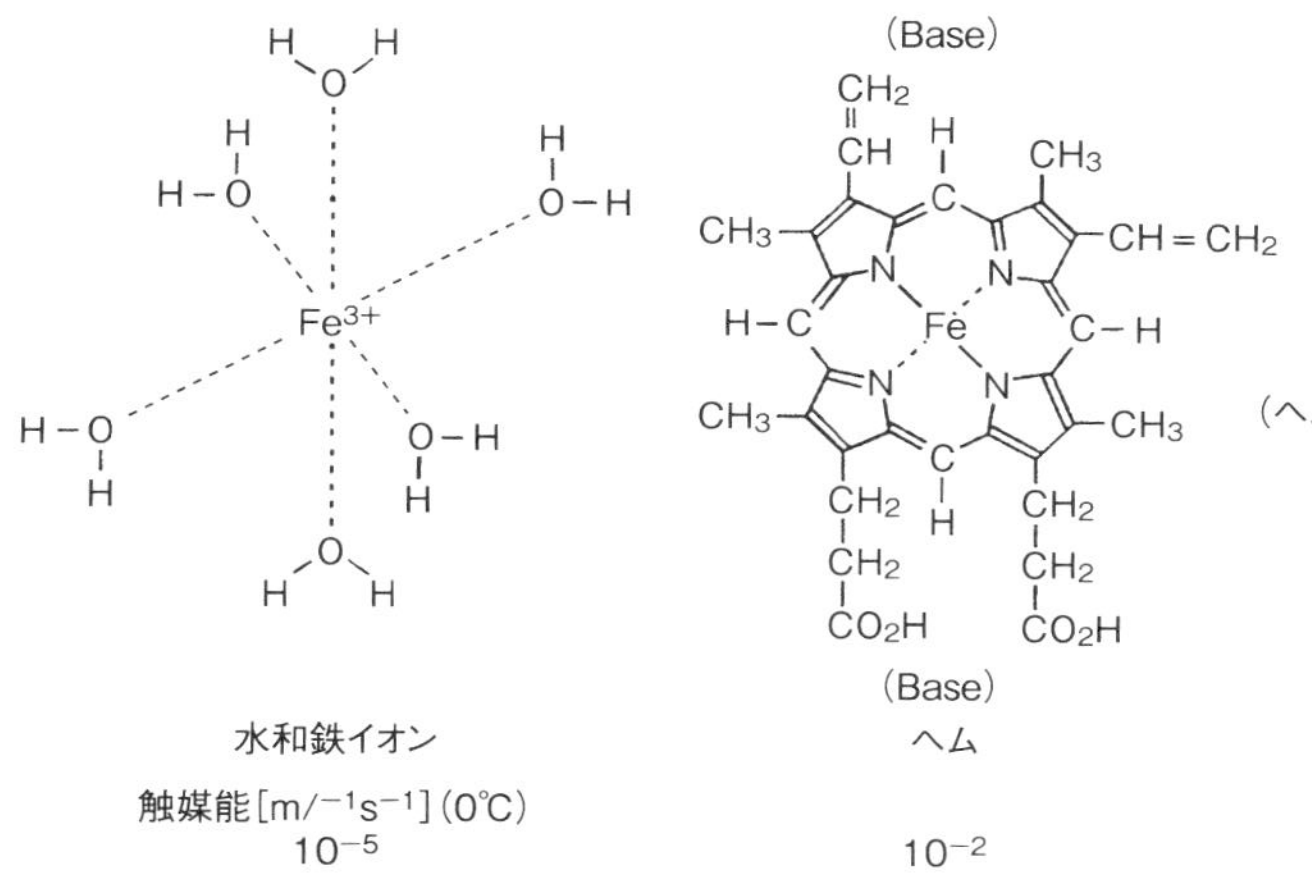

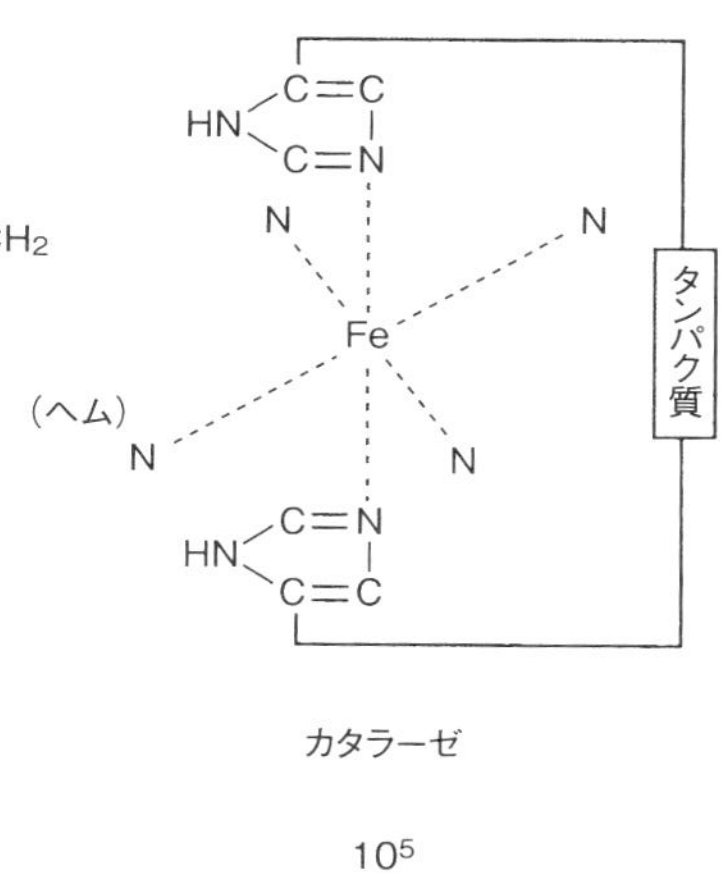

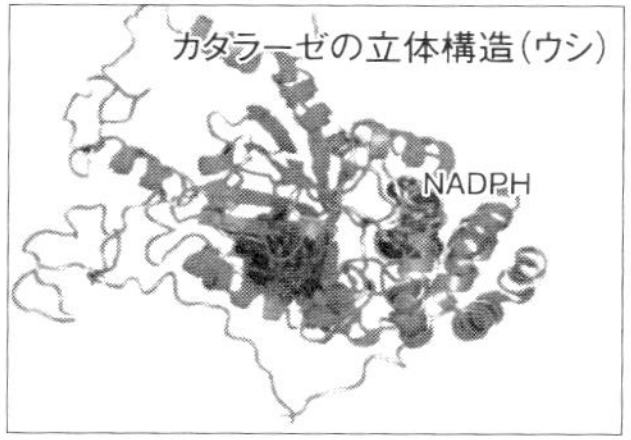

図 1.2.4　ペルオキシダーゼ活性の進化（カルビンによる）

よりゴミ袋中の別の分子の生成が促進されることもあっただろう。やがて、さまざまな触媒分子を含むゴミ袋に進化して、袋中の多数の分子をたがいに生産しあうようになれば、その袋はある意味で代謝を維持できることになる。もちろん、核酸を使ったような洗練された自己複製系ではないが、ラフな自己増殖系にはなりえたかもしれない。

3　生命の情報を担うRNAのはじまり

澤井宏明

生物にとって生物情報を複製し生命にとって必要な機能を発現させるしくみは必要不可欠である。最初の生物情報を担い、しかも触媒作用の機能もRNAが兼ね備えたという仮説、RNAワールド説が広く受け入れられている。どのようにしてRNAが最初にできたかについては、いろいろ実験的な研究がなされているものの、未解決の問題である。生物が使っている基本的な化合物をみると、低分子有機化合物ではアミノ酸の二〇種、核酸塩基の五種、糖としてRNAの構成成分であるリボース、DNAの構成成分であるデオキシリボース、またセルロースやデンプンのユニットであるグルコース、細胞膜を構成する単位となるグリセロールとかコリンなど水酸基をもつ化合物および脂肪酸など、せいぜい三〇から四〇種の有機物になる。無機化合物ではリン酸、水、ナトリウム、カリウム、カルシウム、そして含金属酵素の構成成分となる鉄、亜鉛などがある。比較的少数の分子の組み合わせで生物はできているが、組み合わせには無数の可能性があり、そこに情報が必要となる。

ここでは、ＲＮＡの構成要素がそれぞれどのように生成しうるか、要素が会合したときにＲＮＡへと縮合できるか、そして生命情報を担う核酸塩基配列が前生命的に創発するかどうかがどのように理解されているかを説明しよう。

ＲＮＡの構成要素分子をつくる

ＲＮＡは、リボース、核酸塩基、リン酸から構成される。まず糖の一種であるリボースはどう生成するだろうか。宇宙空間に存在する分子であるホルムアルデヒドが縮合するホルモース反応では、たしかにリボースが生成する。しかしこのホルモース反応では多くの糖類分子の混合物が生成し、ＲＮＡを構成するリボースを選択的に生成するのは難しいし、リボース自体不安定な分子である。ベナー（S. A. Benner）はある種のホウ酸鉱物がリボースの選択的合成や不安定なリボースを安定化するのに有効であることを報告しているものの、ＲＮＡが前生物的に合成される過程のなかでリボースがどのように生成されるかという問題が解決されているとはいえない。もう一つのＲＮＡの構成成分である核酸塩基の前生物的合成については古くから研究されており、シアン化水素やシアノアセチレンからプリン塩基、ピリミジン塩基が生成することが報告されている。シアノアセチレンからはシトシンが生成する。シアン化水素を重合していくと、アデニンや、グアニンやヒポキサンチンといった分子が生成する（図１・３・１）。

リボースには水酸基が多くあり、核酸塩基との縮合反応箇所が複数存在する。ＲＮＡの構成要素であるヌクレオシドを生成するためには、特定の箇所でのみ脱水縮合反応を起こすことが必要である。しかし、核酸塩基とリボースの縮合反応では多くの異性体が生成し、RNAを構成するヌクレオシドの生成は少なく、この過程も未解決である（図1・3・2）。

ヌクレオシドとリン酸は脱水縮合によりつなげられる。ヌクレオシドの一つであるアデノシンとリン酸をまぜ、尿素とマグネシウムを触媒としてその水溶液を蒸発乾固後、加熱するとATP（アデノシン三リン酸）やADP（アデノシン二リン酸）が生成する。それにイミダゾールとマグネシウムを加え水溶液を蒸発乾固するとアデノシンリン酸イミダゾリドができる。しかし、アデノシンリン酸イミダゾリドは比較的不安定な分子なので、これが原始地球上でRNA生成の直接の前駆体となったかは疑問である。しかし、酵素を使わずに簡単な操作で比較的長いRNAを合成できるモノマー（分子単体）としては、アデノシンリン酸イミダゾリドなどのヌクレオシドリン酸イミダゾリドしか知られていない。このモノマーを重合してRNAのオリゴマーを生成するのには、いくつかの過程が提唱されている。金属イオン触媒を用いた反応の研究は澤井らが最初に行った。また、粘土鉱物触媒による反応はフェリス（J. P. Ferris）らが、鋳型を用いた非酵素的なRNA複製はオーゲル（L. E. Orgel）らが調べた。

金属イオン触媒によるRNA合成

モノマーのATPから酵素を用いずに前生物的にRNAを生成しようとすると、三リン酸部分で加

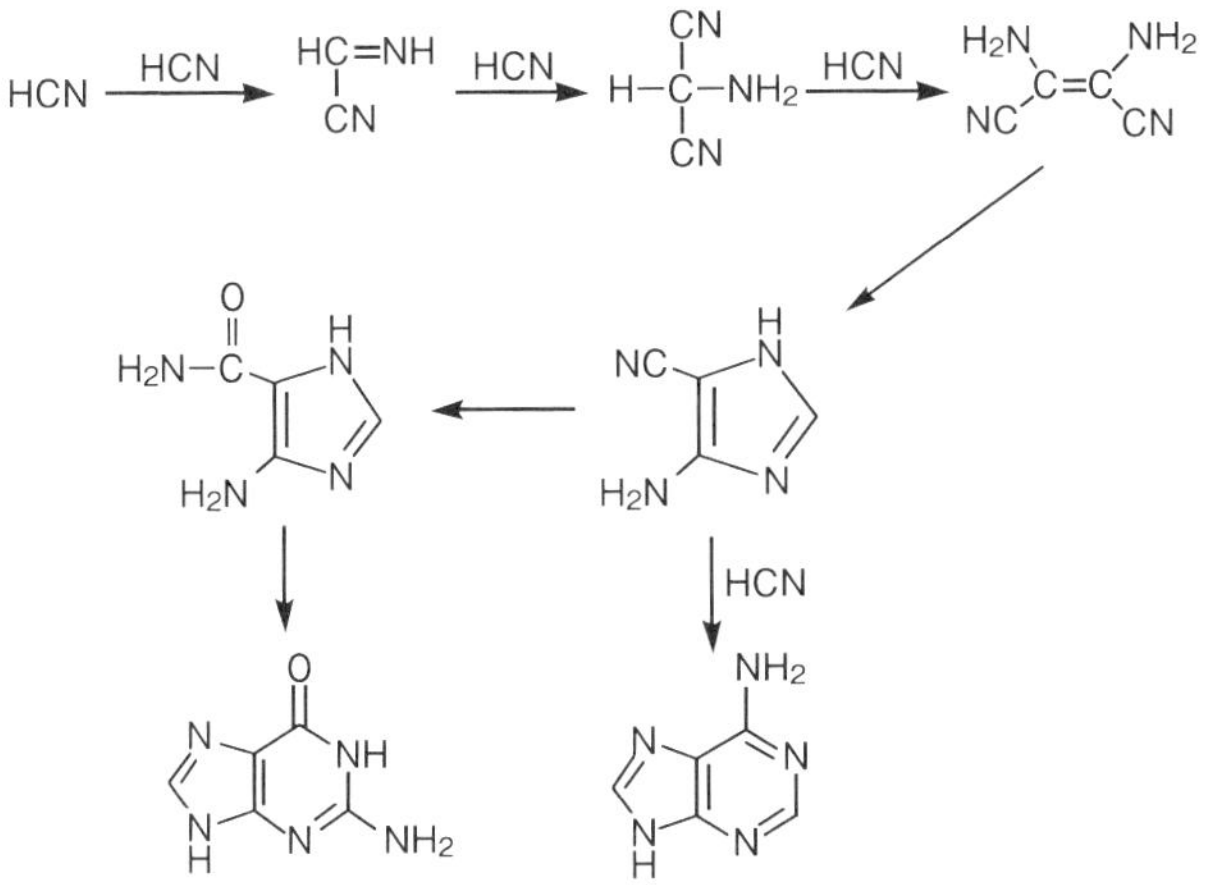

（グアニン）　　（アデニン）

図１．３．１　シアン化水素からアデニン，グアニンの生成

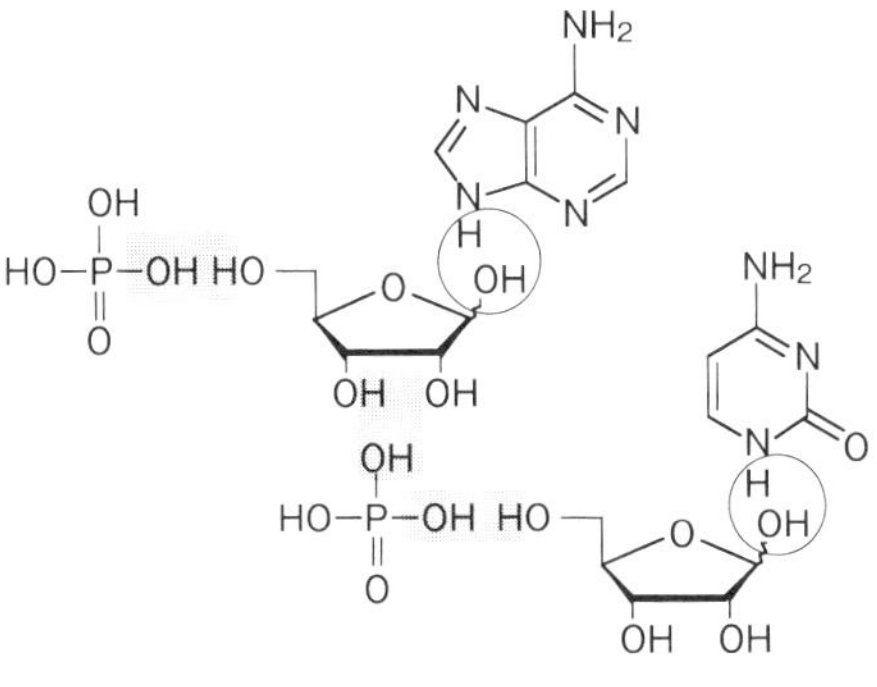

pA-pC

図１．３．２　RNA の結合形成

水分解が起こり重合反応は起こらない。酵素を使えば容易に重合してRNAやDNAができるのに、非酵素的な反応による重合は一つも報告されていない。

前述したようにアデノシンリン酸イミダゾリドをモノマー単位として、触媒や鋳型により重合させることができる。コバルトイオン（Co^{2+}）、亜鉛イオン（Zn^{2+}）あるいは鉛イオン（Pb^{2+}）などのイオンを触媒に用いると、中性水溶液中で五量体くらいまでのRNA断片が生成する。また、一分子のアデノシンリン酸イミダゾリドのリン酸イミダゾリド部ともう一分子の水酸基を反応させて二量体を生成させることが可能である。そこにさらにもう一分子反応させれば三量体が生成する。このように順番に反応させることで最大一八量体までのRNAオリゴマーが得られる。この結合形成反応においては金属イオンが配位して二つの分子の特定のリン酸基と水酸基との反応を促進する。これらの金属イオンは原始海水中の熱水噴出孔周辺には少なくともあっただろうし、また、池や湖といった場所ではそれらの金属イオンが濃縮された可能性もある。そのような条件のもとでは、試験管内と同様に一八量体ぐらいまでのRNAは生成しただろう。

粘土鉱物触媒によるRNA合成

粘土鉱物の一つのモンモリロナイトは重合反応を促進させるはたらきがあり、金属イオン触媒と同じような反応経路によりRNAオリゴマーが生成する。粘土鉱物の表面にはRNA合成のモノマーであるヌクレオチドやアミノ酸が吸着する。モノマーが粘土鉱物の表面に吸着した上で一〇量体くらいまで重合することをフェリスらが見出した。このような条件下でモノマー単位を次から次へと加えていくと、縮重合反応が進み、五〇量体くらいまでのびていく。RNAの鎖長が五〇量体くらいまでのびれば、生物的な機能の最低限の役割を果たせるのではないかと考えられるが、このモデル実験で得られたRNAが実際に何らかの生物学的な機能をもつかどうかはわかってない。

RNAの複製

核酸の複製反応は、核酸塩基であるアデニンとウラシル、グアニンとシトシンが相補的な水素結合を形成することがもとになっている。選ばれたモノマーがポリマー上に相補的水素結合にもとづいて並んだ上で縮重合することにより新たなオリゴマーを形成する。特定のペアができて重合するので相補的なオリゴマーが生成し、これで情報が複製される。

RNAを非酵素的に複製反応させせると、生物が一般的に用いているヌクレオシド-5′-三リン酸をモノマーに用いても重合反応は進行しない。そこで、前述のRNAの前生物的合成実験でも用いられたヌクレオシド-5′-三リン酸イミダゾリドをモノマーとした場合ではどうかが調べられた。その結果、ウラシルが八量体くらいになるとペアの相手のアデニンのモノマーが水素結合を形成することによってヘリックスが形成され、アデニンのモノマーが重合されるのがわかった。

RNAの複製においても光学異性体の立体構造は重要な役割を果たしている。C(シチジン)のポリマーであるポリシチジル酸 Poly C を鋳型としてCと相補的な塩基であるG(グアノシン)のモノマー（グアニル酸）を重合する場合、鋳型として用いるCのポリマーは天然の酵素を使えば光学異性体のうちD型である。ここで天然型のD型のGモノマーを使えば縮重合して、Gのオリゴマーが生成する。しかし、D型とL型からなるラセミ体Gのモノマーを用いると、立体配座が支配する鋳型依存の重合反応が起こりにくくなる。さらに、L型のモノマーのみ使うと重合が起こらない。また、鋳型のPoly Cなしでは、D型のモノマーの重合も起こらない。このように、RNAの非酵素的複製反応では光学活性についての選択性が強い。RNAのモノマーの前生物的な合成過程では、D型あるいはL型の一方のみが生成することはない。すべての生物はD型のRNAを使い、その合成は酵素によって制御されている。D型RNA選択の起源はおもしろい問題として残っている。

RNAの前生物的合成の過程では、まず短いRNAオリゴマーができて、相補的なRNA部分でハイブリダイゼーション（相補的に結合すること）により二重鎖を形成し、たがいに縮合してより鎖長の長いRNAにのびていっただろう。しかし、こういった反応では、結合異性体をいろいろ含むRNAが生成し、機能する生命情報をうみ出すには多くの試行錯誤を要したに違いない。

生命が選択したRNA

前生物的合成で非酵素的につくられたRNAが複製反応を起こしうることは不十分ながら示されたが、それ以外にどのような機能を果たしうるかの研究が待たれる。ところで、RNAを構成する糖はリボースである。リボースを単位とするRNAにもその異性体がいろいろある。前生物的にはいろいろな核酸類似体、RNA異性体の混合物が生成しただろうが、そのなかからどのようにして現在のタイプのRNAが選ばれたのかはよくわかっていない。

生物の情報と複製を担う分子には核酸塩基が対応する。核酸塩基は原始地球条件下で比較的つくられやすく、相補的水素結合でペアを形成するのでこれに勝るものはないだろう。高分子の上に核酸塩基を並べてその配列で情報を表すのだが、DNAやRNA以外でも、いろいろな高分子の鎖の上に核酸塩基分子を並べていけば良い。有機化学的に巧妙な技術を使った核酸類似体の合成とその性質が研究されている。核酸塩基の水素結合にもとづく二重鎖の形成能だけを取ってみると、RNAより二重鎖形成能が高い核酸類似体がいくつか合成されている。しかし、それらをあたえる前生物的な合成の過程や条件を見出すのは難しい。前生物的な合成が期待されるポリマー上に核酸塩基を並べたRNAに代わる核酸類似体の合成の試みは必要だろう。RNAの機能を考えると、周りの環境や配列に依存していろいろな立体構造を形成して種々の機能を果たしている。それらを総合的に考えると、多くのRNA異性体、核酸類似体のなかで、現在のタイプのRNAがもっとも優れており、選択されたようにも思える。

4　生命のはじまった場をもとめて

小林憲正

ゴミ袋ワールド説は実験的に検証されてはいない。しかし、小林憲正らによる模擬原始大気実験や模擬星間塵実験から次のようなことがわかった。

①アミノ酸は生成しやすい分子である。ただし、放射線などにより生成するのは遊離のアミノ酸分子ではなく、加水分解によりアミノ酸となる高分子の「アミノ酸前駆体」である。

②放射線照射などにより生成するのは分子量数千の複雑な構造を有する分子であり、そのなかにアミノ酸前駆体も含まれる。しかし、この複雑分子は決まった構造を有せず、その大部分は役に立たない、いわば「がらくた分子」である。

③この「がらくた分子」のなかには加水分解により核酸塩基やカルボン酸などのアミノ酸以外の分子を供給するものもある。また、エステル加水分解活性などの触媒能を有する分子もある。

以上の結果をふまえて小林らが提案するのは図1・4・1に示す「がらくたワールド」である。原始大気中で生成したがらくた分子や、隕石や彗星により届けられたがらくた分子は、原始海洋（熱水系）に溶け込む。この原始熱水系のなかで原始細胞状構造体がつくられる。そのなかにはさまざまながらくた分子が取り込まれるが、その一部は触媒能を有する。また、がらくた分子から切り出されたアミノ酸や核酸塩基なども含まれる。そのような構造体のなかのあるものは、その触媒能を利用して構造体内の分子を積極的に増やし、自己増殖していくようになった。そのなかのあるものは構造体中のアミノ酸をうまく利用することにより、より効率のよいペプチド触媒をうみだして「タンパク質ワールド」に進化し、またあるものは核酸構成分子を利用することにより自己複製分子をうみ出して「RNAワールド」へ進化した。それらが共生して、現在の「DNA—タンパク質ワールド（DNP

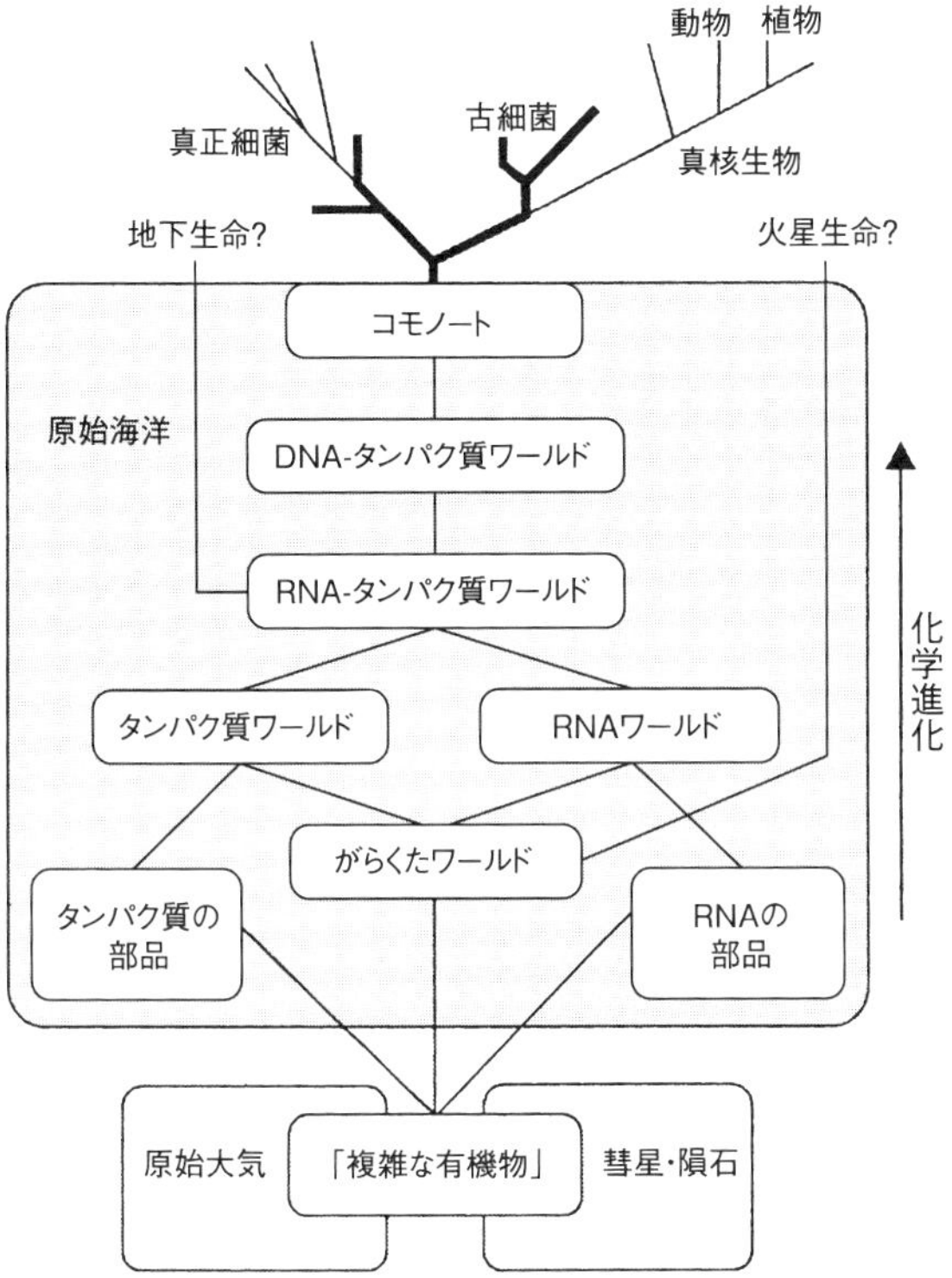

図1.4.1　がらくたワールド仮説（小林作成）

ワールド)」の出現をみた。

現在、原始地球環境が残されていないため、上記の仮説の検証は困難である。しかし、近年、太陽系の惑星・衛星のなかに、液体の水、もしくは有機物を多く含むものが発見され、そのなかに化学進化の化石が残されている可能性が浮上してきた。その一つが、土星の衛星のタイタンであり、窒素とメタンからなる大気から生成した有機物がタイタン大気中や地表に存在している。これらを精査することにより生命の起源の諸説のより実証的な検証が可能になる。また、そのような新しい知見を用いて新たな模擬実験を行うことにより、始源的な「生命」を実験室で誕生させることができるだろう。

コラム① 隕石・宇宙塵・小惑星の探査

山下雅道

太陽系の外縁部の氷小天体がときおり彗星として太陽に向けて落下してくる。彗星の核の表面は、光の反射率が低いことから、複雑な有機物が豊富に存在すると推定されている。太陽に近づくと彗星の表面の揮発性の成分は蒸発し、太陽光や太陽風を受けて太陽と反対側に尾をつくる。宇宙塵の一部はこの尾に含まれる成分が起源である。この塵に含まれる有機物は生命の起源に結びついたのだろうか。太陽に近よれば距離の二乗に反比例して短波長光や太陽放射線は強くなる。地球の公転軌道の三倍ほどのところは雪線とよばれ、その内側では宇宙塵表面の放射平衡温度が高く、氷は蒸発してしまう。含まれる有機物も分解し変質するだろう。小さな宇宙塵ほど地球への供給量は多い。

しかし、短波長光や宇宙線を遮蔽するのに十分な厚みの層をもつ彗星や隕石のほうが、地球への落下頻度が少ないとはいえ、生命に結びつく有機物の供給の鍵をにぎっていたかもしれない。地球への生命前有機物供給の一つの関門は、地球大気層に突入する際の苛烈な環境である。小さい塵ではこれが緩和されるのか、大きな隕石ではアブレーション効果で内部は保護されるのか。このような疑問にこたえる宇宙探査や地上での模擬実験が精力的になされている。

スターダスト計画では、ヴィルト2彗星の尾の塵からアミノ酸分子の発見など多くの情報を引き出している。小惑星探査機「はやぶさ」は、小惑星イトカワが内部に空隙を残して集合した小天体であり、表面の一部は細かなレゴリスで覆われているのを明らかにした。地球に帰還した「はやぶさ」カプセルにはイトカワからの試料が得られており、太陽系での物質進化についてさらに多くのことがわかるだろう。日本の小惑星探査の後継機は、有機物の多い小惑星からのサンプルリターンを行う。原始太陽系の特徴を残す小天体は、火星と木星との間に集中して周回している。太陽光を反射してその圧力により航行する宇宙ヨットの技術は、二〇一〇年に打ち上げられた「イカロス」により初めて実現された。太陽系を自在に航行する技術や、ラグランジェ点（太陽と地球からの引力とそこの宇宙船にはたらく遠心力がつりあい、安定に係留できる点）に建設される深宇宙港を使って、小惑星帯も含む太陽系の探査が進められようとしている。

コラム② DNAからタンパク質へ

奥野 誠

現在の地球上の生物は共通の物質的基盤をもっている。それは遺伝情報伝達物質としてのDNA、さまざまな生命機能を行っているタンパク質、その間をとりもつRNA(mRNA)という三つである。ワトソン(J. Watson)とともにDNAの二重らせんの発見者として名を連ねているクリック(F. Click)は、一九五八年にセントラルドグマ(中心教義)という概念を提出した(図1)。これは遺伝情報がDNA→RNA→タンパク質という方向で伝達されるというものである。すなわちDNA情報はRNAに転写され、それが翻訳されてアミノ酸の配列を決定し、タンパク質を合成するという流れで、細胞が分裂して増殖する場合はDNAが複製される。この逆の流れがあるかどうかについては多くの議論があったが、レトロウイルスでは遺伝子がRNAであり、これが宿主細胞内で逆転写によりDNAを合成し、その後転写と翻訳が行われることがわかった。このような逆転写の発見により、RNA→DNAの方向の情報伝達が示されたが、タンパク質からの逆の流れはみつか

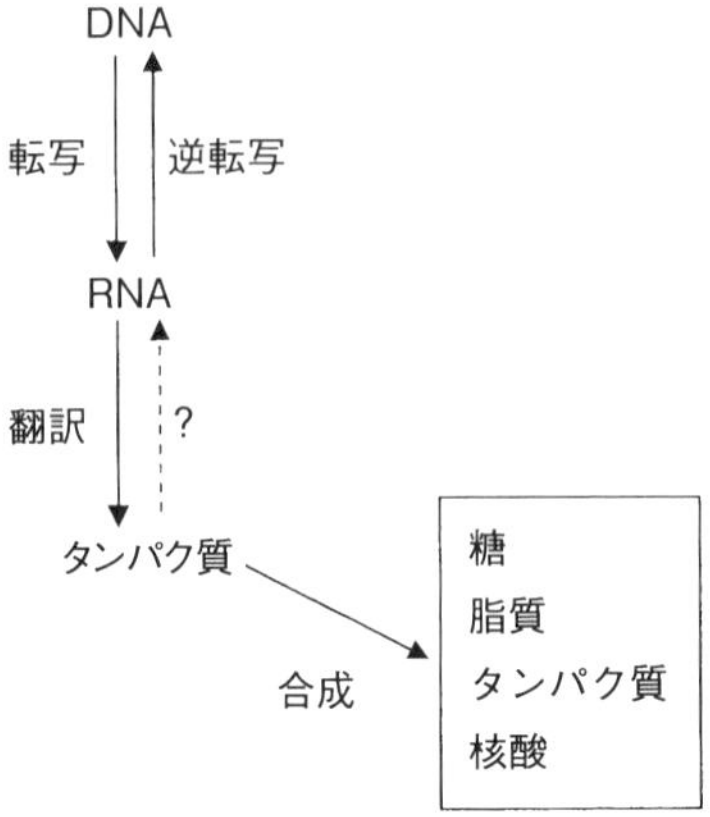

図1 セントラルドグマにもとづく生命物質の関係

っていない。狂牛病原因物質であるプリオンが一時話題となったが、現在ではほぼ否定されている。

　その後、一九八一年にチェック（T. R. Cech）はリボソームRNA（rRNA）の研究から、酵素作用をもつRNAを発見し、触媒作用をもつという意味で、リボザイムと命名した。このように、RNAはタンパク質のみがもつと考えられていた酵素機能をもつことがわかり、前述した遺伝子としての機能とあいまって、最初の生命機能をもった物質という考え方が近年有力になっている。これはRNAワールド説とよばれている（第1章2参照）。

第2章　細胞のはじまり

第1章では、現在の生命体を構成するさまざまな有機分子が、原始地球環境において、無機物質から生成されたであろうことを述べた。これらの有機分子は結合と解離、集積と組織化、選別と階層化を繰り返しながら、次第に生命のもつ特徴を担えるものへと化学進化した。ここでは、化学進化の果てに曲がりなりにも生物の定義を満たすものとして、この世にはじめて出現したであろうものを原始生命体とよぶことにしよう。第1章1で生物の定義をかたちづくる三つの要件の第一として、「膜により外界と自己を区別していること」をあげた。膜により外界と自己を区別している生物の最小単位は細胞である。それゆえに原始生命体も、細胞の性質をもっていたであろうと考えられる。つまり、原始生命体は原始細胞でもあった。

細胞の膜は、水分子に対して親和性の強い親水性部分（親水基）と、この性質の弱い疎水性部分

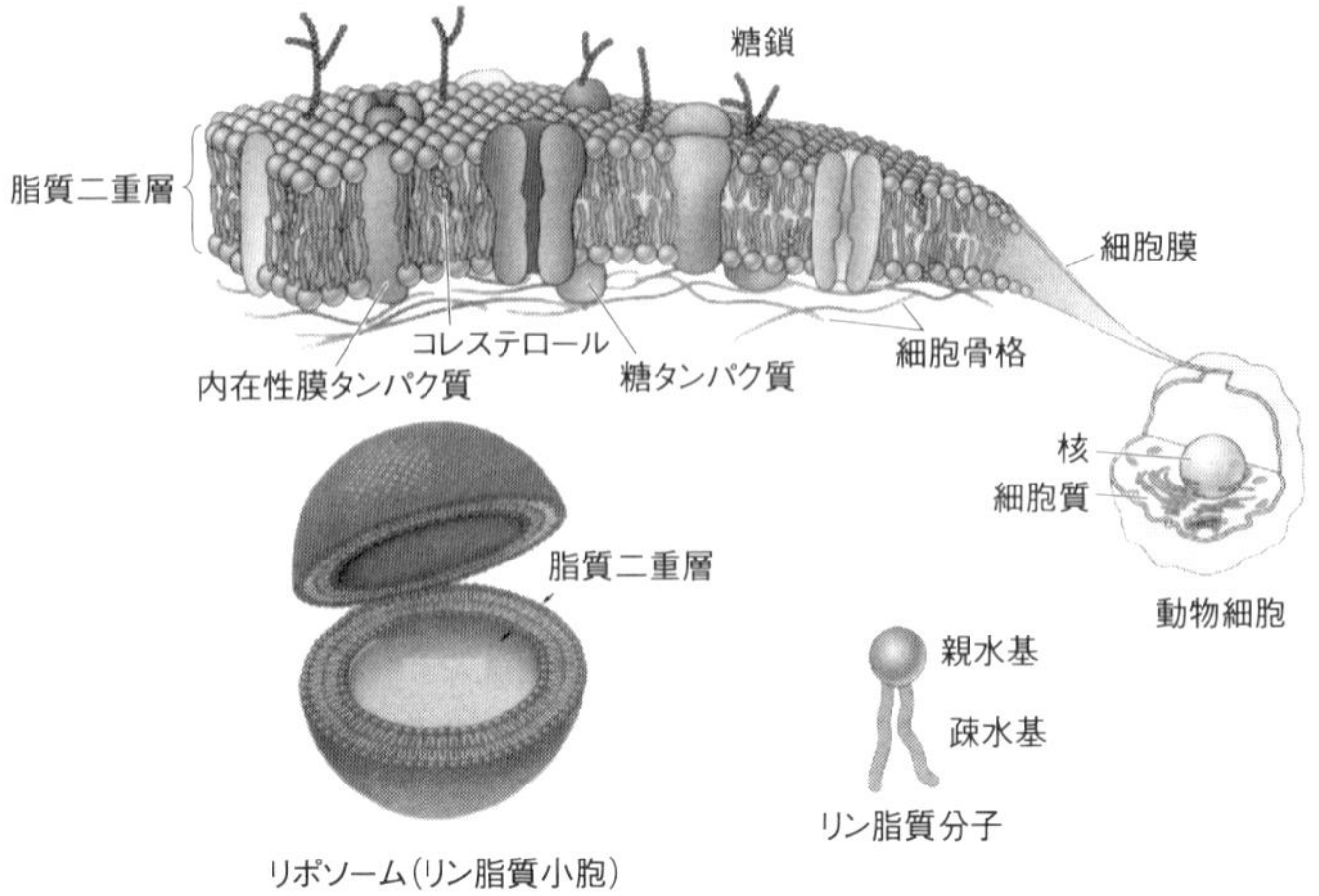

図2.1.1　細胞膜とリポソーム（Hill *et al*., 2008; Sherwood *et al*., 2004 を一部改変）

（疎水基）を一つの分子のなかにあわせもつリン脂質の二分子層（脂質二重層）からできている。脂質二重層には、膜を貫通して存在し膜の構築や物質の輸送に関わるタンパク質（内在性膜タンパク質）や、多くの場合、細胞膜の外側に一部分が現れてそこに糖鎖を結合させた糖タンパク質、逆に細胞内側に露出して細胞骨格などの繊維タンパク質を結合する足場タンパク質などが結合している（図2・1・1）。細胞膜はこのように非常に複雑な構造をしているが、細胞の膜から得られるリン脂質のみを用いて、脂質二重層のみでできた袋状の構造体であるリポソームをつくることができる（図2・1・1）。

このリポソームあるいはリン脂質の代わりに脂肪酸を用いてつくった脂質小胞（以下、単にベシクルとよぶ）に、さまざまな要素を加えて最低限の構成で細胞と同様の振る舞いをする「どうにか細胞といえる細胞（最小限細胞）」を人工的につくろうとする試みがある。この人工的最小限細胞によって生命の本質とその起源を探ろうというのである。第2章1では、一つの分子のなかに親水基と疎水基をもつ分子（両親媒性分子）のベシクルを用いて最小限細胞の構築を目指す研究を紹介し、どのような条件下において、第1章で述べた生物の第二、第三の特徴を備えるに至るかを探る。

第1章では原始細胞が原始地球の熱水系でできた可能性について言及した。現在の地球にも深海の海底に熱水系があり、そこでは独特な生物が半独立の生態系を形成している。ここの微生物生態系を調べることは、原始細胞と原始地球における微生物生態系の理解を深め生命機能の誕生を知る手がかりとなるであろう。第2章2では、このような観点から深海熱水噴出孔周辺の生物について述べる。

第1章で述べたように、原始細胞は、がらくたワールド・RNAワールドを経てやがてDNAによって遺伝情報を伝えるコモノート（現生の全生物の共通祖先）へと発展したという説が有力である。これは、生物が伝えてきた遺伝情報を逆にたどってコモノートへとたどり着こうとする手法である。第2章3では、この手法を用いると、コモノートは高温環境で生息し増殖することのできる超好熱菌である可能性が高いことを述べる。

1　分子システムで生命らしさの謎に迫る

菅原　正・豊田太郎・鈴木健太郎

生命らしさをもつ分子システム

現在の生命体を構成するさまざまな有機分子が、原始地球環境において無機物質から生成できたことはこれまでの研究から確かである。しかし、これまでの研究は、実際の生体分子に比べるとずっと単純な分子の生成までを明らかにしたにすぎず、化学進化の後半部分にあたる生体高分子の集積化と組織化に端を発する原始細胞への進化過程を解明してはいない。たとえば低分子からコアセルベートが自発的に形成されたという実験例はないし、人工的に調製されたコアセルベートから、オパーリンのいうアメーバのような原始生命（Oparin, 1924）が誕生したという報告もないのである。しかし分子は大きくなり集合することで、単独の分子だけでは実現できない高次の機能を有する分子システムをつくりあげることができる。そこで、多様な役割をもつ生体高分子が集まってさまざまな機能を実現する細胞と共通の枠ぐみをもつ分子システムをつくることで、自らと同じ個体を「自己生産」するしくみや、情報を担った分子を「自己複製」して子孫に伝えるしくみ、エネルギーを使って自発的に動くしくみ、といった「生命らしさ」の源を知る手がかりを得る、というアプローチが考えられる。ここでは、生体分子より単純な分子を組み合わせ、生命らしさを備えた分子システムをつくる「合成的アプローチ」を紹介したい。

細胞が本質的に必要とするダイナミクスのなかで、ＤＮＡやＲＮＡなどの「情報」を担う分子を中心とした生命進化の理解は、第1章で述べたようにRNAワールドとして広く知られている。また、「境界」としての膜のダイナミクスは、「脂質ワールド」として、RNAワールドに匹敵するほどの奥行きをもつことが指摘されている。ここでは、このもう一つのキーワードとしての「境界となる膜」に注目し、自己生産系の構築に焦点をあてる。このようなシステムは、おそらく実際の細胞に比べてきわめて単純であろう。しかし、研究の対象とするシステムが単純であればあるほど、かえって生命らしさの謎を解く鍵がみえやすくなるのではないだろうか。

自己生産するジャイアントベシクル

リン脂質に代表される両親媒性分子（親水基と疎水基をあわせもつ分子）は、水中で隣接する分子の疎水基が水分子を排除してたがいに集合化する。その結果、疎水基を内側に親水基を外側にもつ脂質の二重層膜が形成される。このような脂質二重層膜で包まれ、内部に水溶液をもつ「袋状の自己集合体である小胞」を、ここではベシクルとよぶ。そして粒径が1㎛以上のものをジャイアントベシクルとよぶが（図2・1・2）、これは原核細胞に匹敵する大きさであり、光学顕微鏡でそのダイナミクスを直接観測できる。このジャイアントベシクルに細胞のように増殖・分裂を行わせることができれば、人工細胞が現実のものに一歩近づくことになろう（図2・1・3）。

ルイージ（P. L. Luisi）らは、塩基性の水溶液中で形成したオレイン酸（脂肪酸の一種）からなるジャイアントベシクルが分散している溶液に、ベシクル構成分子の前駆体（直接の原料となる分子）

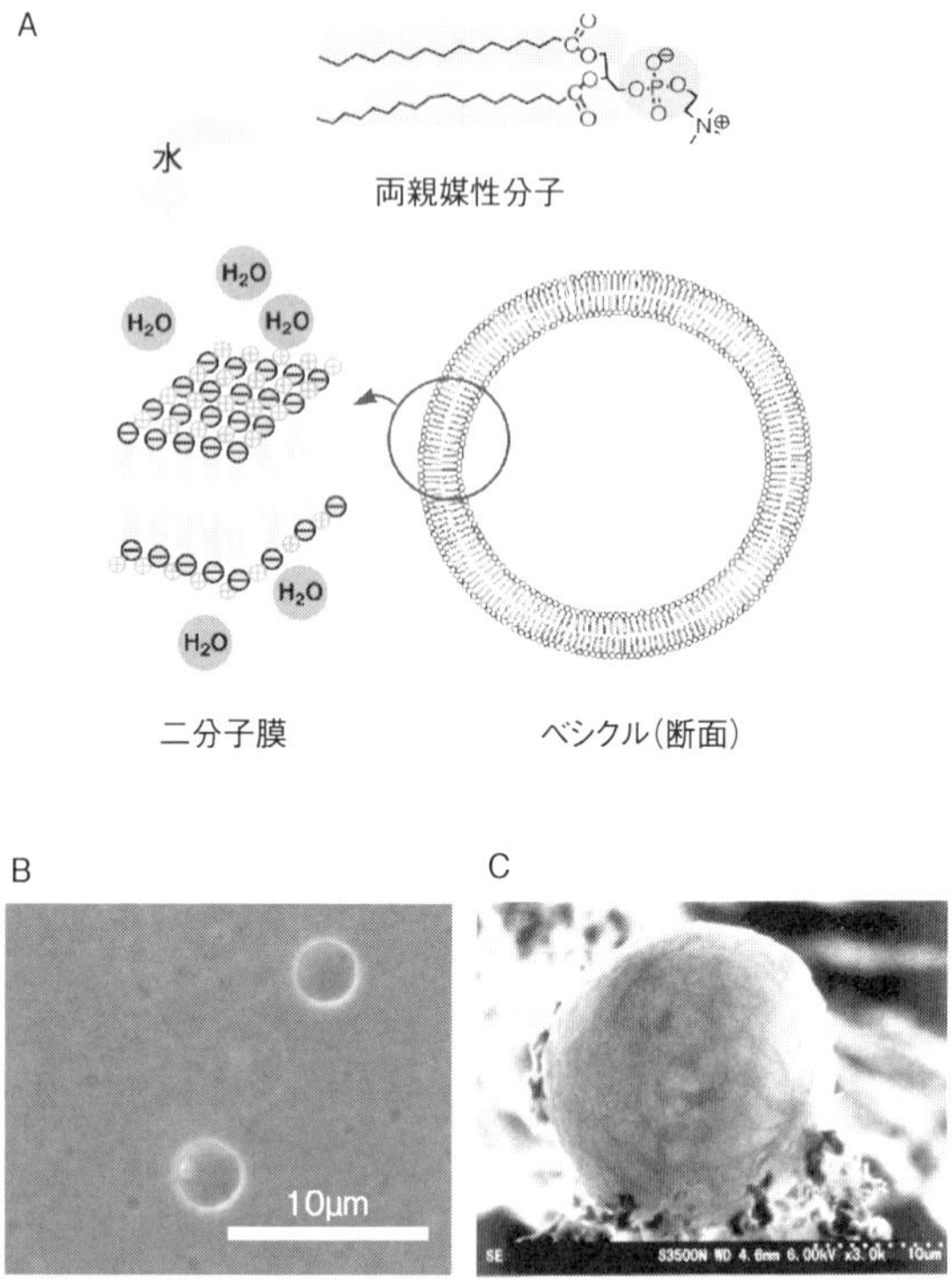

図2.1.2　ジャイアントベシクル（菅原ほか作成）
A：両親媒性分子からのベシクル形成，B：ジャイアントベシクルの顕微鏡像，C：ジャイアントベシクルの走査型電子顕微鏡像.

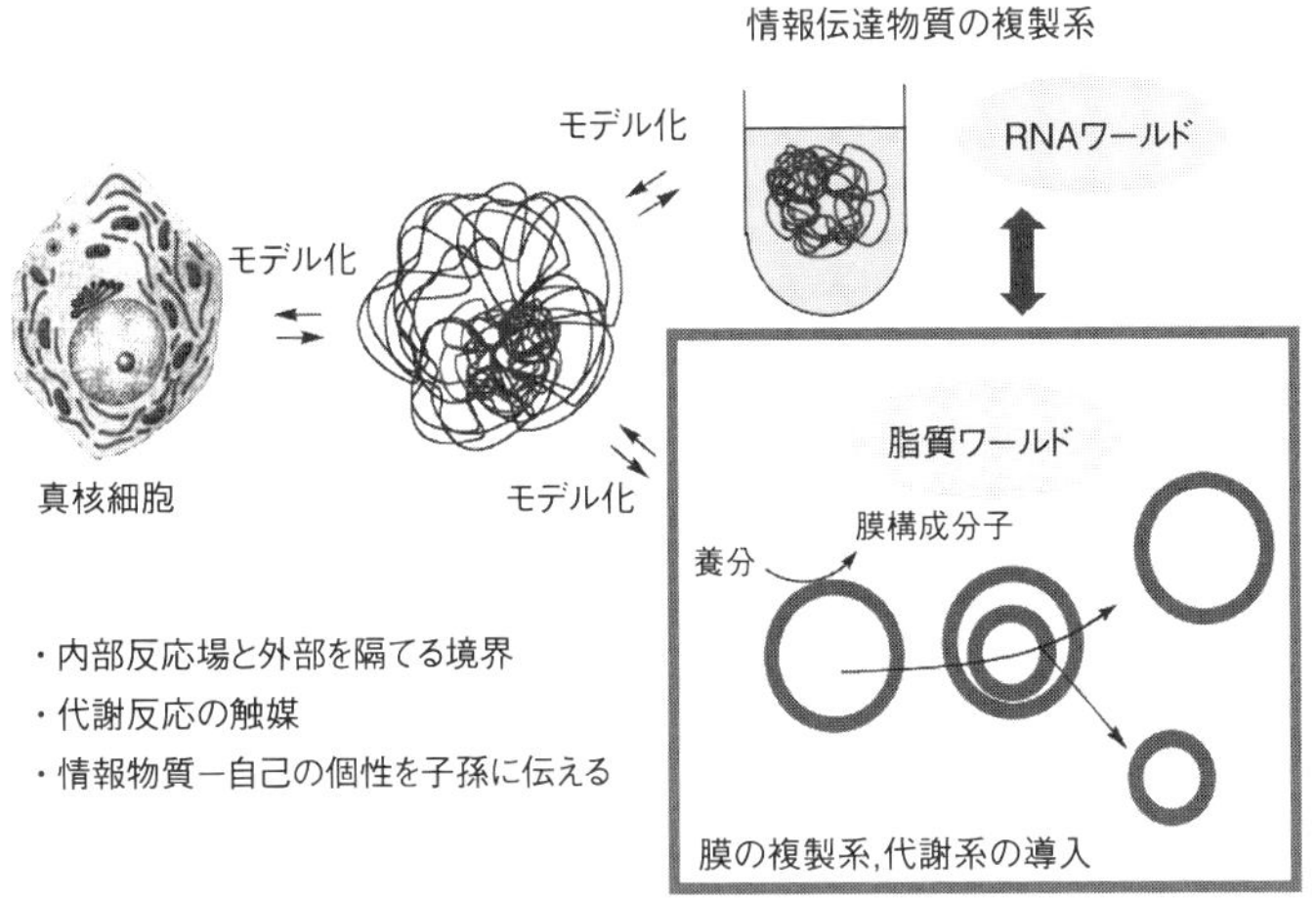

図2.1.3　細胞のモデル化（菅原ほか作成）
情報物質の自己複製と境界となる膜の自己生産.

として、無水オレイン酸の油滴を添加した。それによって、ベシクルの数が自然に増えるしくみ（自己生産系）を実現した。オレイン酸ベシクルには、無水オレイン酸からオレイン酸を生成する反応（加水分解反応）を触媒する作用があるために、加えられた無水オレイン酸は、ベシクル周辺でのみ選択的にオレイン酸へと変換される。その結果、ベシクルからベシクルが生産される過程が実現される。しかし、①無水オレイン酸は、界面活性剤としてはたらくオレイン酸イオンが存在すれば、塩基性の水溶液中で容易に加水分解される、②ほとんど水に溶解しない無水オレイン酸を、油滴からベシクルへと輸送するためには、両親媒性分子であるオレイン酸イオンが必要である、③したがって、このベシクル自己生産の過程では、ベシクルという反応場以外でも起こるオレイン酸生成反応の関与を無視することはできない、という

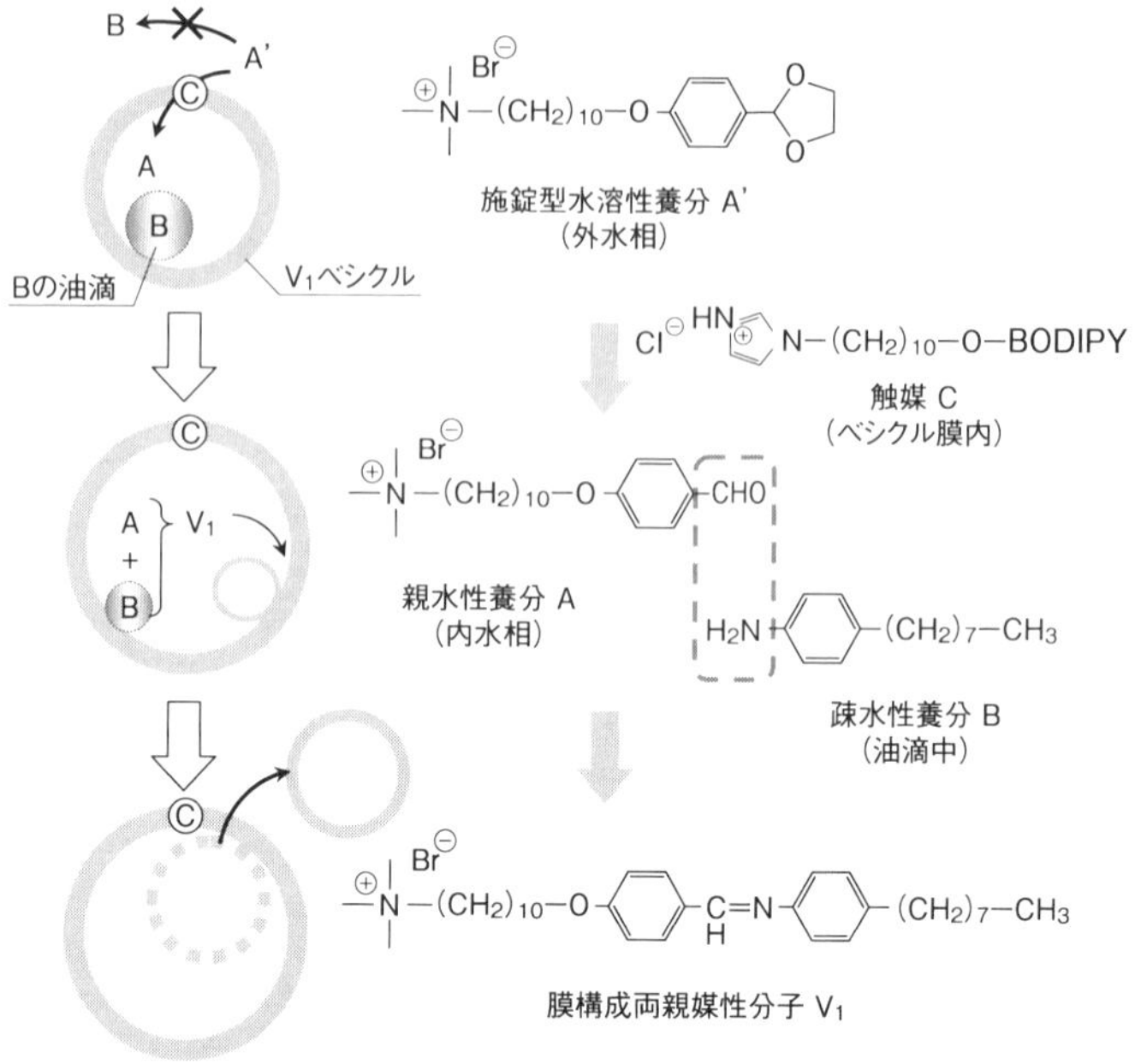

図2.1.4　養分内封自己生産のしくみ（菅原ほか作成）

点から、ルイージらの実験は、自己生産のしくみとしては未分化な段階にあるといえる。

そこで、純粋にベシクル内部でベシクルを自己生産するために、図2・1・4のようなモデルが考案された（Takamura *et al.*, 2003）。このモデルにおける膜を構成する分子V_1は、親水性養分Aと、疎水性養分Bとが脱水縮合反応することによって生成される。したがって、Bを内包したベシクル外部から、水溶液としてAを加えると、V_1が生成される。V_1はベシクルに取り込まれ、ベシクルは肥大し、いずれ分裂が起こると予想される。しかし、このままではベシクルに取り込まれていない外部のBとAが反応し、もとからあるベシクルとは無関係に膜分子を生成する反応が進行する可能性がある。これでは膜が単なる触媒として作用するのみで、細胞の内と外のような違いは生じない。すなわち、「境界」をもつものとしてのベシクルの役割が希薄となる。そこで、Aの代わりに、AのBと反応する部分に反応性の低い化合物を結合（化学修飾）させて保護し、そのままではBと反応することのない施錠型水溶性養分A′を用意する。さらに、ベシクル膜内には保護されたA′をAに戻す反応を起こさせる触媒Cを溶け込ませる。なおCは疎水性が高いため、ベシクル外部に溶け出ることはない。これらの工夫によって、外部から添加されたA′は、ベシクル膜内でのみAに変換されるので、膜分子生成反応：A＋B→V_1は、確実にベシクル膜内でのみ進行することになる。図2・1・5には実際にベシクルが時間経過とともに自己生産するようすを示す。

図2・1・4のモデルでは、膜分子は養分Aと養分Bの結合反応により合成される。その際、

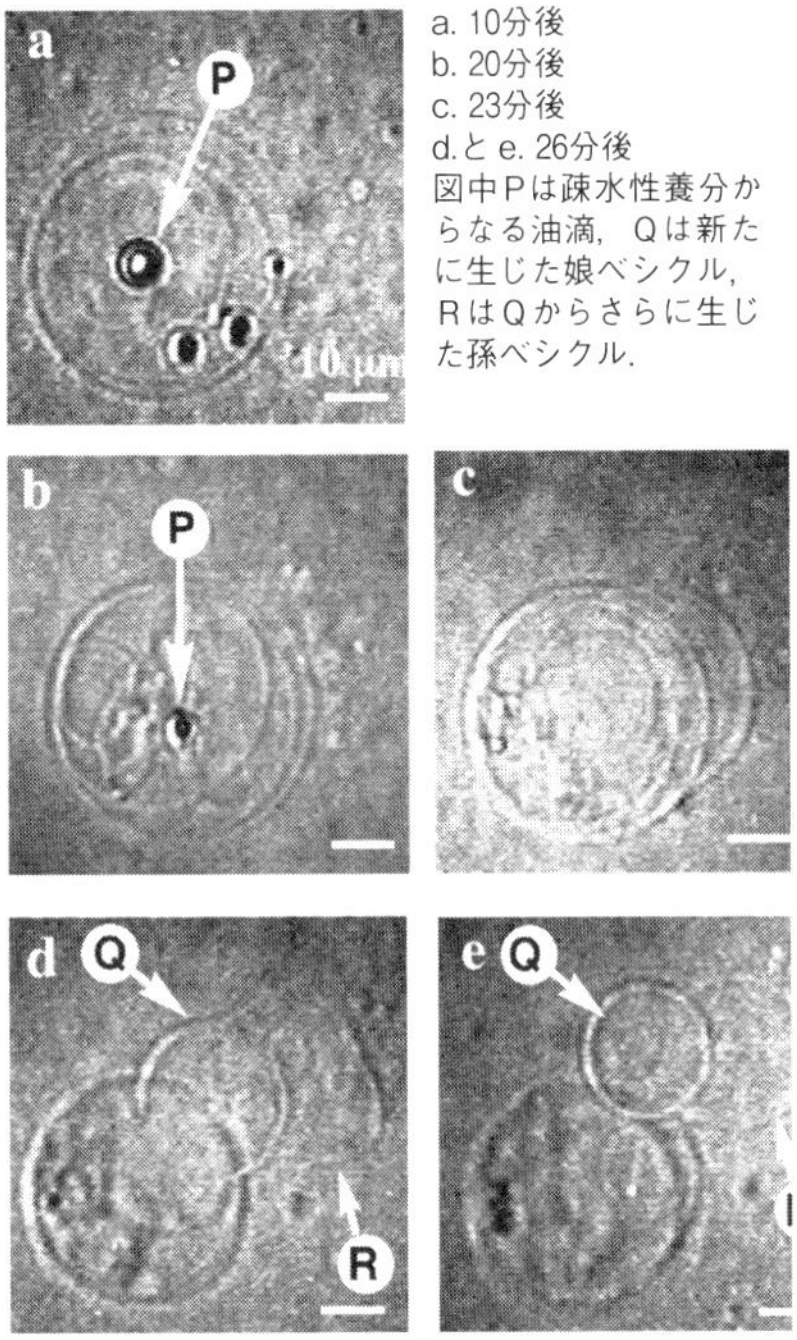

a. 10分後
b. 20分後
c. 23分後
d.と e. 26分後
図中Pは疎水性養分からなる油滴，Qは新たに生じた娘ベシクル，RはQからさらに生じた孫ベシクル．

図2.1.5　養分内封自己生産のようす（菅原ほか作成）

あらかじめベシクル内部に入れてあるBを消費することで、合成反応が進行する。内部の栄養を消費し成長していくこの過程は、受精卵が卵割を繰り返し胚へと成長していく過程などと同様な現象で興味深い。しかし、この反応系においては、新たに生じたベシクル内部には自己生産に必要な養分が含まれていないので、いくら外部からもう一方の養分A′を補充しても、この分裂過程は一世代で終了してしまう。したがって、通常の細胞のように繰り返し自己生産し増殖することができない。そこで、外部から適宜補充することができる膜分子前駆体を加えた新しいモデルが必要となる。

この新しいモデル図2・1・6のために用いられた前駆体分子V_2'は、長い疎水部の両端に親水部をもつため水に溶解するが、ベシクルは形成せず、標的とするベシクルに取り込まれやすいという長所がある。V_2を成分とする膜でつくられたベシクルにV_2'が取り込まれると、図2・1・6のV_2'の構造式のなかで点線で囲った結合部位で加水分解され、ベシクルを構成するのと同じ膜構成両親媒性分子V_2と電解質Eを生成する。生成したV_2はベシクルを肥大させる一方、Eはベシクル分裂を開始させる引き金分子としてはたらく。この加水分解反応は水溶液中でも緩やかに進行するが、加水分解を促進する触媒Cを内在分子としてもつベシクル膜内では、それよりもはるかに効率よく進行する。このことから、このモデルの実験上の時間スケールにおいては、膜分子生成反応はベシクル内部でほぼ選択的に起こる（図2・1・6）。このままではCは増殖にともない希釈されていくが、その問題点は、外部から添加可能な両親媒性をもち、かつベシクルに取り込まれやすい触媒分子を用いることで解決され、ついに繰り返し自己生産を行うジャイアントベシクルが誕生した（Takakura *et al.*, 2004）。

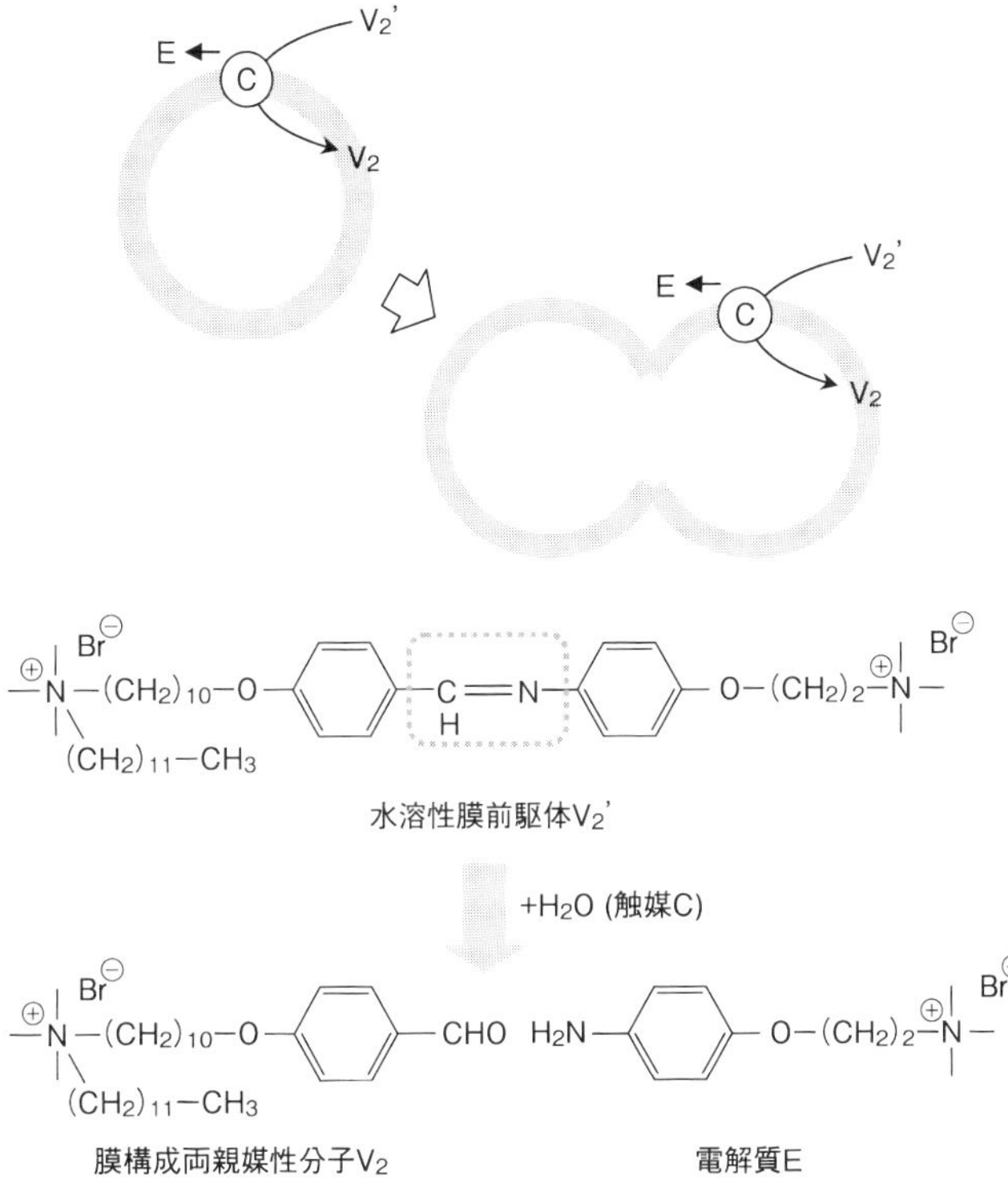

図2.1.6　繰り返し増殖（菅原ほか作成）

自己生産ベシクル集団での淘汰

通常の溶液中での反応では、試薬は溶媒中に均一に溶解している。ところが細胞のように、主たる反応が外部の溶液から切り離された袋内で起こる場合、通常の溶液系では起こりえない興味深い現象が出現する。前節で述べた外部から添加された基質が、ベシクル内部で特異的に化学反応し、ベシクル自身をつくり出す自己生産系を考えてみよう。本来、内容物を外部から取り込みつつベシクルができ上がる場合、それぞれの袋の中身が厳密に均質であることはありえない。ベシクルに孔があくなどして内容物が交換されない限り、その「ばらつき」は残る。すなわち、一つの溶液内に、目的の反応に適したベシクルとそうでないベシクルが共存することになる。このような集団反応系では、反応に適した特定の組成をもつベシクルのみが増殖を行うという、一種の淘汰が起こりうる。また、同質のベシクルの集団を一つの種とみなすと、自己生産反応が世代にまたがり進んでいくうちに、効率のよい集団へと移行していくことで、種としての「進化過程」が実現する可能性がある。

数万個のベシクルの集団での自己生産を、ベシクル一つ一つのサイズとベシクル内部の蛍光性触媒分子濃度を測定できるフローサイトメトリーという方法（Shapiro, 2003）を用いて計測し、統計的手法を駆使して処理するという実験を行った。すると、触媒分子は自己生産において均等に分配されべシクルあたりの濃度は減少していくが、再添加することによって活性を取り戻し、六〜七世代まで自己生産を繰り返すことが示された（Toyota *et al.*, 2006）。これは個数としておよそ一〇〇倍程度まで増加することを意味している。また、自己生産はその過程でベシクルのサイズの分布を変化させないように起こることもわかった。かわりに、より詳しい実験を行なったところ、大きなベシクルは二つの小さめのベシクルへと分裂するが、その後、ベシクル内で生成した膜分子で肥大し、もととほぼ同じ大きさに生長することがわかった。小さめのベシクルはまず肥大し、それから分裂し、同様の挙動を示す（Kurihara *et al.*, 2010）。つまり、「ベシクル系の自己生産には、ベシクルの形態分布という観点からみて安定性がある」ということができる。このことから、ある特定のサイズの集団だけを分取し、その集団に対してふたたび自己生産をさせる操作を繰り返すことで人工細胞集団に人為的な淘汰を加えることができると予想できる。そのようななかから、複雑な生命の進化プロセスと相同の現象がみえてくれれば、たいへん興味深い。

ベシクル内部での情報分子の複製

膜による「境界」のダイナミクスと、DNAなどのいわゆる「情報」のダイナミクスとがたがいに関係しあう、真の意味での「人工細胞」とよべる分子システム創出の第一歩としてベシクル内部で情報分子（DNA）の複製ができるかに興味が持たれる。DNAの複製には多数の酵素が存在し、二重鎖DNAをほどきつつ、相補鎖を確実に複製する複雑なしくみが備わっている。しかし、ベシクル内部での情報分子の複製が起こる生命類似システムを化学的に構築しようというアプローチの場合は、できるだけ単純なしくみが望ましい。そのために最低限必要な要素とは、鋳型となるDNA、DNAの構成成分であるヌクレオチド、相補鎖の複製に不可欠なプライマー、DNA合成酵素である。これらのみを用いたＤＮＡ複製手法は、まさに現在、一般的に知られているポリメラーゼ連鎖反応（ＰＣＲ、Polymerase Chain Reaction、コラム参照）法である。

ＰＣＲは、好熱菌から単離したＤＮＡ合成酵素の特性を利用したＤＮＡ増殖反応で、微量のＤＮＡサンプルから同配列のＤＮＡを多量に複製できる。これを、ベシクル内部で行うことができれば、ベシクル中で情報分子の増幅が実現されたといえよう。ベシクル内部でＰＣＲを行う研究は、一九九五年のルイージらの研究の例がある（Oberholzer *et al.*, 1995）。しかしこの研究では、粒径〇・二㎛以下のベシクルを用いているため、ベシクルの内部体積が小さく、ＰＣＲに必要な成分をすべてベシクルに封入することが難しい。このため、ＰＣＲの反応効率が著しく低いという難点があった。このような問題は、より粒径の大きなジャイアントベシクルを用いることで、改善できる。ジャイアントベシクルを用いるもう一つの利点は、適当な蛍光プローブを導入することで、ＤＮＡの増幅を光学顕微鏡で非破壊的に直接観察することが可能となることである。

しかしいくら内部体積が大きいといっても、ベシクル内部にＰＣＲに必要な全成分を封入するためには、工夫が必要である。たとえば、ＰＣＲで標準的な鋳型ＤＮＡの濃度条件から、一〇〇〇bp（Base Pair、核酸塩基）程度のＤＮＡが一定の半径をもつベシクル一つあたりに含まれる数を計算すると、比較的大きな一〇㎛のサイズのベシクルでも、平均すると〇・三本ほどであり、実際はこれよりもっと少ない。一方、ベシクルに取り込まれる確率を増すために鋳型ＤＮＡを増加させると、ＰＣＲ時に非特異的な増幅が起こる。このことで不適切な配列のＤＮＡが増幅される頻度が増え、ＰＣ

Rの精度が低下するという問題がある。このジレンマを解決するためには、鋳型DNAの濃度のほか、酵素の選択、温度昇降条件の最適化が必要となる。

ところでDNAの複製においては、高いイオン強度の水溶液でしかもマグネシウムイオン（Mg^{2+}）のような多価のイオンの存在が必要である。しかし、このような条件では通常ジャイアントベシクルは形成されなくなってしまう。自然界では、莫大な年月をかけた自然淘汰の結果、最適な反応条件が選ばれていったのであろうが、実験においては、研究者側である程度進化の手助けをし、鋳型DNAが内封され、外的環境に応じてジャイアントベシクル内部でDNAが増幅できるようにしておく必要がある。詳細は省くが、これらの対策としては、膜分子としてリン脂質のほかにポリエチレングリコール鎖を導入した膜分子を添加したり、一度形成したジャイアントベシクルを凍結乾燥し、それをDNA複製に必要な分子群を含む溶液に溶解するなどの工夫を加えた。その結果、平均粒径三㎛のジャイアントベシクルに鋳型DNAを平均一本封入することに成功した。

このように最適条件下で調製されたジャイアントベシクルを用いることで、ベシクル内部の水溶液相（内水相）に一二二九bpをもつ鋳型DNAを封入したベシクルの内部でPCRが可能であることが示された。この方法で増幅したDNAが、鋳型DNAと同じ長さをもつことは、ポリアクリルアミドゲル電気泳動法（Poly-Acrylamide Gel Electrophoresis、PAGE）により確認されている。さらに、ベシクル内水相に、DNA二重鎖を認識する蛍光分子を混在させることで、PCR過程によるDNA量の増大を、蛍光顕微鏡により直接観測することもできた。

ところで、ＰＣＲによるＤＮＡ増幅率はベシクルのあるサイズ以下から急激に小さくなる。これは、一個のベシクルに含まれる鋳型ＤＮＡの平均本数が一本を下回ると、酵素などのほかの必須成分がそろっていてもＰＣＲは進行できないことに対応しているのだろう。もちろん、同様のことはほかの成分についても、それぞれの濃度に応じて同じことが起こりうる。まったく同じように内部成分を封入しても、個体差をもったベシクル、すなわち同じように成分を封入しても、ＰＣＲの進行に適したベシクルと、そうでないベシクルが、自ずと生じることを意味している。ベシクルそのものが自己増殖するような過程では、このような個体差は、反応の進行とともに増大されるだろう。上記の結果は、生命が有する多様性を理解する上で、普遍的な現象を表している。

ここで、ＰＣＲのような高温の反応条件をともなう複製過程について若干補足したい。五〇〜九八℃といった温度昇降サイクルは、生命現象を議論するには一見過酷すぎるように思えるかもしれない。しかし、第２章２で述べるように、深海底に存在する熱水噴出孔周辺では、熱湯と冷水とが絶えず対流している環境が実現されており、このような環境に適応した生命体の存在も知られている(Ooshima, 1995)。したがって必ずしも非現実的とはいえない。この温度変化を引き金とするベシクル分裂システムが構築できれば、ＰＣＲによりＤＮＡを増殖させる過程にともなって、ベシクルも増加することができるので、原始生命誕生の秘密を解き明かすヒントが得られるかもしれない。

ところでＤＮＡを複製したベシクルが、その内部でＤＮＡがほぼ均等に分配されつつ自己生産するには、ベシクル内部のＤＮＡと膜とが、ＤＮＡの特性を失わない形で相互作用する必要がある。実際、大腸菌では、細胞内部でＤＮＡの複製開始点が細胞膜と結合し、それがきっかけとなって細胞分裂を開始することが知られている。これと同じように、ベシクル内部での情報複製過程と、膜の自己生産過程とが連結できれば、より実際の細胞に近い、人工細胞が完成するはずである。しかしこれまで用いてきたような陽イオン性の膜分子は、多価陰イオンであるＤＮＡとは相互作用が強い。このため、ＤＮＡ自体の酵素反応が制限され、ＤＮＡ複製反応はほとんど進行しない。実際の細胞をみてみると、細胞膜ＤＮＡは陰イオン性または両イオン性のリン脂質を用いており、分裂に際しては、多くのタンパク質が介在する高度なしくみがはたらいている。原始細胞モデルについても、膜分子とＤＮＡを媒介する分子の存在が必須となろう。

そこで、疎水的で膜に溶け込む性質のあるコレステロールを、一本鎖（一五量体）ＤＮＡにポリエチレングリコール鎖でつないだ複合分子が合成された（図２・１・７）。この分子を用いることで、ベシクル膜上につながれたＤＮＡが、鋳型ＤＮＡの一〇〇量体末端を確認し、ＤＮＡ合成反応の出発点としてはたらくプライマーとなり、ベシクル膜の内側で鋳型の相補的複製が起こることが、蛍光分子で標識したヌクレオチドを用いた直接的な蛍光顕微鏡観測と、複製したＤＮＡのＰＡＧＥ分析により確認された（Shohda *et al.*, 2006）。この結果は、前述した大腸菌におけるＤＮＡの複製開始点と細胞膜との結合が引き金となって細胞分裂を開始するしくみとよく似ており、実際の細胞にさらに一歩近づいたことになる。

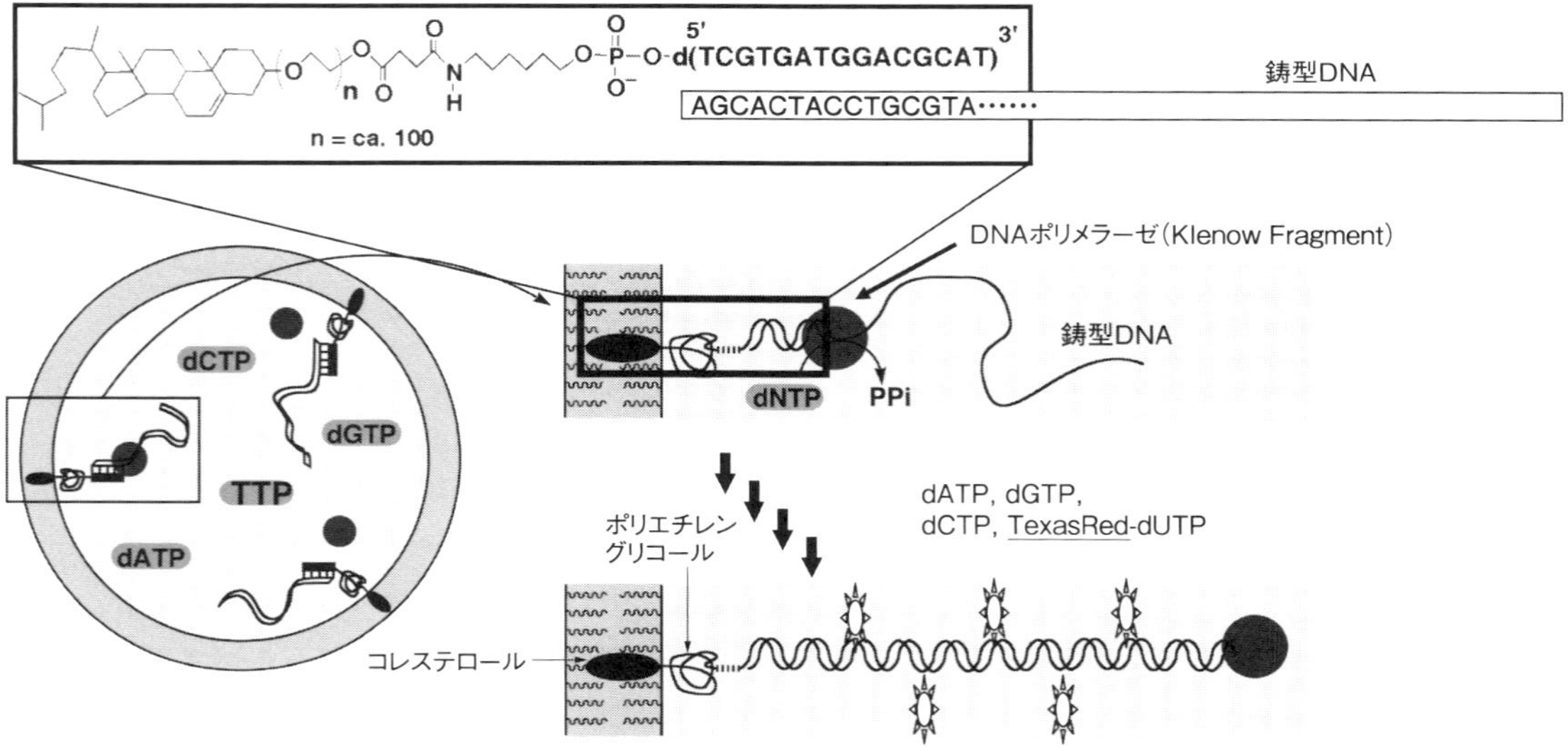

図 2.1.7　複合分子を用いたベシクル膜の内側表面での DNA の相補鎖の複製（菅原ほか作成）

運動する分子システム

生命らしさの要素として重要なものの一つに、自発的に運動をするという性質がある（第1章1）。細胞は、ＡＴＰのような高エネルギー化合物を加水分解し、化学エネルギーを運動エネルギーに変換することで自発的に運動している。またバクテリアの鞭毛のように、プロトンなどの濃度勾配を利用して運動を行っているものもある。さらに最近、自らはいずり回る分子集合体や（Toyota *et al.*, 2006）、自発的に巻き直し運動をするらせん状構造体（Ishimaru *et al.*, 2005）などの、自発運動をする分子システムが報告されるようになった。

その一つが自発的に動く無水オレイン酸の油滴である（Hanczyc *et al.*, 2007）。油滴が動き出すまでの過程を、図２・１・８に模式的に示す。ステージ1では、油滴表面で、無水オレイン酸のオレイン酸への加水分解が進行する。できたオレイン酸は、油滴表面を覆う。ステージ2では、生成したオレイン酸は、油滴内部に多数の微細な水滴がコロイド状に分散したエマルジョン（油中水滴型のエマルジョン、図２・１・８ではｗ／ｏエマルジョンと略記する）として水を取り込む。この過程により、油滴内部に流れがうまれる。ステージ3では、エマルジョン形成によって生じた流れが、次第に合流して最終的には一対の対流となる。この対流は油滴表面に方向性のある流れを生じさせるため、油滴は周辺の水をかき分けつつ一定の方向へと移動する。この油滴の速さは一〇〇㎛／秒程度で、原生生物の遊泳速度に匹敵するものである。

この自走過程の作動原理は以下のように考えられる。油滴表面に生じたオレイン酸は、無水オレイ

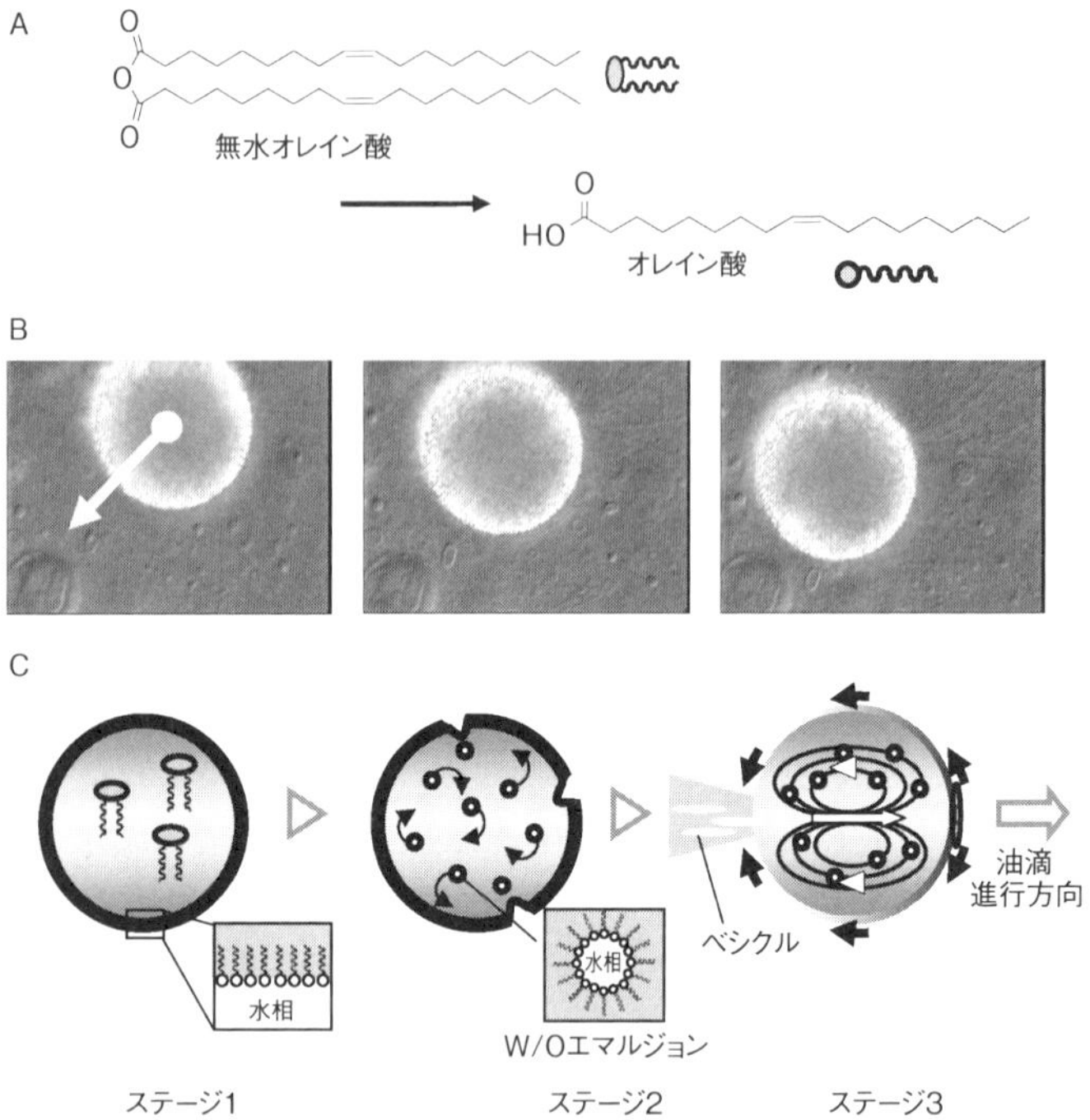

図2.1.8　動く油滴（菅原ほか作成）

ン酸と水分子との接触を妨げ、オレイン酸を生成する反応の阻害要因となる。しかし、対流の吹き出し口付近（頭部）では、常に内部より新しい無水オレイン酸が押し出されてくるため、吹き出し口付近では反応生成物であるオレイン酸の濃度が、他所に比べて増加する。オレイン酸は界面活性作用があるため、この付近の界面張力は他所よりも低下し、界面張力の不均衡を原動力として生じる対流であるマランゴニ対流が生じ、この対流に乗ってオレイン酸はより界面張力の高い方向（尾部）へと移動する。この流れの方向は、対流の向きと一致しており、対流を持続させることとなる。生成したオレイン酸は、最終的にはチューブ状のベシクルとして尾部より油滴外へと放出されるので、この濃度勾配は長時間持続する。この現象では、対流が加水分解反応を活性化し、活性化された反応が対流を安定化させるという、正のフィードバックループが構築されていることになる。なお、この油滴は塩基性の大きい側へ自走することも見出されている。これは、分子システムにより実現された化学走性の一つといえるだろう。

マランゴニ対流による自走は、水面に洗剤や樟脳の小片を浮かべたときにも起こる、それ自身は生命活動とはいえない現象である。しかし、一見単純な有機分子であっても、ある環境の下でそれらのダイナミクスが巧妙に組み合わさることで、あたかも生き物かとみまがうような振る舞いが出現するのである。先に述べた情報分子を複製しながら自己生産するベシクルにこの運動を組み込み、それを制御しつつ持続させることができれば、また一歩原始細胞に近づく「動くベシクル型人工細胞」を手に入れることができるであろう。それぞれの挙動を支えるしくみを構築する分子がタンパク質に特化され、その配列の位置決めや、機能部位間の情報伝達が可能となることで、各機能部位が統合され、自律性のある細胞が誕生してきたのではないだろうか。

コラム③　PCR法

奥野　誠

PCR（Polymerase Chain Reaction、ポリメラーゼ連鎖反応）法は、DNAを試験管内で増やす（DNAのクローニング）方法で、分子生物学研究においてもっとも重要な技術の一つとなっている。私たちのもつDNAは二本鎖で、それぞれの鎖が四種類の核酸塩基（A、T、C、G）からなる。核酸塩基はA—T、C—Gで逆向きのペアをつくる性質があるため、ペアをつくる核酸塩基がそれぞれ結合すると、たがいに逆向きの二本のDNA鎖が形成されることになる。すなわち相補的な二本のDNA鎖が逆平行に結合しているといえる。この二本鎖DNAは形態的にはらせん構造をしている（二重らせん）。

ところでDNAが複製されるためには、二本鎖がいったんほどけて一本鎖になり、それぞれにペアとなる核酸塩基が順番に結合していき、相補的な新しいDNA鎖がつくられ、二組の二本鎖DNAがつくられなければならない。複製は方向が決まっているため、ほどけたそれぞれの鎖は逆方向から複製が行われることになる。試験管内で複製が行われるためには四種類の核酸塩基の原料である四種類のデオキシリボヌクレオチド三リン酸と、反応を進行させるDNA合成酵素、さらに複製をスタートさせるためのプライマーDNAが必要である。プライマーDNAとは、DNA鎖の複製開始点の配列に相補的な、およそ一〇〜二〇塩基からなる短いDNA鎖で、それがまず標的のDNA鎖に結合するとDNA合成酵素がはたらいて複製がその先に進んでいく。

さて増幅させようとするDNA（鋳型DNA）

二本鎖があるとしよう。まずそれぞれの鎖の、複製開始部位に対するプライマーを合成して準備する。この二種のプライマーは、目的とする二本鎖DNA鎖の両端において、別々のDNA鎖に結合することになる。しかし二本鎖のままではプライマーは結合できない。そこで次のような巧妙な方法を行う。まず鋳型DNAを含むDNA標本を九〇℃以上の熱で変性させ、二本鎖をほどいて一本鎖にする。そこに用意してあった二つのプライマーDNAを大量に加え、温度を下げると鋳型とプライマーが結合する。これをアニーリングという。そこにDNAの原料となる四種のデオキシリボヌクレオチド三リン酸と特殊なDNAポリメラーゼを加えておくと、プライマーを頭に鋳型DNAに対して複製が行われる。反応が進んだ後、もう一度加熱し、できた二本鎖DNAをほどくという同じ操作を繰り返す。これを繰り返すと、結果的に二つのプライマーで挟まれた部分だけが複製されていく。一回の操作で二倍になるわけだから、この操作を繰り返すことによってネズミ算式に増幅されることになる。

この原理の発明者であるマリス（C. Mullis）には一九九三年にノーベル賞が授与された。現在は、DNA量を定量するために、PCRでの増幅を経時的に測定し増幅率にもとづいて鋳型となるDNA量を定量するリアルタイムPCR法、mRNAを検出するために逆転写酵素によりcDNA（mRNAに相補的なDNA）をまず合成し、それに対してPCR法を行うRT-PCR（Reverse Transcription、PCR）法などいろいろな方法が考案され実用化されている。

2 熱水噴出孔は始原生命をはぐくむか

山岸明彦

地球の誕生はいまから四五・五億年前。その後一〇億年たらず、いまから三八億年前までに生命が誕生したと考えられている。生命の誕生までにいったいどのようなことが起こったのか。またそのころの地球上にどのような生物がいたのか。こうした点を明らかにするために、さまざまな分野で研究が行われている。しかしそれぞれの分野の研究はまだ成熟した段階にはなく、生命の起源や初期進化についていくつかの手がかりが得られはじめた段階といえる。

生命の起源と初期生命の進化に関連する研究分野には、まず惑星科学や地球物理学の分野がある(Yamagishi, 2004)。この分野は、生命をうみだした地球の初期の状態を知る上で必須である。地球の初期の状態は、いまだによくはわかっていない。たとえば大気が酸化型だったのか還元型だったのか、かりに還元型であったとしても、たとえばメタンが含まれていたのか、その濃度はどうだったのか。こうした地球の初期大気組成は生命の起源にとって重要な問題である。太陽系のほかの惑星や衛星、小天体の探査は、それらと地球を比較して太陽系の起源とその歴史を明らかにしたり、始原的な地球の姿を推定するのに重要な情報を与える。

地球の一次大気は、太陽系のもととなった星雲の水素を主成分とするガスから形成された。一次大気は、活発な太陽活動により吹き飛ばされて、地球上に降りそそぐ小天体から脱ガスした気体から二次大気がつくられた。この二次大気には、太陽系のほかの固体惑星の大気がそうであるように、二酸化炭素が主成分であったと推定されている。海ができると二酸化炭素は海に溶解する可能性もある。さらに、大陸ができると大陸の岩石の成分（カルシウムを含む）が水に溶け出し大洋へ供給される。そこで大気中の二酸化炭素が炭酸塩をつくって大気中から除かれる可能性がある。こうした地球の歴史の各段階で、二酸化炭素がどれくらい大気中に残っていたかははっきりわかっていない。また大気中の二酸化炭素濃度は地球の表面温度にも大きく影響するので、初期地球の温度もそれを記録している適当な指標がないこともあいまって、はっきりとはしない。

生命にいたる化学進化についてては研究が進みかなりよくわかってきたのだが、第1章に示したように、ミッシングリンクがいくつか残っている。地学の分野では、この分野の重要な研究対象に化石がある。化石から当時の生物の、とくに年代についての情報を得ることができる。しかし、化石となった生物がどのような生き方をしていたのかは、十分な情報が得られない。

微生物生態学の分野では、熱水地帯の研究が注目されている。生命進化史初期の生物は熱水の周辺に生息していただろうと推定できるいくつかの証拠がある。

分子進化学分野では、遺伝子の証拠にもとづく研究が行われている。現在の遺伝子のなかには生物の共通の祖先の遺伝子が受け継がれている。それを解析することにより、昔の生物の情報を得ることができる。これに関する研究の成果は第2章3で解説する。

表2.2.1　世界に知られる古い岩石（下山, 1995より改変）

42.8億年前	カナダ東部（ケベック州）	ヌブアギツク緑色岩
40億年前	カナダ北西部（アカスタ地方）	アカスタ片麻岩
38億年前	グリーンランド西部（イスア地域）	イスア緑色岩
		アミツォク片麻岩
37億年前	シベリア東部（アルダン地方）	片麻岩
	中国北東部（河北省）	グラニュライト
36億年前	カナダ北東部（ラブラドール州）	片麻岩
34億年前	オーストラリア北西部（ピルバラ地方）	ピルバラ緑色岩

岩石や化石からわかる初期生命の誕生と進化

地学では化石に残された生物の証拠から生物の進化を明らかにしていく。それでは、現在地球の表層に残されている古い岩石から何がわかるだろうか。地球の誕生は四五・五億年前であるが、現在地球表面でみつかるもっとも古い岩石は、二〇〇八年に報告されたカナダ・ケベックの四二・八億年前の岩石であり、遅くともその年代には地殻が固化したことを示している。最初の三億年分の記録は現在の地球上には残されていない。次に古い四〇億年前の岩石はカナダで発見された花崗岩質片麻岩であり（表2・2・1）、その生成起源を考えると水の関与が必要なことから、四〇億年前にはすでに海ができていたと推定されている。

岩石ではなくそれを構成する鉱物ということでは、1㎜にも満たない小さなジルコンの結晶がもっとも古いものとして発見されている（Harrison *et al.*, 2005）。このジルコンは、それに含まれるウラン／鉛の年代測定により、およそ四四億年前に結晶化したと推定されている。その発見者は当時すでに大陸地殻ができていたと主張している。

三八億年前の岩石はグリーンランド・イスア地域でみられ、その一つは枕状溶岩である。枕状溶岩があるということは、すでに海があり、海底で溶岩が噴出していた証拠となる。もう一つのイスア緑色岩は最古の堆積岩であり、しかもさほどの変性をうけていない。イスア緑色岩を含む三八〜三五億年前までにできた岩石中に、封じ込められた炭素の微粒子が発見されている（Mojzsis *et al.*, 1996）。この炭素微粒子には生物の構造を示す化石は残っていないが、別の形で生物の証拠が残っている。それは炭素微粒子の同位体組成である。炭素原子の同位体である^{13}Cと^{12}Cの比率を測定して、それを同じ岩石や周囲の岩石のなかの無機的な炭素化合物である炭酸カルシウム中の比率と比較する。すると、炭素微粒子での^{13}Cの比率は無機炭素中の比率よりも低い値を示すという測定結果が得られた。^{13}Cの比率が低い理由の一つとして生物の関与がある。

なぜ^{13}Cの比率が低いと生物との関与が考えられるのであろうか。現在の私たちの体をつくっている有機物の炭素原子はすべて植物の光合成由来である。光合成で二酸化炭素を固定するときには、^{13}Cの取り込みは^{12}Cより低い。したがって植物体をつくる有機物の^{13}Cの比率は低くなる。どんな生物でも直接・間接に光合成由来であるので、^{13}Cの比率は低くなる。後述するように、光合成以外の生物活動で固定される炭素もあるが、その場合にも^{13}Cの比率は低くなる。したがって、岩石中炭素微粒子の^{13}Cの比率が低いことから、この炭素微粒子は生物由来の可能性がある。つまりいまから三八億年前までに生物は誕生していたということになる。また、化石とはいっても生物の形は残していないが、その成分の化学的組成から生命活動の証拠や生物種の証拠が得られる化石は化学化石とよばれている。元素の同位体組成も化学化石の一種である。

地球最古の化石

もう少し後の三五〜三四・五億年前になると微化石がいくつか報告されている。その最初の例は、ショップ（J. W. Schopf）によって一九九二年に報告されたもので、オーストラリア北西部のピルバラ地方で発見された微化石である（Schopf, 1992）。その大きさは通常の原核細胞より少し大きく、幅は五μmほどで、それが数珠状につながっている。このことからショップは、これをシアノバクテリアであり、浅い海ですでに光合成をしていたと推定した。現存のシアノバクテリアの一種ユレモと比較すると、形態や大きさがこの微化石にそっくりである。

現在のいろいろな教科書にも、この最古の微化石はシアノバクテリアであると掲載されている。しかし、そうではないと主張する研究者も何人かいる。たとえば磯崎行雄ら（一九九五年）はピルバラ地方の地層を詳細に分析した。ピルバラ地方の層状チャートのなかにいくつかの不連続面があり、不連続面に向けて垂直にシリカ岩脈が陥入している。このような構造的特徴は、現在の中央海嶺のように海洋プレートが分れているような場所によく似ている。そして、シリカ岩脈は地層の割れ目に通った熱水によりつくられたと解釈できる。したがって、微化石の発見された場所は深い海の海嶺の跡であり、熱水噴出活動がさかんであったとみられる。深い海底であったとする根拠の一つは、地層の粒子が非常に細かいことである。そのような光の届かない深海では光合成をするシアノバクテリアは生育しえないことから、ピルバラ地方の微化石は化学合成細菌であると磯崎らは主張している。

図2.2.1　マリアナ深海（3000m）の熱水噴出孔（文部科学省アーキアンパークプロジェクト撮影）
熱水起源の鉱物の沈着によってできた煙突状の構造（チムニー）から300℃の熱水が噴出している．圧力が高いので300℃でも沸騰しない．噴出後，熱水中の鉱物の沈殿によって熱水は黒色に見えるのでブラックスモーカーとよばれる．

深海熱水噴出孔

さて、深海の熱水噴出孔ははじめての生命をうみだしたのだろうか。図2・2・1はマリアナ近くの三〇〇℃の熱水が噴出している海底熱水噴出孔である。海底熱水噴出孔の重要な特徴は地下にある（図2・2・2）。海水が地下にもぐっていくと、深いところで高温の玄武岩と反応する。海水中の硫酸イオンは還元されて硫化物イオンS^{2-}になり、炭酸イオンは二酸化炭素あるいは還元されてメタンになる。浸透した海水中のMg^{2+}はほかの重金属、Mn^{2+}、Fe^{2+}、Cu^{2+}、Ca^{2+}や水素イオンと置換する。地中でのこうした熱水反応によりできた還元性の化合物を多く含む熱水は海底面へと上昇する。上昇し噴出する熱水は、酸化型の海水と混じる過程でさまざまな化学反応を起こす。熱水と海水の混合によって得られる酸化還元反応の自由エネルギーは、化学合成細菌の生育を支えるエネルギー源となる。熱水噴出孔周辺からさまざまな化学合成細菌が発見されている（表2・2・2）。

海底熱水地帯の微生物生態

海底熱水地帯は初期地球上の生態系を考える上で重要である。そうであるならば現存の海底熱水地域で始原的な生命や生命の起源に関する情報を得ることができるのではないか。少なくとも現存の海底熱水地帯の微生物生態系を初期生態系の参考例とすることができるだろう。そこで微生物学と地質学、地球化学、地球物理学を専門とする研究者が協力して、伊豆小笠原の海底火山の火口の熱水活動地域を対象にして、微生物を採取し解析した。

それまでにもいくつかの海底熱水地帯の微生物生態系が調べられ、熱水、熱水噴出孔のチムニー（熱水の噴き出しているところに鉱物でできた煙突状の構造）など海底面下での微生物生態系の存在が推定されていた。本州の南、小笠原列島の近くに、月曜、火曜、水曜、木曜、金曜、土曜海山が並んでいる。調査したのはそのうちの水曜海山である。海底の水曜海山火口に掘削孔をあけると、そこから熱水がわき出てきた。掘削孔から噴き出てきた水中の微生物を解析した。

水曜海山を拡大した図2・2・3をみると、水曜海山は海底火山であるが、きれいな形をしていて中央に火口がある。その火口のなかで海底掘削をしたわけである。吊り下げ式の掘削装置を母船からクレーンでおろし、深度一四〇〇mの火口でその自動掘削機械により掘削した。掘った後にはケーシ

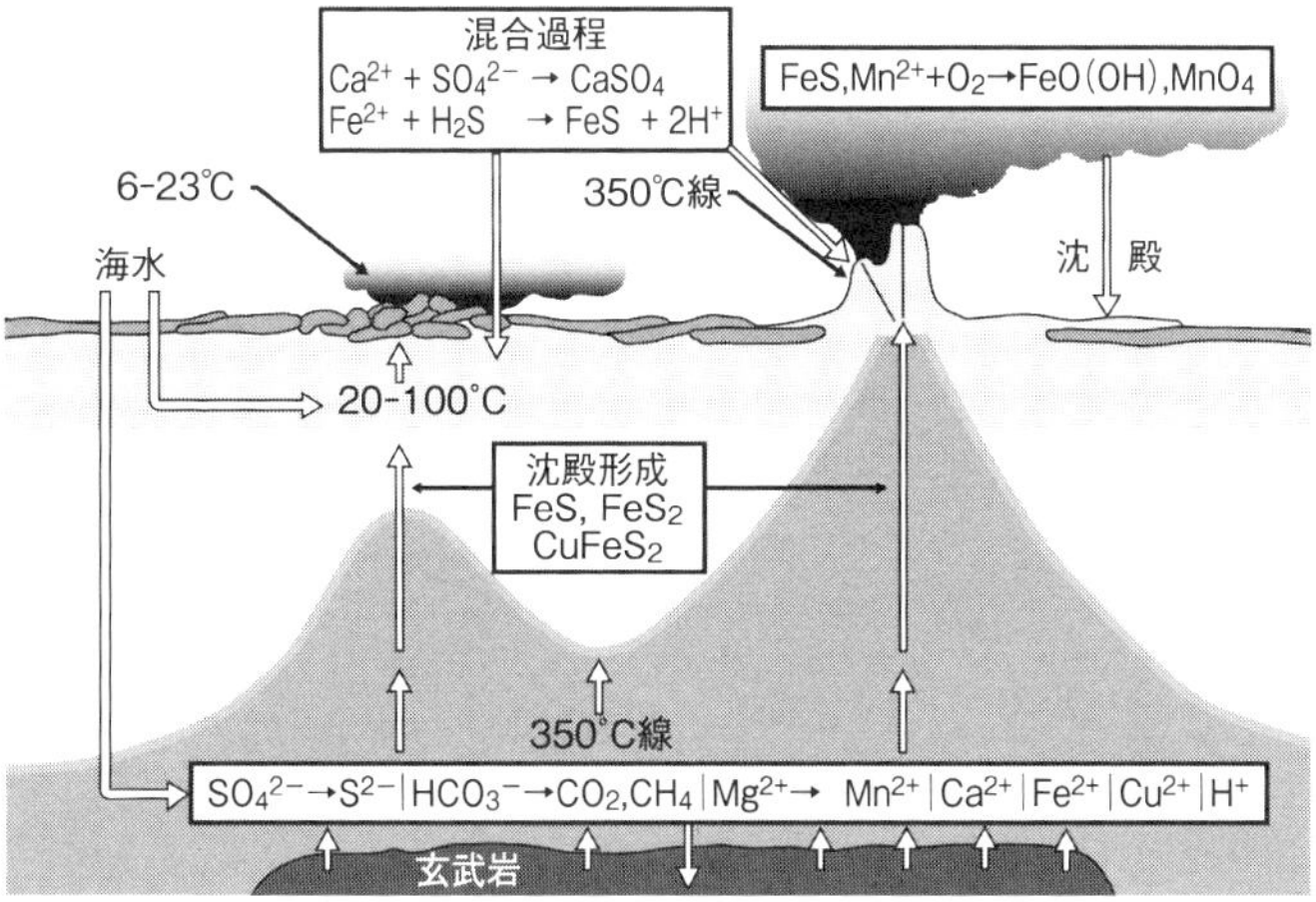

図2.2.2　海底熱水循環系の模式図（山岸作成）
海底面から海水が地下に浸透する．地底深くの高温の玄武岩との反応により海水は組成を変える．硫黄や炭素の還元が起き，マグネシウムイオンと重金属イオンの交換が起こる．反応によってできた還元型の熱水は海底面へと上昇する．上昇の過程で低温の海水と混合し，硫化金属の沈殿などを起こす．

表2.2.2　海底熱水噴出口付近で検出された化学合成細菌（Jannasch, 1985より改変）
電子供与体は還元型の化合物，電子受容体は酸化型の化合物．両者の酸化還元反応エネルギーを利用して微生物が生育する．++は単離されたもの，+は単離はされていないが存在が確認されたもの．

電子供与体	電子受容体	化学合成細菌	存在
S^{2-}，S^0, $S_2O_3^{2-}$	O_2	硫黄酸化細菌	＋＋
S^{2-}，S^0, $S_2O_3^{2-}$	NO_3^-	脱窒硫黄酸化細菌	＋
H_2	O_2	水素酸化細菌	＋＋
H_2	NO_3^-	脱窒水素細菌	−
H_2	S^0, SO_4^{2-}	硫黄硫酸還元菌	＋＋
H_2	CO_2	メタン菌，酢酸菌	＋＋
NH_4^+，NO_3^-	O_2	硝化細菌	＋
Mn^{2+}	O_2	マンガン酸化細菌	＋＋
CH_4	O_2	メタン酸化細菌	＋＋
CO	O_2	一酸化炭素酸化細菌	＋＋

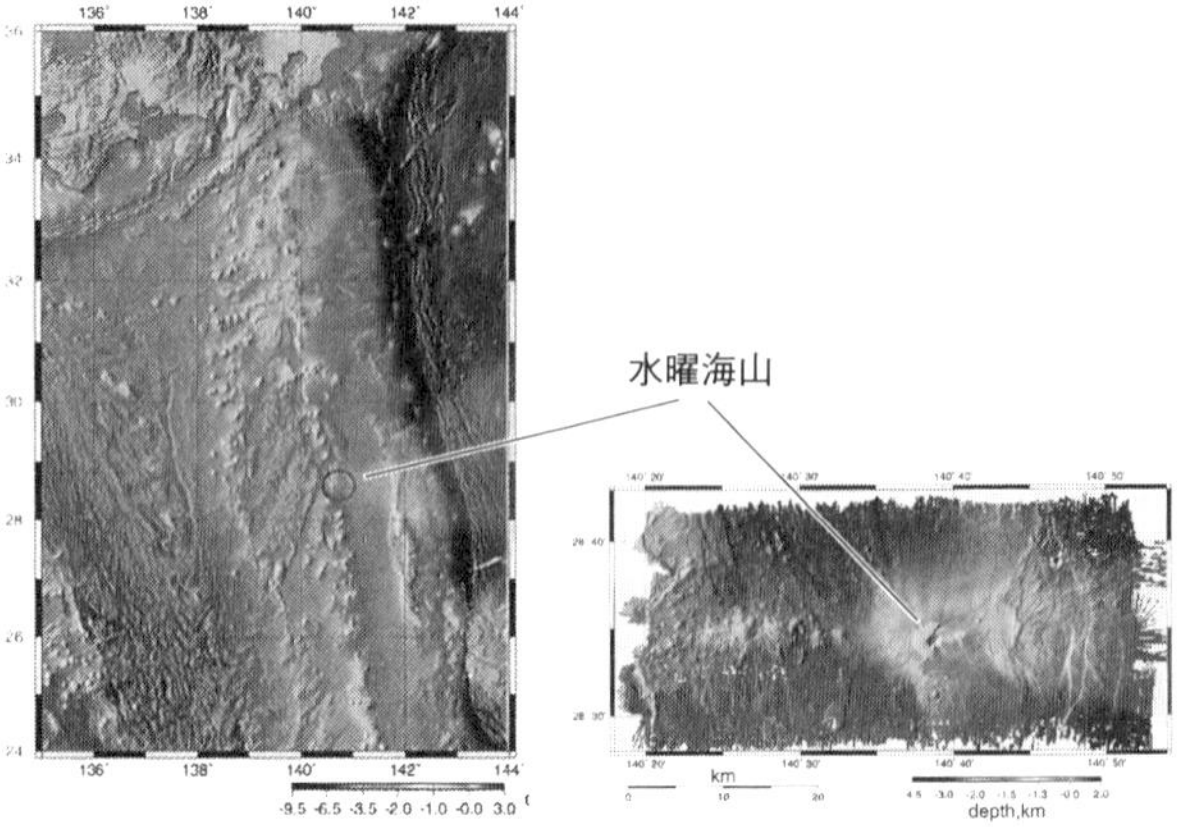

図2.2.3　水曜海山の位置（文部科学省アーキアンパークプロジェクト撮影）
Archaean Park Project とよばれる，地球物理学，地学，地球科学，微生物学の共同研究による海底面下の研究で探査された．

ングといって孔が崩れないようにパイプを充塡した。その後で、有人あるいは無人の潜水艇を使って噴き出る水を採集した。掘削孔に挿入したチタン製パイプの開口部からゆらゆらと熱水が出ているることが確認できた。そこから採集した水を深海で、あるいは船上へ持ち帰りろ過して微生物を濃縮し、ろ過したフィルターからDNAを抽出した。DNAを鋳型にして遺伝子（16SrRNA遺伝子）を試験管内で増幅した後に、遺伝子をクローニングして塩基配列を決定した。得られた配列を既存のデータベースとつきあわせることにより、採取した水のなかにどのような微生物がいるかを推定した。

解析した熱水の温度は高いものは一四〇℃、周囲の海水温は二～三℃であるが、それとさほど変わらない温度の水もあった。これらの水や熱水中の微生物をろ過して解析したところ、得られたクローンのなかには未知の微生物由来の遺伝子もたくさん出てきた。いくつかの海水試料から古細菌のクローンを増幅して解析することができた。そのなかにはアーキオグロバスという超好熱性古細菌に近縁のクローンや、メタノコッカスという古細菌に近縁のクローンが得られた。アーキオグロバスは超好熱性古細菌で硫酸を還元する古細菌であり、かつ電子供与体として水素を利用する。メタノコッカスはメタン菌の一種で、水素に依存して二酸化炭素を還元してメタンを生成する。おそらく水曜海山の地下には水素に依存した超好熱菌の生息場所があるのだろう。また、真正細菌の解析から、水曜海山地下に硫黄に依存した独立栄養細菌のクローンもみつかってきた。

水曜海山の地下には、水素と硫黄に依存した微生物生態系が存在した。そしてこれは予想される熱水由来の化学反応とつじつまがあっていた。深海で噴出する熱水からどのような化学的エネルギーを利用できるかの推定結果によれば、高温のところでは水素による還元、低温部ではイオウ酸化が主たる化学エネルギーである。上述の結果はそれとよく合致している。海底における熱水噴出口は、海底面上だけではなく海底面下でも化学エネルギーに依存した生物をはぐくむには適した場所であることがわかった。四〇億年前の初期地球には大洋もあり、地熱活動は現在よりもさかんであった。したがって、現存の熱水系に似たような生態系が四〇億年前の初期地球にあった可能性もある。

生物のエネルギー獲得法

生物の初期進化を考える上で海底熱水系がどのように重要であるのか。動物が生きていくためには、食物を取り込む必要がある。同時に、呼吸をして酸素を取り入れなければ、遅かれ早かれ生命活動はとまってしまう。動物に限らず、生物が生きている状態では常にエネルギーを消費している。消費したエネルギーを補充しないならば、すべての生物は、やがて死んでしまう。

動物や多くの微生物ではそのエネルギー源は外界から取り込む有機物である。有機物は二つの方法でエネルギーを生物に供給する。一つは糖などの複雑な有機物がより簡単な有機物に分解する過程でエネルギーを供給する。これは、発酵あるいは解糖とよばれている（図2・2・4）。もう一つは、有機物中の炭素や水素を酸化する過程でエネルギーを供給する。酸化のためには酸素を必要とする。この過程は生化学的に「呼吸」とよばれている。私たちが息をして呼吸をするのも、エネルギー生産をするために酸素を取り込むためである。

このエネルギー産生のための有機物のほとんどすべては、地球の表層では植物が行う光合成の産物として供給されている。植物は太陽光のエネルギーを吸収して、そのエネルギーで水を分解する。分解によって得られた還元力で二酸化炭素を還元して有機物を合成する。この過程であまった酸素は大気中に放出される。太陽光のエネルギーは光合成産物である有機物中に固定される。光合成をしない生物は、その有機物を分解することで間接的に太陽光のエネルギーを利用していることになる。

現在の地球上には、このほかにさまざまなエネルギー獲得手段をもつ生物がいる。たとえば、有機物を酸化するときに酸素を用いない生物がいる。酸素でなくても、酸素を含む分子は有機物を酸化することができる。たとえば、硝酸イオン、硫酸イオンなどを利用して、有機物を酸化して生育する微

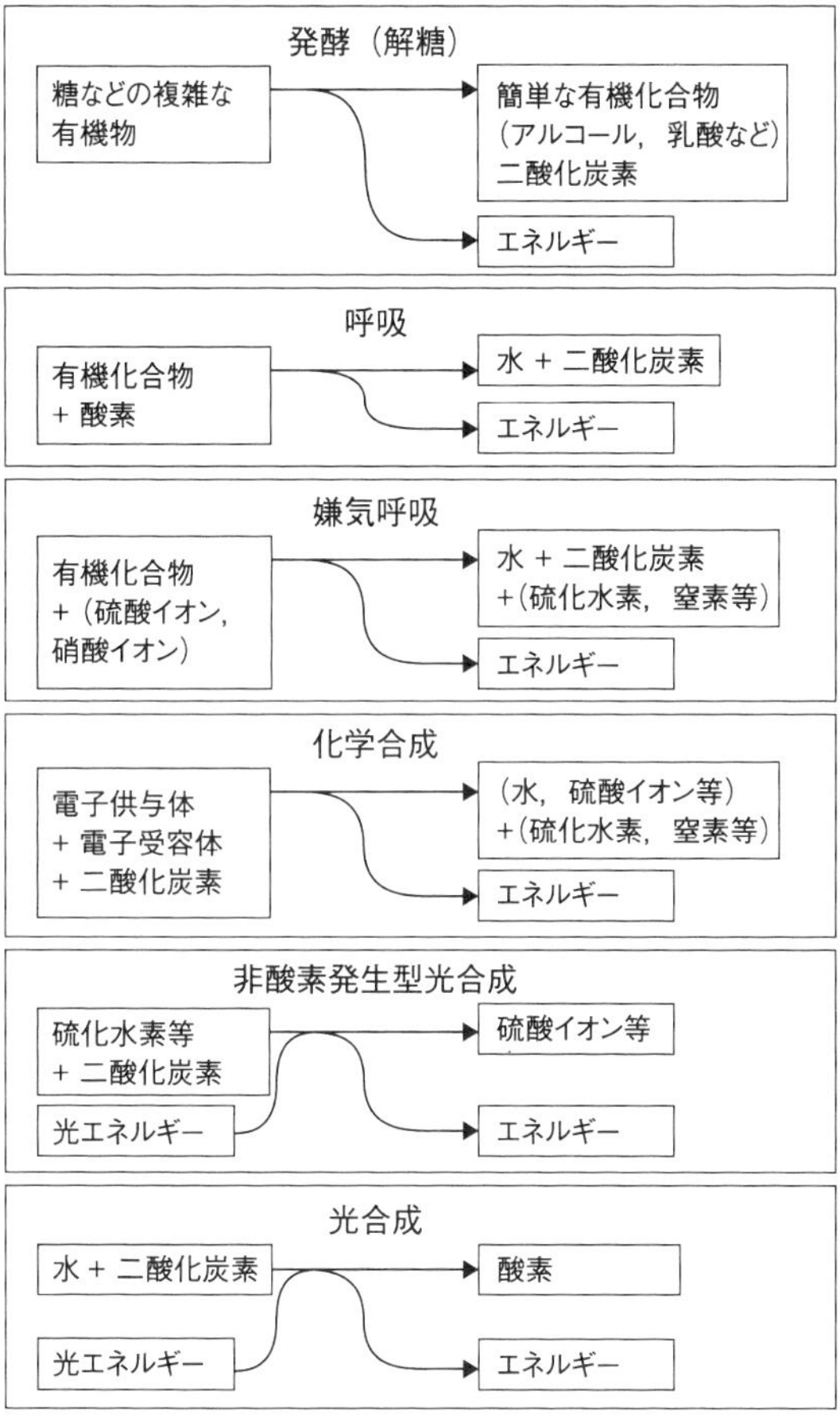
発酵（解糖）
糖などの複雑な有機物
簡単な有機化合物（アルコール，乳酸など）二酸化炭素
エネルギー
呼吸
有機化合物 + 酸素
水 + 二酸化炭素
エネルギー
嫌気呼吸
有機化合物 +（硫酸イオン，硝酸イオン）
水 + 二酸化炭素 +（硫化水素，窒素等）
エネルギー
化学合成
電子供与体 + 電子受容体 + 二酸化炭素
（水，硫酸イオン等）+（硫化水素，窒素等）
エネルギー
非酸素発生型光合成
硫化水素等 + 二酸化炭素
光エネルギー
硫酸イオン等
エネルギー
光合成
水 + 二酸化炭素
光エネルギー
酸素
エネルギー

図2.2.4　さまざまなエネルギー獲得法（山岸作成）

生物がいる。これらの生物は硝酸還元菌、硫酸還元菌などとよばれる。有機物を酸化することが呼吸の本質であるが、硝酸イオンや硫酸イオンを用いた呼吸は酸素がない嫌気条件下での呼吸という意味で、嫌気呼吸とよばれる。

化学合成生物

酸化され生物にエネルギーを与える化合物は有機化合物だけではない。還元状態にある無機化合物もエネルギー源として利用される。反応する物質が、無機化合物だけのとき、化学合成とよばれる。還元状態にある化合物としては、水素、硫化水素、硫黄、アンモニア、還元型金属イオンなどが利用される（表2・2・2）。同時に酸化型の化合物が共存しないと生物にエネルギーを与える酸化還元反応は起こらない。酸化型の物質としては酸素あるいは硫酸イオンや硝酸イオンなどが利用される。還元型の化合物を電子供与体、酸化型の物質を電子受容体とよぶことも多い。酸化還元反応で得られたエネルギーは、複雑な有機化合物の合成に使われる。呼吸や解糖では有機化合物を細胞の外から取り入れていたのに対し、化学合成生物は二酸化炭素から有機化合物を合成する。

これを光合成と比較するとどうなるだろうか。光合成では光エネルギーを使って、化学的に利用可能なエネルギーを獲得している。つまり、光合成生物は太陽のエネルギーに依存している。地球上の大部分の生物も光合成生物に由来する有機化合物に依存しているので、間接的に太陽光のエネルギーに依存している。地球上の生物の多くは太陽に依存して生きているといってよい。それに対して、化学合成で用いる還元型の化合物はいずれも地下の高温の岩石由来である。地球内部の放射性同位元素の崩壊熱や重力エネルギーが地球内部を高温にし、地下の熱は、高温の地球内部から地球表層に供給されている。そういう意味で、熱水噴出孔周辺の化学合成細菌やそれに依存する生物群は地球に依存して生きているといえる。

エネルギー獲得系の進化

生命の誕生以前には、有機化合物が生命の関与なしに宇宙空間あるいは地球上で合成され、地球上に蓄積した（第1章）。誕生したばかりの初期生命は、化学進化によって蓄積された有機物をそのまま取り込んで生命をいとなみはじめたはずである。そして複雑な有機化合物が使い尽くされると、より単純な有機化合物から複雑な有機物を合成できるような代謝系を発明して生命を永続させた。複雑な有機化合物合成に必要なエネルギーは有機物の分解から得るしかない。こうしたエネルギー獲得形式は今日の生物の解糖や発酵と本質的に同じである。

やがて複雑な有機化合物が減ってくると、より単純な有機化合物や無機化合物を使い生命活動を支える必要が出てくる。有機化合物を硫酸イオンや硝酸イオンで酸化することでエネルギーを獲得し、複雑な有機化合物を合成するシステムが誕生した。地球上に酸素分子がいつ頃蓄積しはじめたかに関してはまだ結論が出ていないが、多くの研究者は二〇億年以前には酸素分子の濃度は低かったと推定している。したがって、酸素を利用する呼吸系の誕生はだいぶ後のことになる。しかし、酸素がない初期地球にも硫酸イオンなどはあった。したがって、嫌気呼吸が誕生した可能性は高い。

単純な有機化合物もなくなると、無機的な還元型化合物（水素や硫化水素）を使って、酸化還元反応によってエネルギーを獲得するようになった。化学合成細菌の誕生である。熱水地帯のまわりでは還元型の物質が熱水活動により供給される。そこから得られる化学エネルギーをつかって有機化合物をつくり、初期の生物は生命を維持していたのであろう。つまり初期地球では、化学合成に依存した生態系があった可能性が高い。実際、三五億年前の熱水地帯の跡が地層に残っている。地球形成初期には今よりも地球内部の温度は高く、したがって地球内部の活動も活発であった。

最古の化石の正体

さて、ここでもとに戻って、三五億年前の微化石は光合成するシアノバクテリアなのか化学合成細菌なのかということであるが、その決着はまだついていない。三五億年前の化石がシアノバクテリアであるという根拠の一つに、細胞の大きさと形があった。しかし、化学合成細菌の一種、硫黄酸化細菌に大型の細胞をもつものがみつかっている。したがって、三五億年前の化石は化学合成細菌である可能性がある。ただし、硫黄酸化細菌はその生育に分子状酸素を必要とするので、三五億年前の化石が化学合成細菌だとしても、それがどのような化学合成細菌であるかはまだわからない。

さらに二〇〇四年にもう一つ別の解釈がタイス（M. Tice）とロウ（D. Lowe）により提唱された。それは、南アフリカで発見された別の三五億年前の微化石に関する提案である（Tice & Lowe, 2004）。

まず、微化石が発見された地層が詳細に調べられた。その結果、その地層が浅い海に堆積した地層であることがわかった。つまり、微化石が光合成生物のものであると考えてもよいことになる。しかし、発見者はその微化石の生物は酸素を生成する光合成生物のシアノバクテリアではなく、非酸素発生型の光合成細菌なのではないかという解釈を提唱した。

光合成細菌とはどのような生物なのか。光を利用して二酸化炭素を固定して有機物をつくることが光合成である。よく知られている光合成生物、陸上の植物やシアノバクテリアは、光を利用して水を分解し、酸素を発生する。水の分解からえられた還元力を使って二酸化炭素を固定する（図2・2・4）。光合成細菌も光を利用して二酸化炭素を固定する点は普通の光合成と同じである。しかし、光合成では水を分解して還元力を得るのに対して、非酸素発生型光合成では水を分解することができない。これらの光合成細菌は硫化水素などを分解して還元力を獲得し、二酸化炭素を固定する。

しかし、南アフリカの微化石がなぜシアノバクテリアではなく、非酸素発生光合成細菌なのかという根拠は必ずしもはっきりしていない。発見者は三五億年前には酸素濃度がきわめて低かったのを理由にあげている。かりにシアノバクテリアがその時代に生息していても酸素が蓄積するのに長い時間がかかったと考えてもよい。当時に酸素がないことがシアノバクテリアでないという理由は貧弱である。

さらに、三五億年前ころにはメタン細菌がいたのではないかという証拠も出てきた（Ueno *et al.*, 2006）。それは、岩石中の泡の分析結果である。岩石が形成される際に液体が閉じ込められたり、液体と一緒に気体が閉じ込められる場合もある。上野らは、オーストラリア・ピルバラ地方の岩石（チャート）内部にメタンを検出した。メタンは岩石と水の無機的な反応で生じる場合もあるが、メタン細菌とよばれる微生物によっても合成される。岩石内部のメタンの同位体組成の詳細な解析から、上野らは、メタンが生物起源であると結論づけた。

一方、「微化石」とされる構造は非生物的にできたという主張もある。つまり「微化石」が発見された場所は熱水活動地帯でもあり、熱水活動によって微化石のような構造が非生物的にできてしまうこともある。しかしこの非生物説では^{13}Cの比率が低くなるということは説明できないので、ここでは除外していいかもしれない。それにしても、三五億年前の微化石はシアノバクテリアか、非酸素発生型光合成細菌か、化学合成細菌か、あるいはメタン細菌か。もちろん、いくつかの異なった生物がすでに生態系を構成していた可能性も除外できないのだが、三五億年前の生態系がどのようなものであったかはよくわからない。これを明らかにする手がかりは、現在の海底熱水地帯に眠っているかもしれない。

コラム④　地下深部生命起源説

山下雅道

生命前駆物質にいたる化学進化とそれほど単純ではなかった始原的な生命とのあいだのミッシングリンクは科学の興味を集めてきた。多くの研究の蓄積にもかかわらず、「生命の起源はわからない」ということがわかったのだろうか。科学は多くの成功を収めてきているが、生命の起源をはじめ未解明のことがらは多く、とても終焉をむかえてはいない。生命の起源の科学的な理解を放棄して、知性による設計といった非科学的な説明にゆだねることはできない。

生成・供給の速度と消失の速度の比から決まる生命の原料蓄積量、すべての部品が一箇所にそろうイベントの種類とそれが起こる頻度、生命のはじまりまでの試行錯誤の回数やそれにかかる時間を考えると、地球での生命の起源について確証のある三八億年前では、いささか早すぎるかもしれない。生命は地球外からもたらされたとして困難さをほかの天体に転嫁するなど、これまでに生命の起源についてさまざまな仮説が提唱され、検証されてきた。

深海熱水噴出孔は、生命がはじまるのに必要な部品を一箇所にそろえることができ、高温と低温の部位がとなりあうため原料蓄積量は多く、生命起源の有望な場所である。しかし、熱水噴出孔の寿命はさほど長くはない。始原生物は熱水噴出孔が発する赤外光で隣の熱水噴出孔をみつけてその光に向けて泳ぐ走性を早い段階で獲得したといわれている。たまたま海面に泳ぎ上がった生物が光走性のしかけを光合成に転用したともいわれる。

地下深部で生命がはじまったとしたらどうだろう。始原的な生命体をつくるのに、地球表面に比べればおよそ安定した環境を長期間にわたり提供できたことだろう。その生命をいとなむ宇宙由来の有機物は地球の深い層から確実に供給されるし、反応を触媒する金属酸化物も豊富に存在する。深部ではいったん形成された生物体を紫外光や宇宙線から守る。もし地球深部で生命がはじまったなら、火星など太陽系のほかの天体の内部でも可能であり、圏外生物への期待は強固なものとなる。

3　遺伝子情報をさかのぼり祖先の姿をさぐる

山岸明彦

遺伝子に記録された進化の歴史

化石に過去の生物の情報が残されているように、現存の生物にも過去の進化の歴史が記録されている。現存する生物の遺伝子は、祖先から受け継がれてきたものであり、その解析から過去の進化の歴史をひもとくことができる。ここでは、現在の生物の遺伝子を研究することから、地球上の初期生命の進化に関してどのようなことがわかるかを紹介する。

遺伝子にはどのような記録が残っているのであろうか。図2・3・1には三つの生物のヘモグロビン遺伝子がコードするアミノ酸配列を示す。ヘモグロビンは赤血球の細胞中にあって酸素の運搬を行っている。三つの生物でヘモグロビン遺伝子のコードするアミノ酸配列（アミノ酸の並び順）が似ている。それは、三つの生物でヘモグロビンが血液中で酸素と結合するという同じ仕事を担っているからである。ヘモグロビン遺伝子の配列が似ているもう一つの理由は、その遺伝子を祖先生物から受け継いできたからでもある。

ヘモグロビンのアミノ酸配列をもう一度よくみると、アミノ酸配列は三つの生物間で少しだけ違っている。これは、祖先生物のもっていた遺伝子の配列が現在の生物に伝わるまでに、配列の一部が突然変異によって変わってきた結果である。したがって、生物間でどの程度アミノ酸配列が似ているかを比較することから、生物の進化の歴史を推定することができる。図2・3・1で、ウマとヒトのア

ヒト VLSPADKTNVKAAWGKVGAHAGEYGAEALERMFLAFPTTKTYFPHF

ウマ VLSAADKTNVKAAWSKVGGHAGEYGAEALERMFLGFPTTKTYFPHF

コイ SLSDKSKAAVKIAWAKISPKADDIGAEALGRMLTVYPQTKTYFAHW

祖先 VLSDADKTNVKAAWAKVGPHAGEYGAEALERMFLVFPTTKTYFPHF

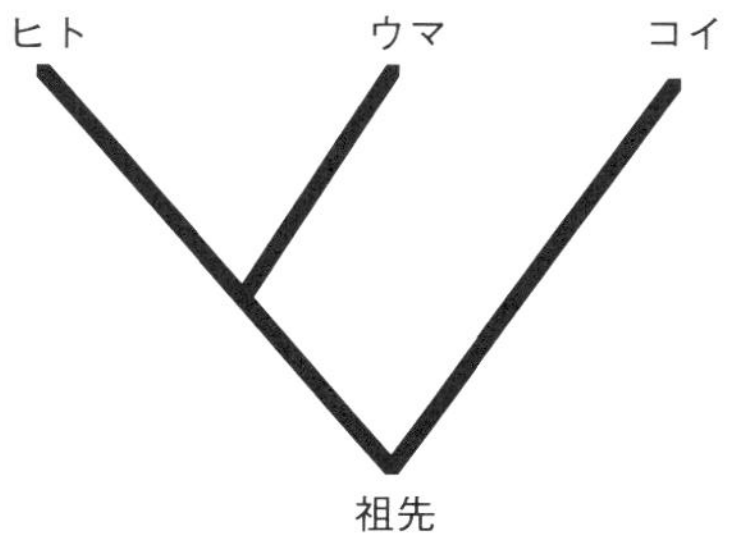

図 2.3.1 ヘモグロビン遺伝子の配列（一部）と系統樹（山岸作成）
遺伝子の配列は 20 種のアミノ酸を一文字表記してある．祖先は推定した祖先生物のヘモグロビン配列．網がけ部分は祖先と共通のアミノ酸を示す．

ミノ酸配列はよく似ているが、それらと比べるとコイのアミノ酸配列はだいぶ異なっている。これは、共通の祖先からまずコイが分岐し、ヒトとウマはそれよりもだいぶ後で分岐したためである。実際には、こうした比較を統計学的に行って進化系統樹を作成する。遺伝子のアミノ酸あるいはＤＮＡの配列にもとづく系統樹は分子系統樹とよばれている。このように、遺伝子の配列を解析することから、生物の進化の道筋をたどることができる。

現生の全生物の進化系統樹

分子系統樹を道具として用いる進化の研究は現在さかんに行われている。生物には数千から数万個の遺伝子があるので、そのどの遺伝子を使って系統樹を作製しても良さそうに思えるが、実際には系統樹作製に適した遺伝子とそうでない遺伝子がある。まず、系統樹を作製したい生物に共通に存在する遺伝子を解析する必要がある。また、その遺伝子によりつくられるタンパク質分子が同じ仕事をしていないと困る。生物の進化によってアミノ酸配列が変わったのか、仕事の内容が変わったからアミノ酸配列が変わったのか区別がつかないといけないからである。また、比較する生物間でアミノ酸配列がまったく同じだと系統樹を作製できない。逆にあまりに変化しすぎていても系統樹が作製できない。こうした基準を満たす遺伝子はそう多くはない。

図２・３・２は現生の全生物の進化系統樹である。この系統樹は、ウーズ（C. Woese）が一九九〇年に16ＳｒＲＮＡの配列から描いた系統樹である（Woese *et al.*, 1990）。リボソームは生物の細胞の

なかでタンパク質を合成している細胞器官であり、すべての生物がもっていてまったく同じ仕事をしている。また、全生物間でも遺伝子の核酸塩基の配列がよく似ている。そこで、全生物の系統樹作製にもっとも適した遺伝子であると考えられている。

系統樹をみると生命の起源から一本の線がのびている。この線は系統樹の幹のようにみえるが、幹ではなく系統樹の根とよばれている。系統樹の根がどのような生物とどのような生物の間にあるのかはかなり難しい問題である。系統樹作製の方法も含めて、巻末に示す書籍が参考となる（山岸，2004）。

図2・3・2では、系統樹の根から生物は二つの枝に分かれている。その一方の枝は真正細菌の枝である。真正細菌とは細菌の仲間であり、プロテオバクテリアには大腸菌が、グラム陽性菌には納豆菌が含まれている。もう一つの枝の端は真核生物にのびる。真核生物には動物、植物、カビの仲間が含まれる。微胞子虫や鞭毛虫は原生動物の仲間である。真核生物の枝の根元近くから古細菌が枝分れしている。カタカナで書かれているのは、生物種の学名である。学名の最初にサーモとか、ピロという接頭語がつくものがあるが、サーモとは熱、ピロは焦げるという意味のラテン語で、こうした接頭語を含む学名の生物はいずれも温泉などにすむ好熱菌の仲間である。また、メタという接頭語のつく生物種もいくつかあるが、これは沼地やドブの泥などのなかの嫌気的な環境でメタン生成を行うメタン細菌である。古細菌はこうした微生物を含んでいる。生命の起源で誕生した生物は、コモノートとよばれる全生物の共通の祖先から、こうしたさまざまな生物に分化してきた。真正細菌、古細菌、真核生物の三つの生物のグループはドメインとよばれている。生物を分類するには、従来、動物界、植

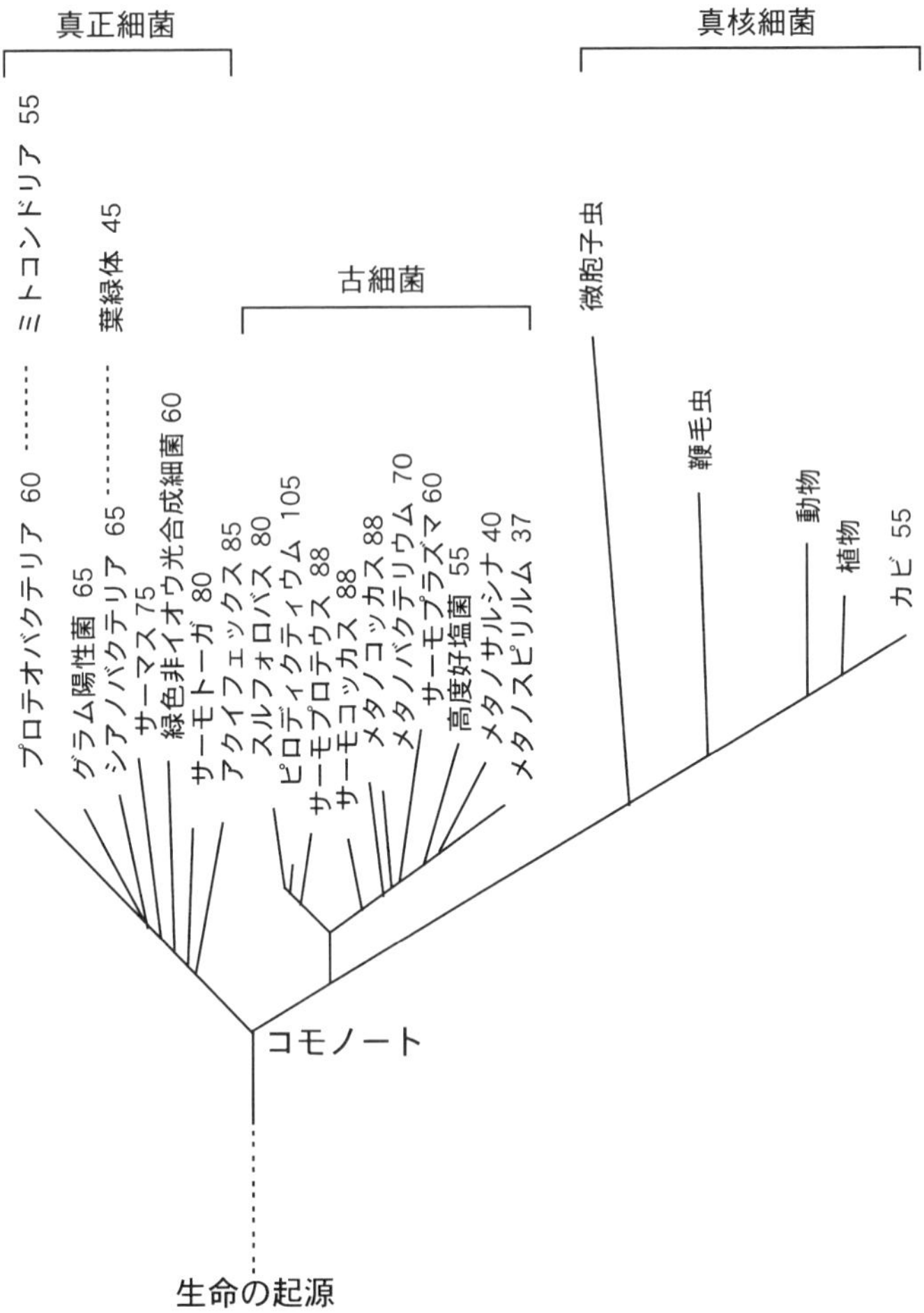

図2.3.2　全生物の系統樹（Woese *et al*., 1990 より山岸が作成）
リボソーム RNA(16S rRNA)の遺伝子にもとづいて作製した．図中の数字はそれぞれの生物種の至適生育温度(℃)を示す．

物界など「界」とつけて分類のグループを表してきた。真正細菌、古細菌、真核生物は「界」よりもさらに大きな分類群であり、ドメインと名づけられた（Woese *et al.*, 1990）。

コモノート超好熱菌説

図2・3・2では、いくつかの生物名の後ろに数字を記している。これは、それぞれの生物種がもっとも良く生育できる温度（至適生育温度とよぶ）である。その温度をみると、系統樹の根元付近の生物は八〇℃以上になっている。八〇℃以上で生育できる菌は超好熱菌とよばれている。系統樹の根元付近の生物が超好熱菌であるのは、コモノートが超好熱菌だったためではないかと考えられている。

コモノートが超好熱菌あるいは好熱菌ではないかという仮説は何人かによって提唱されている。一九八七年に最初に提唱したのは古細菌の提唱者でもあるウーズである（Woese, 1987）。彼は16ＳｒＲＮＡ配列を解析して原核生物の系統樹をつくった。そして、ほとんどすべての原核生物の門のなかに好熱菌がいることを見出した。彼は広く存在する形質は祖先的な生物の形質であると考え、好熱性は祖先的形質だと結論した。ペース（N. Pace）はシュテッター（K. Stetter）と協力して、サーモトーガという超好熱性バクテリアの系統樹中の位置を調べた。すると、サーモトーガはバクテリアのなかでもっとも古い菌であることがわかった。そこで、彼は全生物の共通の祖先は超好熱菌であると一九九一年に提唱した（Pace, 1991）。地学者であるニスベ（E. G. Nisbet）らは、地球初期は地熱活動がさかんであったので、地質活動に依存した生態系として好熱性は好ましいと結論した（Nisbet &

Fowler, 1996)。山岸らは、図2・3・2の系統樹にもとづいて、超好熱菌からいろいろな生物が誕生したのではないかと主張している（Yamagishi *et al.*, 1998）。

ところでこのコモノート超好熱菌説に対しては、多くの反論もある。たとえば、化学進化で有名なミラーらは一九九五年に、生体化合物の熱的な安定性を調べ、生体関連有機化合物は不安定であることから生命の起源の環境は高温ではありえないと主張した（Miller & Lazcano, 1995）。フォーター（P. Forterre）は、進化系統樹の根元付近に好熱菌がいるのはみとめるとしても、それらの好熱菌は常温性共通の祖先から超好熱菌が分岐した後に、たとえば小天体が地球に衝突して全海洋の生息環境が高温となって超好熱菌が選択されたとすればよいのであって、コモノートが好熱菌であるという証拠にはならないと論じた（Forterre, 1996）。

コモノート超好熱菌説の実験的検証

理論的な推定ではなく、共通祖先が超好熱菌であったことが実験的に確かめられた（Miyazaki *et al.*, 2001）。まず、解析対象とするタンパク質の系統樹を作製する。図2・3・3をみると、超好熱性の古細菌と好熱性の細菌のドメインが分かれる以前に、IPMDHというロイシン合成系酵素とTCAサイクルの酵素ICDHが二つに分かれたのがわかる。左の端が全生物の共通の祖先である。

次に、系統樹作製に用いた二つの酵素（IPMDHとICDH）のアミノ酸配列をならべて比較することにより、全生物の共通の祖先のもっていた配列を推定した（図2・3・3下）。この推定方法には

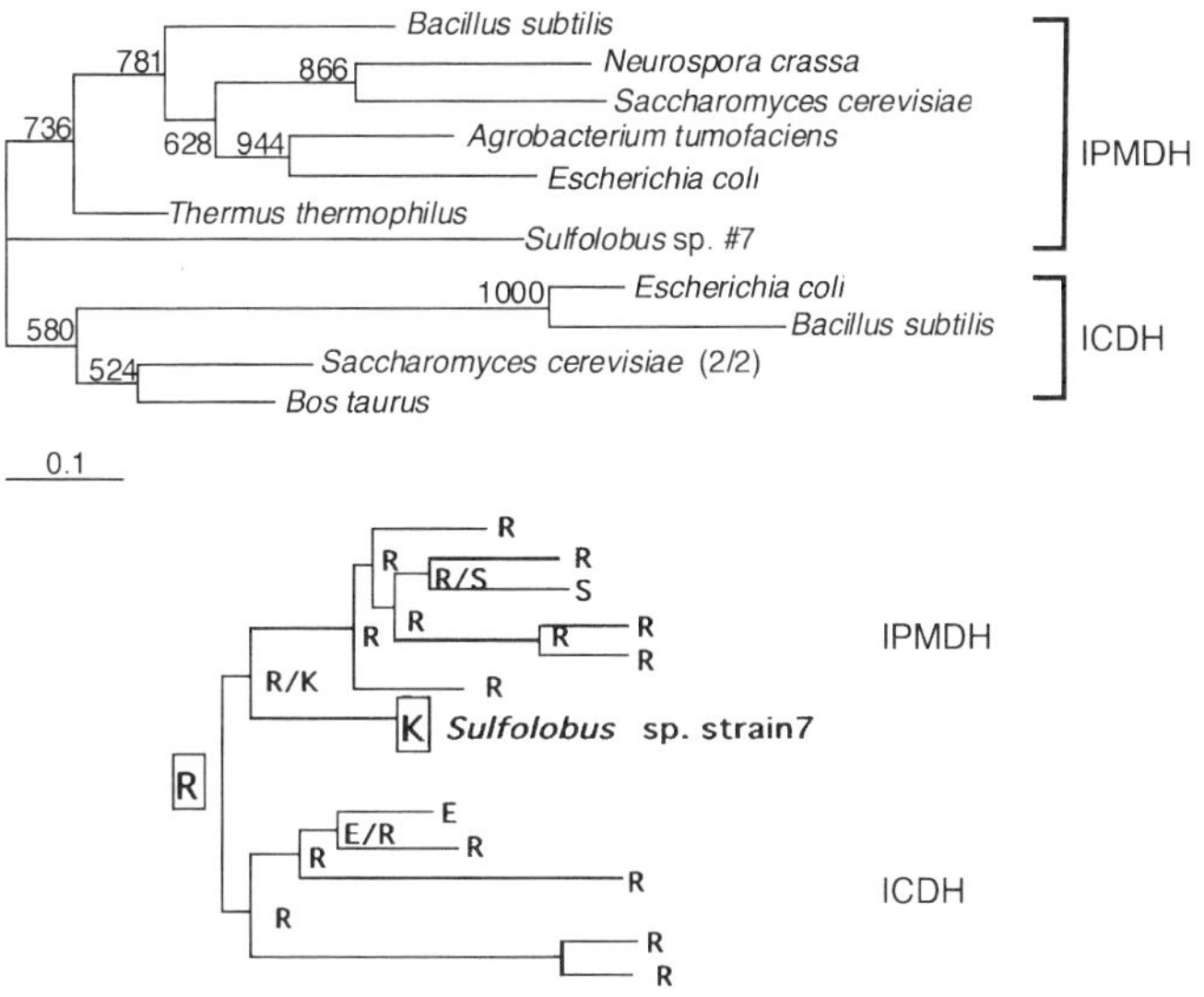

図2.3.3　2つの酵素タンパク質（IPMDH，ICDH）の進化系統樹（上：Miyazaki *et al*., 2001）**と祖先配列推定法**（下：山岸作成）
系統樹の左端が全生物の共通の祖先が持っていた祖先型タンパク質に相当する．祖先型酵素から酵素は2つ（IPMDH，イソプロピルリンゴ酸脱水素酵素；ICDH，イソクエン酸脱水素酵素）に分かれた．その後，種々の生物に分岐した．個々の生物種については図 2.3.4 を参照．

いくつかあるが、系統樹上のそれぞれの種の遺伝子の中で、ある座位のアミノ酸を比較する。いま二種の生物の遺伝子のその座位のアミノ酸が両方ともRならば、両種の祖先型生物のアミノ酸はRである。ところが二種のアミノ酸が異なっていて、たとえばRとSであると、それらの共通の祖先のアミノ酸がRかSかはわからない。しかし、さらに祖先型生物をみると、となりの種がRをもっているので祖先型のアミノ酸はRとわかる。このようにして系統樹をたどることにより全生物の共通祖先のアミノ酸配列を推定することができる。

このようにして推定したのが図

```
                 85                    97      149             158     253                                  285
IB.sub   .IRKQLDLFANLRP...RVIREGFKMA...FEPVHGSAPDIAGKMANPFAAILSAAMLRTS...
IE.col   .LRKHFKLFSNLRP...RIAIAFESA...YEPAGGSAPDIAGKNIANPIAQILSLALLRYS...
IA.tum   .LRKDLELFANLRP...RIASVAFELA...YEPVHGSAPDIAGKSIANPIAMIASFAMCLRYS...
IS.cer   .IRKBLQYANLRP...RITRMAAFMA...YEPCHGSAPDL-PKNKVNPIATILSAAMLKIS...
IN.cra   .LRKELGTYGNLRP...YEPIHGSAPDIS-GKYIVNPVGTILSVAMMLRYS...
IT.the   .LRKSQDLFANLRP...RVARVAFEAA...FEPVHGSAPDIAGKGIANPTAAILSAAMMLEHA...
ISu1#7   .LRQIYDMYANLRP...RIAKVGLNFA...FEPVHGAALDIAGKNIGNPTAFLLSVSMMYERM...
CB.tau   .LRKTFDLYANVRP...RIABFAFEYA...FSVHGTAPDIAGKDMANPTALLLSAVMMLRHM...
CS.cer   .LRKTFGLIFANVRP...RVIRYAFEYA...FEAVHGSAPDIAGKQDKANPTALLLSSVMMLNHM...
CB.sub   .LRQELDLFVCLRP...RLVRAAIDYA...FEATHGTAPKYAGLDKVNPSSVILSGVLLEHL...
CE.col   .LRVRAAIEYA...FEATHGTAPKYAGQDKVNPGSIILSAEMMLRHM...
Ancest   .LRxxxDLxANLRP...RIARxAFExA...FExVHGSAPDIAGKxxxxNPTAxxLSxxMMLxxx...
                              #          #     #  #           **  **                *
                  M91L       I95L      K152R  G154A          A259S F261P           Y282L
              Mutant a    Mutant b    Mutant c                                   Mutant d
```

図2.3.4 各種の生物の酵素タンパク質のアミノ酸配列の比較 (Miyazaki et al., 2001)
それぞれの行が酵素タンパク質のアミノ酸配列を示す．上の7行（先頭の文字が I）はイソプロピルリンゴ酸脱水素酵素，下の4行（先頭の文字が C）はインビトロ酸脱水素酵素．その後の4文字で生物種を表している．B. sub, Bacillus subtilis, 枯草菌；E. col, Escherichia coli, 大腸菌；A. tum, Agrobacterium tumefaciens, アグロバクテリア；T. the, Thermus thermophilus, 好熱菌；S. cer, Saccharomyces cerevisiae, 酵母；N. cra, Neurospora crassa, 粘菌；B. tau, Bos Taurus, ウシ；Sul#7, Sulfolobus sp. #7, 超好熱菌）．一番上の行の数字は最初からいくつ番目のアミノ酸かを示す．#や*印は触媒反応に重要なアミノ酸を表す．X でられたところは正確な推定ができなかったアミノ酸．一番下の2行は ISu1#7 のアミノ酸配列とその相先型酵素のアミノ酸配列，Ancest の行は推定された全生物の共通の祖先がもつ相先型酵素のアミノ酸配列．ISu1#7 の配列と祖先配列中で一致したアミノ酸配列を相先配列にするときに変化させたアミノ酸は白ぬき文字にしてある．

2・3・4の一番下の配列である。次にそのアミノ酸配列と現存の超好熱菌の配列を比較する。薄い色の文字が保存されているところである。超好熱菌ではよく祖先型の配列を保存していることがわかる。祖先生物のアミノ酸と現存超好熱菌とで違うところは白ぬきの文字で示してある。何カ所かで、両者のアミノ酸が異なっていることがわかる。

そこで、現存する超好熱性の古細菌 ***Sulfolobus tokodaii*** の遺伝子 ***ISul#7*** に祖先型の配列を変異として導入するために、もとになる古細菌の遺伝子のアミノ酸を人工的に変えた遺伝子を作製した。変異型の遺伝子を七種つくり、その遺伝子を大腸菌内へ導入して、そのタンパク質を発現させた。このようにして大腸菌につくらせてから精製した祖先型アミノ酸配列をもつ酵素の熱失活速度を測定して比較した。すると、祖先型アミノ酸を変異として入れた酵素（祖先型変異酵素）の耐熱性がいずれも野生型酵素（もととなった古細菌の酵素）よりも高いことがわかった。山岸らは、同じような実験を別の種類の酵素タンパク質でも行っている。現在までに四つの酵素で祖先型アミノ酸を変異として導入した結果、いずれの場合も祖先型のアミノ酸配列を酵素タンパク質に導入すると、耐熱性が上昇する傾向がみられる（Shimizu *et al.*, 2007）。つまり祖先型アミノ酸配列は酵素の熱安定性を増強させる傾向をもつ。これは全生物の共通の祖先が常温菌ではなく、超好熱菌であったことを示している。

コモノートは一種か？

さて、ここまで全生物の共通の祖先が一種類であるということを前提として議論を進めてきた

(Yamagishi *et al.*, 1998)。しかも、その生物が超好熱菌だということも確かめた。しかし、共通の祖先が一種類ではなかったと考えている研究者もいる。図2・3・2にはrRNAの遺伝子にもとづく系統樹を示した。しかし、何か適当に遺伝子を決めてその系統樹を作製すると図2・3・2のような系統樹になることはむしろ少ない。その理由は多くの場合不明であるが、一つの理由として遺伝子が生物間で移動するのではないかと考えられている。遺伝子が親から子へ伝えられるのを垂直伝播というのに対し、遺伝子の種間移動は水平伝播とよばれている。実際、好熱菌のなかにはゲノムの三分の一がほかの生物から水平伝播してきたのではないかと推定されている例もある。そうなると、どの遺伝子を使って生物の系統樹を作製すれば良いのかわからなくなる。生命進化の初期は遺伝子の水平伝播が頻繁に起こっていたので、生物の進化は系統樹ではなく、種の進化がさまざまな形で入り交じる網のような系統網であったのではないかともいわれている。

コモノートはいるか?

さらには、コモノートがちゃんとした生物ではなかったと考えている研究者も多い。そもそも古細菌の命名者であるウーズも、全生物の共通の祖先はまだきちんとした生物ではなかったと考えている。全生物を大きく三つに分けたドメイン(真核生物、古細菌、真正細菌)をみると、細胞を取り囲む細胞壁をつくる分子がだいぶ異なっている。真正細菌はアミノ酸と糖でできた丈夫な網目構造でできたペプチドグリカンとよばれる細胞壁をもっている。古細菌は種類によって異なっているが、たとえば好熱性古細菌はタンパク質の二次元結晶（平面状の結晶）でできた細胞壁をもっている。全生物の共通の祖先がどちらの細胞壁をもっていたのかわからない。ウーズは、全生物が三つの生物に分れる前には、きちんとした遺伝のしくみも、はっきりとした細胞の構造ももたないような状態だったのではないかと考え、プロゲノートとよんでいる。

ドイツのベヒターショイザー（G. Wächtershäuser）はプロゲノートの概念をさらに発展させた。彼は、真正細菌と古細菌の細胞膜がまったく異なった脂質でできていることに着目した。図２・３・５Ａは真正細菌や真核生物の細胞膜を構成するエステル脂質である。これらの生物ではエステル脂質が親水性の基を外側に、疎水性の基を内側にして膜をつくり細胞を取り囲んでいる。それに対して、古細菌では図２・３・５ＢとＣのような脂質が細胞膜を構成している。グリセロールに親水性の基（リン酸や糖）がついている点は似ているが、疎水性の鎖状構造は枝分れをしたイソプレノイドアルコールである。またグリセロールの立体構造をみると、親水性基の結合する位置と疎水性の基の結合する位置がエステル脂質とエーテル脂質で異なっている。さらに、エステル脂質とエーテル脂質はまったく異なった経路で合成される。古細菌と真正細菌の共通の祖先がもし存在したとしたら、二つの脂質の混合した膜脂質をもち、これはとても不安定であろうと彼は考えた。

エステル脂質とエーテル脂質が混合した段階はプレセルとよばれる。プレセルの段階は長続きせず、それが相分離する過程で古細菌と真正細菌が誕生したとベヒターショイザーは考えた。さらに、古細菌から真核生物が誕生する過程でもエーテル脂質とエステル脂質が混合した状態がうまれることが予

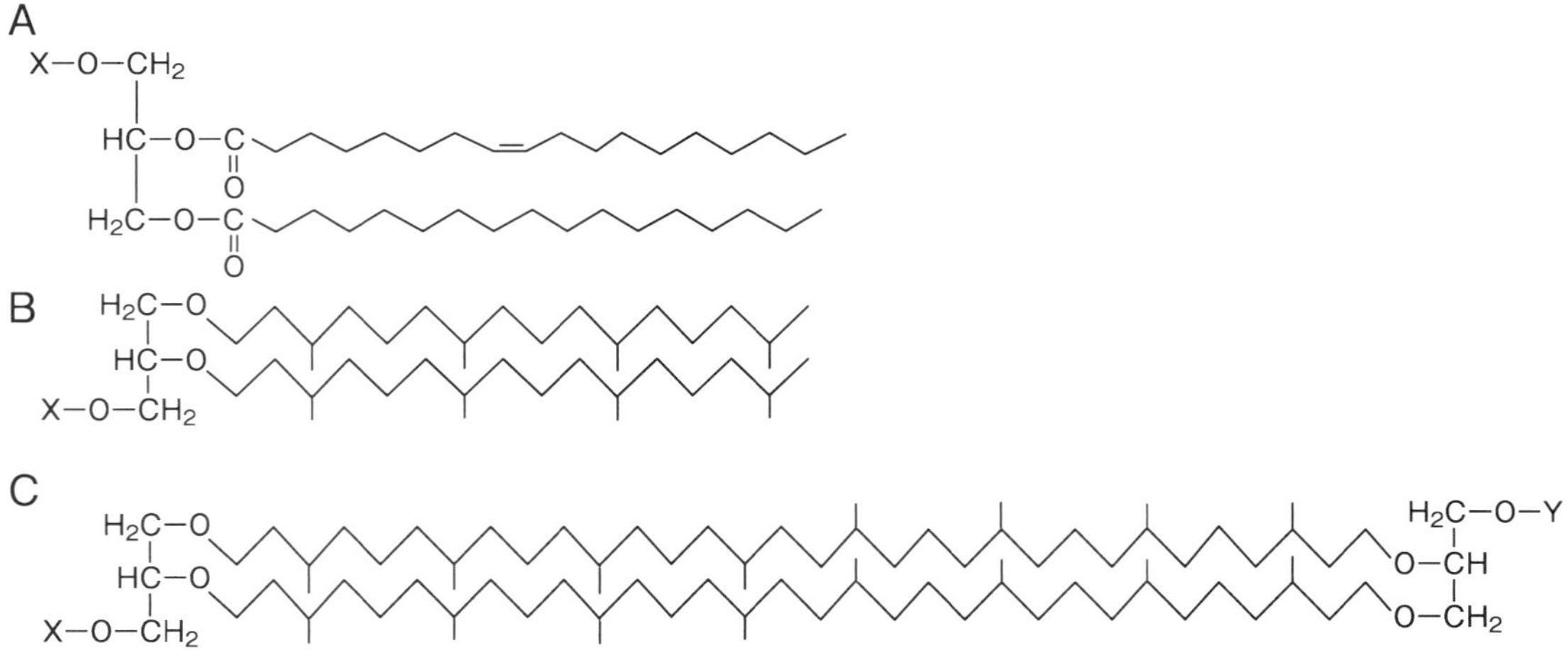

図 2.3.5　細胞膜を構成する脂質
A：エステル脂質，B：エーテル脂質，C：テトラエーテル脂質.

想される。この過程でもやはり同様の不安定さを生じてしまう。そこで彼は、古細菌と真正細菌の誕生後もプレセルは残り、真核生物もプレセルから誕生したと推定した。

フォーターは、こうしたモデルをさらに一ひねりして、RNAワールドと結びつけたモデルを提案している。遺伝子発現のしくみをみると、DNAからmRNAを転写して、mRNAをアミノ酸に翻訳するという基本的なしくみは、三つのドメインで同じである。しかし、もっとも基本的と思われるDNAの複製を行う酵素タンパク質であるDNAポリメラーゼが、三つのドメインで異なっている。そこでフォーターは、三つのドメインが分れる前の生物（共通祖先）はRNA生物であり、共通祖先はまだDNAもDNAポリメラーゼももっていなかったと推定した（Forterre, 2006）。そして、共通祖先にDNAウイルスが感染して、DNAウイルスのもつDNAポリメラーゼがRNA生物である共通祖先に移った、とした。こうしてDNAポリメラーゼをもち、DNAゲノムをもつDNA生物が誕生した。共通祖先に三種類のウイルスが感染する際、三種類の異なったDNAポリメラーゼが共通祖先に移った。それぞれの感染によって、真正細菌、古細菌、真核生物の三つのドメインが誕生した。感染したDNAウイルスが異なっていたために、三つのドメインは異なったDNAポリメラーゼをもつことになったと考えたのである。

さて、それではコモノートは本当にいたのだろうか。ここで紹介したさまざまな進化モデルも、なんらかの根拠にもとづき提唱されているのだが、まだ実験的に確かめられたものではない。山岸らの実験は、全生物の共通祖先に相当する「生物」が高温で生育していたことを実証した。しかし、その検証はコモノートがきちっとした生物で一種類であるということを試したものではない。全生物の共通の祖先がどのような生物だったのか。コモノートは一種、二種と数えられるような生物だったのか。もっとたくさんの共通の祖先がいたのか、いくつかの生物種が共生関係を結んで生きていたのか。こうした点を確かめるためには、もう少し研究が進む必要がある。

DNAゲノム生物の誕生

さてここで紹介したように、系統樹や全生物の共通の祖先に関してもさまざまなモデルが提唱されている。また、山岸らの研究からは全生物の共通の祖先コモノートは超好熱菌であるということがわかった。生命の起源からの初期進化をまとめてみると図2・3・6のようになる。

第1章1でも述べた生命の定義の、①境界をもち外界から自己が区別される、②生命活動を維持する化学反応（代謝）を行う、③自己と同様の構造を複製できる、という三つの基準から考えると、まず境界をつくるミセル構造ができなければならない。現在の生物の細胞は脂質でできた細胞膜によって細胞内部は外界から区切られている。始原的な生物の細胞膜がどのような分子でできていたかは不明である。化学進化によって始原細胞の細胞膜の原料となった脂質あるいは脂質様の分子ができた可能性はゼロではない。しかし、現在のところ、脂質が非生物的な過程によって十分な量蓄積した可能性は低い。脂質細胞膜の代わりに硫化鉄の無機的泡状構造が境界として寄与したという説もある。しかし、硫化鉄の泡状構造が分裂して細胞が増殖できるか疑問が残る。現在のところ、もっとも良さそ

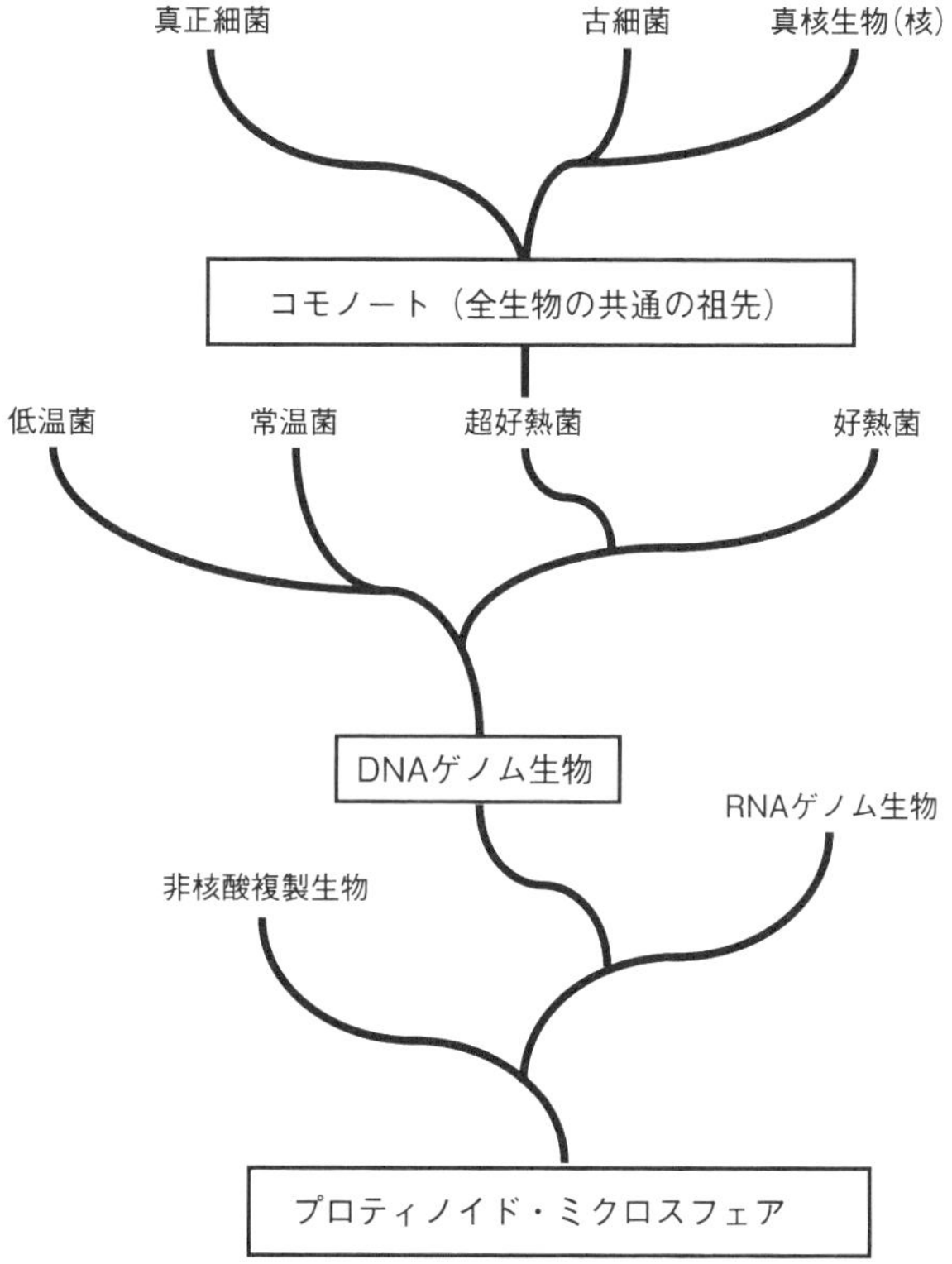

図2.3.6　生命の初期進化モデル（山岸，2004）

うなミセル構造はプロティノイド・ミクロスフェアである。第1章で紹介したように、アミノ酸は化学進化で多量にできた可能性が高い。アミノ酸溶液を高温で熱すると、容易に重合してプロティノイドができる。プロティノイドはその水溶液中で数μmの球状構造をつくり、プロティノイド・ミクロスフェアとよばれる。あるいは、第1章でふれた「がらくた（化学進化で直接できる高分子物質）」がプロティノイド・ミクロスフェアと同様の機能を果たした可能性も高い。この場合、まずアミノ酸ができて次に重合するというのではなく、いきなり高分子化合物が生成して、その高分子化合物が水溶液中でミセルを形成したことになる。

次に、現在の生命に至る過程でもっとも基本となるのは遺伝情報を複製するしくみの誕生である。プロティノイド・ミクロスフェアのなかで、遺伝情報を複製するしくみがやがてできあがったはずである。そのプロセスでRNAゲノム（遺伝子）をもつ生物が誕生したはずである。しかし、非生物的な化学進化ではRNAはそう簡単にできない。最初はおそらくDNAでもRNAでもない物質（非核酸分子）を遺伝子として用いる始原生物が誕生したかもしれない。そこからRNAゲノムをもつ生物が誕生し、さらにDNAゲノムをもつ生物が誕生したとみることもできる。

最後に生命にとって重要な性質は生命活動を支える化学反応を触媒するしくみである。プロティノイドは外界の分子を濃縮する効果をもち、くわえて、きわめて遅いながらも反応を触媒することが知られている。周りの有機化合物を取り込み、次第に大きくなったミクロスフェアは分裂して二つになり、増殖する。それが進化して現在の細胞となったという単純なモデルも存在する。しかし、現在の遺伝のしくみでは、核酸（遺伝物質）に蓄積された遺伝情報に基づいて代謝反応を担う分子（タンパク質）がつくられる。そのしくみがどのようにつくられたのかというのが、RNAワールドの重要な点であった（第1章を参照）。つまりRNAワールドでは、RNA分子が遺伝物質としての機能と代謝反応を触媒する機能の両方を担うことで、遺伝のしくみがRNAだけでできることになる。やがてプロティノイドに触媒された代謝がだんだんとRNA（あるいはそれ以前の非核酸遺伝物質）によって触媒された代謝に入れ替わった時代、つまりプロティノイドでの代謝とRNA（あるいはそれ以前の非核酸遺伝物質）の代謝が共存した時代があったのではないかとも思われる。しかし、非核酸遺伝物質が存在したかどうかという問題と同様、これも生命の起源に関わる未解決の大問題である。

DNAゲノム生物の誕生とコモノート

さて、次に誕生したDNAゲノム生物はコモノートとどのような関係にあるのであろうか。最初に誕生したDNAゲノム生物がコモノートであるという可能性もある。その場合、誕生したDNAゲノム生物は高温環境に生育していたことになる。しかし、最初のDNAゲノム生物とコモノートが必ずしも同じであるという必要もまたない。最初のDNA生物が常温菌であって、そこから好熱菌や超好熱菌が分化した後で超好熱菌が選択されて全生物の共通の祖先になったという可能性も高い。図2・3・5は、そうしたモデルを示している。

さまざまな温度にすむ生物が誕生した後で、何らかの理由で超好熱性の生物だけが生き残った。多くの生物種のなかから超好熱菌だけが選択されて生き残った理由として、隕石の衝突によって地球が高温になったのだと主張する研究者もいる（Gogarten-Boekels *et al.*, 1995）。地球が誕生した四五・五億年前から四〇億年前頃まで、惑星になり損なった小惑星や隕石が大量に太陽系を漂っていた。月のクレーターの分析から、四〇億年前頃まではたくさんの隕石が降り注いでいたことがわかっている。最後の小惑星の衝突で、一種類の超好熱菌だけが生き残った。それがコモノートで、現在の地球上のすべての生命はその子孫であるのかもしれない。

化石と海底熱水地帯と遺伝子

第2章2では化石からわかることと海底熱水地帯の重要性を、ここ3では遺伝子から推定される生命の初期進化を解説した。これらはどういう関係にあるのだろう。化石の証拠から三八億年前から三五億年前には生命が誕生していたことがわかる。しかし、これらの化石がどのような生物の化石であるかは、いくつかの可能性があり、まだ確定していない。しかし、熱水系が初期生命の生息場所として適していることは間違いがないだろう。また、古細菌のなかでもきわめて古い菌、すなわち系統樹の根元付近に分岐をもつ古細菌が熱水噴出孔の周辺でこれまでに多数みつかっている。こうしたことを総合すると、少なくとも全生物の共通の祖先に近縁の超好熱菌が、三八億年前から三五億年前には熱水噴出孔の周辺で生態系をつくっていた可能性は高い。

超好熱菌は化学合成をエネルギー源とする生態系を形成していた可能性が高い。そうでなければ熱水系の周辺に生態系をつくる意味はない。つまり、当時の生物はすでに化学合成できるかなり進化した機能をもつ生物であったろう。最初に誕生した生物がいきなり化学合成細菌であったとは考えにくい。三五億年前に熱水系の周辺で生態系を形成していた生物は、最初に誕生したDNAゲノム生物からだいぶ進化した後の生物であったと考えた方が良さそうである。図2・3・6で全生物の共通祖先を最初のDNAゲノム生物と別に書いてあるのはこうした理由による。

生命初期進化の痕跡を宇宙で探す

こうした研究をしていてもどかしいのは、遺伝子には現在の生物に至った祖先生物の情報しか残されていないことである。多くの種類の恐竜がその子孫を残さずに絶滅してしまったように、現在に至る共通の祖先以外にも多くの異なる初期生命がいた可能性がある。多くの恐竜が化石では残されているように、絶滅した初期生命も化石に残っている可能性もある。しかし、残念なことに、残された細胞の化石や炭素の粒からその生物の性質を知ることは難しい。

一方で、太陽系の地球以外のいくつかの天体にも生命が存在する可能性がある。火星の表層では液体の水はみつかっていないが、氷が発見された。火星の大きさが地球よりも質量で一〇分の一と小さいために、火星の内部はすでに固化してしまっている可能性がある。重力加速度が小さいために気体分子が逃散する脱出速度は小さい。また強い磁場のないことも太陽風による大気のはぎ取りを容易にしている。このために、現在の火星の大気の密度は地球と比べておよそ一〇〇分の一と薄く、大気に含まれる窒素分子の同位体比も大気の逃散のあったことを示している。しかし、四〇億年ほど前の火星には今よりもかなり濃い大気があったし、温暖で液体の水もあった。現在も、固化したとはいえ火星の内部は高温であり、場所によっては液体状態の水が存在する可能性もある。実際、火星表面の画像のなかに、液体の水がこの一〇年ほどの間にも流れた跡とみられる地形が報告されている。もし、生命が火星でも誕生したとすると、ごく最近までその生命が生きながらえていた可能性がある。あるいは、まだ場所によっては生命が生きながらえているかもしれない。火星の気温は地球よりもかなり低いので、火星における生命の進化の速度は地球よりもだいぶ遅い可能性がある。生命進化の初期の生物が保存されているかもしれない。

コラム⑤　生物を分類する

奥野　誠

名前をつけ、それらの性質などから仕分けする作業は科学の第一歩である。私たちの身近な生き物には名前がつけられているものが多い。一度名前がつけられると、似た形態、性質などで分類することが可能となる。もっとも原始的な分類は人為分類とよばれるもので人間を中心として役に立つか、危険かというような基準による分類法である。これに対して、客観的な性質をもとに分けるのが自然分類法で、紀元前四世紀のギリシャにおいて、アリストテレスの『動物誌』ではすでにそのような試みがなされている。彼は有血動物と無血動物にまず分け、それをさらに胎生四足類、卵生四足類というように分類した。時代が下って多数の生物が知られるようになると、それを系統的に分類し体系づける必要が生じてきた。その方法の基礎を確立したのがスウェーデンの植物学者リンネ（Carl von Linne）である。

日本語での「ヒト」は英語では human というように、言語が違えばよび方が変わる。そこでリンネは共通な「学名」をある規則にのっとってつけた。リンネの功績の第一は、分類するのに階級をもうけ、階層に分けたことである。そして学名を属名と種名の二つによって表す二名法を確立した。二名法とは「属名＋種名」で表す方法である。リンネのもう一つの功績としてそれらの名前にラテン語もしくはギリシャ語での意味をもつ言葉をあたえるという規範を示したことである。その意味とは形態的特徴であったり、神話などに由来するものであったりするが、その意味によってその生物が分類上のどの位置にあるかが非常にわかりやすくなった。

リンネの体系での階級は綱、目、属、種であるが、現在では界、門、科が加えられた分類体系が使用されている。またそれぞれの下位に亜をつけて亜目などを用いる場合もある。たとえば下村脩博士のノーベル賞受賞で有名になったオワンクラゲは、動物界（Animalia）、刺胞動物門（Cnidaria）、ヒドロ虫類（綱）（Hydrozoa）、ヒドロイド類（目）（Hydroida）、軟クラゲ類（亜目）（Leptomedusae）、オワンクラゲ科（Aequoreidae）、オワンクラゲ属（Aequorea）、オワンクラゲ（*Aequorea victoria*、下村氏が用いた種）となる。学名は下線を引くか斜体文字で表し、属名はイニシャルのみでもよい（*A. victoria*）。なお「種」の定義は難しいが、有性生殖生物においてはマイア（Ernst Mayr）による定義「種とはたがいに交配しうる自然集団で、ほかのそのような集団から生殖面で隔離（生殖隔離）されている」とするのが一般的である。しかしこの定義では交配しない無性生殖の生物種は定義できない。これらについては遺伝子配列から属程度までは決められるが、それ以上はなかなか難しいのが現状である。

第3章　ひろがる生命とその機能

1　原核生物から真核生物への進化

井上　勲

生物進化最大のギャップ

すべての生物の基本的な構成単位は、細胞である。生物の教科書では、細胞には原核細胞と真核細胞の二種類があると書かれており、両者の違いは、原核細胞ではDNAが細胞質にむき出しで存在することに対して、真核細胞では核という孔のあいた二重膜に包まれている点にあると説明される。原核細胞と真核細胞が核の有無で区別できることはもちろん間違いではないが、それは多くの違いの一部をやや乱暴にいい表したものである。わかりやすいが、単純化しすぎており、それ以上両者を比較して考えることを妨げている。

実際は、原核と真核の細胞の間には、多くの差異があり、生物進化史上最大のギャップが横たわっている。後述のように、真核細胞の化石は最古でもアメリカで発見された二一億年前のグリパニア化石と考えられている。三八億年前に誕生した最初の生命は、原核細胞からなる原核生物としてうまれたはずだから、真核生物は、生命誕生から二〇億年近い時間を経てうまれたことになる。真核細胞からなる真核生物の出現は、その後の生物進化と生態系を大きく変えた重要な事件である。

原核細胞と真核細胞

大腸菌やビブリオ菌、ボツリヌス菌など、細菌あるいはバクテリアとして知られている生物が、原核細胞からなる原核生物である。個々の細胞は肉眼ではみえない。これに対して、私たち動物も含めて、目にみえるほとんどの生物は真核生物である。ヒトの体は約六〇兆個の細胞からなるが、その一個一個が真核細胞である。動植物のように多細胞化を果たし、クジラやメタセコイアのように何十mの大きさの生物をうみ出している点でも、真核生物の出現が生物進化にとってきわめて重要な事件だったことがわかる。もし真核生物が出現しなかったら、地球は目にみえない細菌だけで生態系が構成された荒涼とした風景のままだったに違いない。

原核細胞は一般にたいへん小さい。球菌の場合、直径一㎛ほどである。細長い桿菌でも直径は一㎛前後である。これに対して、真核細胞の多くは一〇〜数十㎛の大きさがある。例外的に、真核ピコプランクトンとよばれる二㎛以下の真核生物や、反対に神経細胞のように長さ一mにも達する細胞がある。単純に球の体積で比較すると、直径一㎛の球菌と直径一〇㎛の真核細胞では一〇〇〇倍の違いがある。三〇㎛の細胞では、二万七〇〇〇倍にもなる。細胞のサイズだけでも、原核と真核にはこれだけの違いがある。両者は遺伝子の転写、翻訳などの分子レベルから細胞構造に至るまでさまざまな点で異なっており、まったく異なる種類の細胞と考えた方がよい。

以下、原核細胞から真核細胞への進化で起こった変化をみてみよう。

膜による細胞内の区画化、機能の分業体制

真核細胞には、原核細胞にはないさまざまな細胞内構造がみられる。核のほかに、ミトコンドリア、小胞体、ゴルジ体、液胞やリソソームなどがあり、これらは細胞小器官とよばれる。植物では、これに葉緑体が加わる。後にふれるように、ミトコンドリアと葉緑体は、細胞内共生によって獲得された原核生物に起源をもつ細胞小器官である。これらを含めて、細胞小器官の多くは膜で仕切られており、そのなかで、それぞれ特有の反応が進んでいる。つまり、真核細胞の機能は、高度に分業化しており、膜によって外部から隔離された区画で進行している（図3・1・1）。

これに対して、原核細胞では、すべての機能が細胞質ゾルのなかで、いわば渾然一体となって進行している。原核細胞はそれでもうまく細胞活動を営んでいるが、個々の機能を仕切って分業体制にすれば効率は良いだろう。真核細胞はそれを実現している（図3・1・1）。

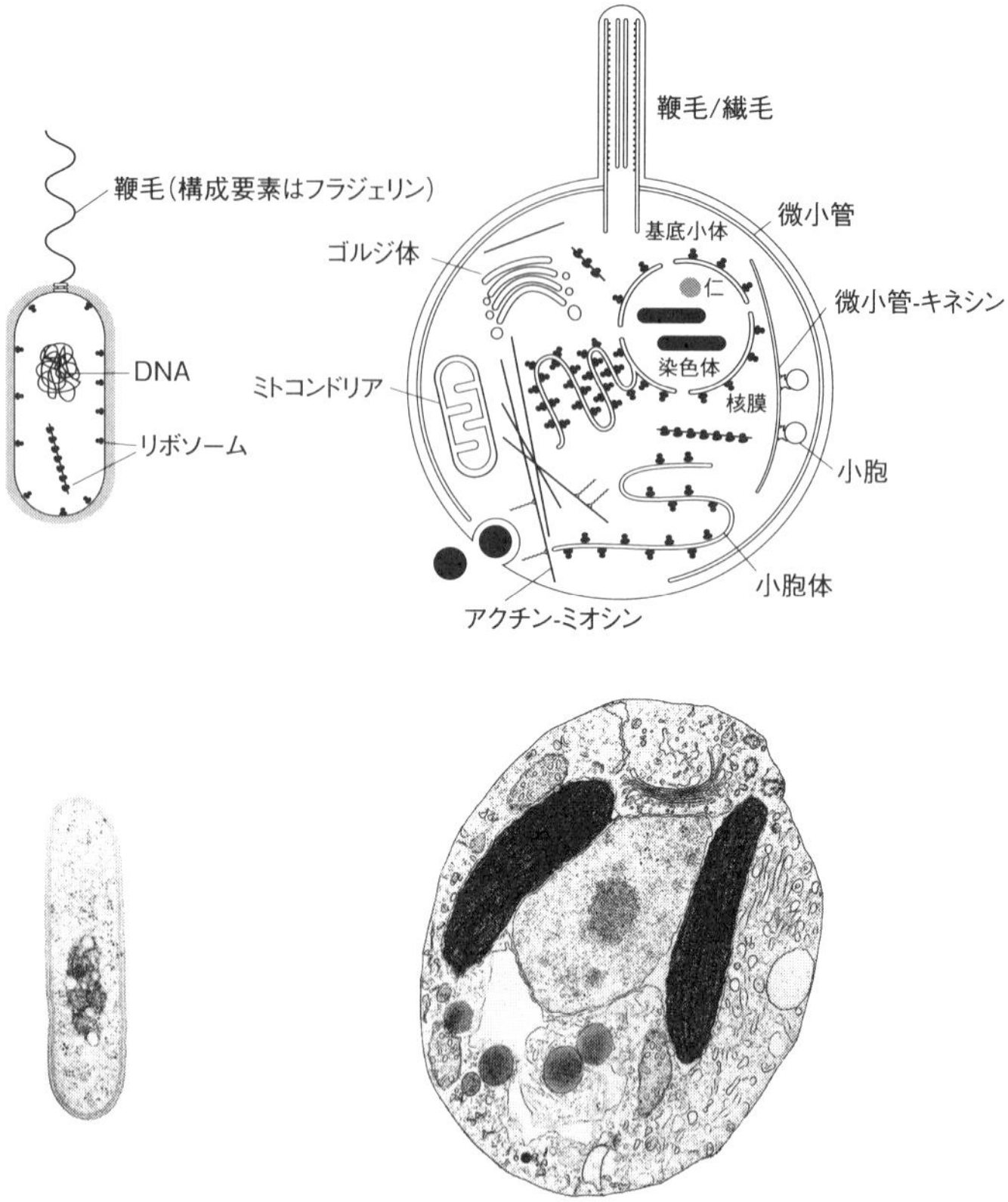

図3.1.1　原核細胞（左）と真核細胞（右）（井上作成）
原核細胞と比較すると真核細胞は大型で，細胞内の構造は膜で仕切られているものが多い．

微小管、アクチン繊維とモータータンパク質

真核細胞には、原核細胞にはない新たな部品が数多く加えられている。とくに運動に関係する微小管とこれに対応するモータータンパク質のダイニンとキネシン、そしてアクチン繊維とこれに対応するモータータンパク質のミオシンは重要である。ＡＴＰのエネルギーを使ってモータータンパク質は微小管やアクチンの上を移動する（図３・１・２）。

また、微小管やアクチンが、細胞の形態を内側から支え、細胞が厚い細胞壁で覆われなくても形を維持する細胞骨格としてはたらくようになった点も重要である。たとえばアメーバ運動や動物の筋肉の運動は、しなやかさを得た真核細胞がアクチンを使って起こす運動である。激しく細胞の形を変えて動き回るアメーバをみれば、真核生物が獲得した新たな部品がもたらしたものの大きさがわかるだろう。最近、原核生物にも細胞骨格系が存在することがわかってきたが、真核生物はそれをはるかに効率的に発達させているのである。

細胞内輸送系

運動は細胞内でも起こる。微小管とアクチンはいわば鉄道のレールの役割を担っており、その上を貨車に相当するダイニン、キネシンやミオシンなどのモータータンパク質が貨物を含む小胞を背負って移動し、目的地に運ぶ。細胞内の輸送系が分業体制をとる細胞小器官を結ぶことで、機能の連関を実現している。たとえば小胞体でつくられた分子がゴルジ体に送られて化学修飾を受け、さらに細胞

の表面に送られて配置されるなど、一連の反応を支えている。原核細胞は物質の輸送を細胞質中の水を媒質とする分子拡散に頼っている。真核細胞では、鉄道のように細胞内に縦横無尽に張りめぐらされた能動輸送システムが完備されており、少々の距離は問題にならない。これが真核細胞が体積で一○○○～数万倍も大きくなることができた理由である。

鞭毛、中心子の獲得

動物の精子でおなじみの鞭毛は、九本の二連微小管と二本の単体中心微小管で構成された複雑な細

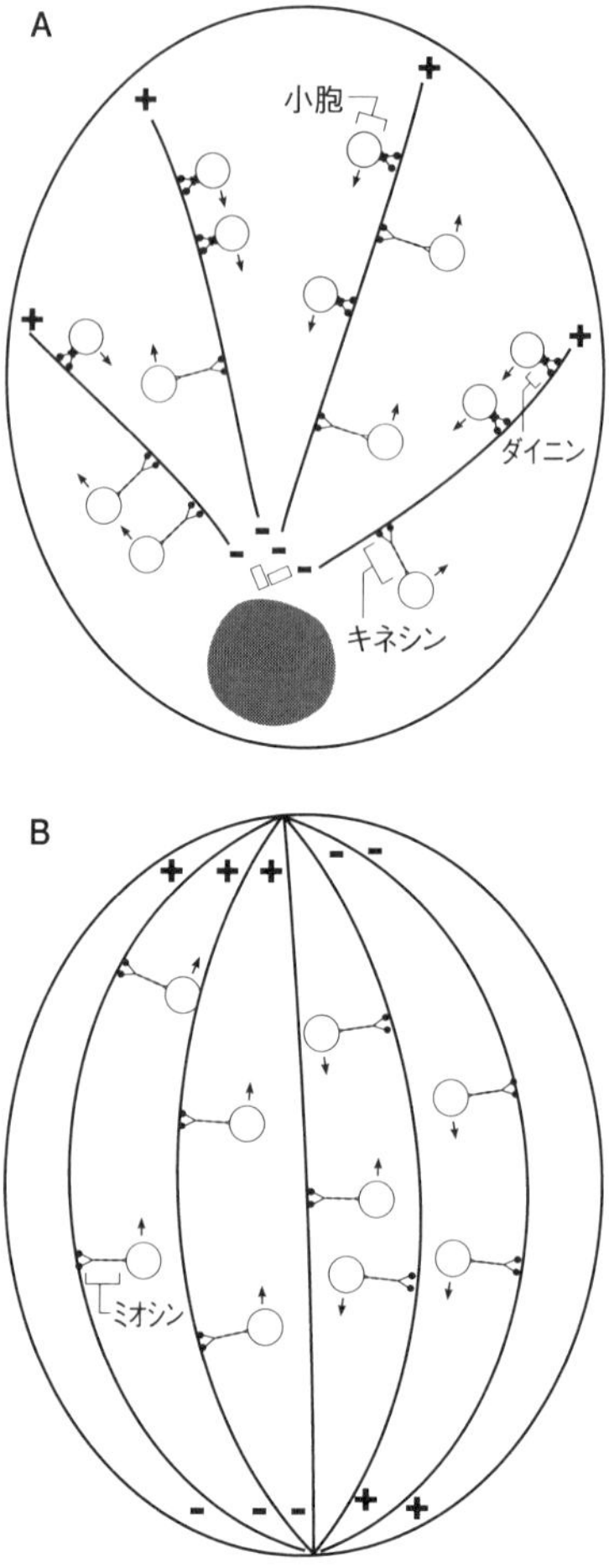

図3.1.2　微小管，アクチン，モータータンパク質（井上作成）
A：微小管上を，ダイニンは微小管のマイナス端に向かって，キネシンはプラス端に向かって運動する．B：アクチン繊維上のミオシンの運動．マイナス側からプラス側に移動する．

胞器官で、「9＋2構造」の名称で知られている（図3・1・3）。二連微小管に付着するダイニンの滑りで屈曲運動が起こる。鞭毛は真核生物のほとんどの生物群に存在する古く保守的な細胞器官で、真核生物の誕生からほどなく、またはほぼ同時に、獲得されたと考えられている。鞭毛の基部には基底小体とよばれる構造がある。鞭毛の九本の二連微小管は、基底小体の三連微小管の二本（A小管とB小管）が伸び、成長したものである。だから、鞭毛の起源は基底小体の起源といいかえてよい。基底小体は、三連微小管が九本ならんだ円筒状の構造で、根元にカートホイールとよばれる車輪構造をもつ（図3・1・3）。

基底小体は中心子でもある。中心子は基底小体と同じ構造二個がL字形に配列したもので、周囲に微小管が形成される際に「たね」となるもやもやとした物質をともなって中心体を構成する（図3・1・4）。クラミドモナスなどの鞭毛で遊泳する生物では、遊泳時は基底小体として鞭毛基部の役割を担い、基底小体から伸びた微小管が細胞骨格として細胞の形を維持している。細胞分裂のときは複製されて二組の中心体になって、核分裂の極として働く（図3・1・4）。真核生物が初期に獲得した鞭毛、基底小体（中心子）は、運動、細胞の形態維持、核の分裂という細胞の主要な機能に密接に関わっている。

紡錘体による有糸分裂

核分裂では、中心体が分裂極に位置して両極を結ぶ微小管を形成する。また、一部の微小管は赤道

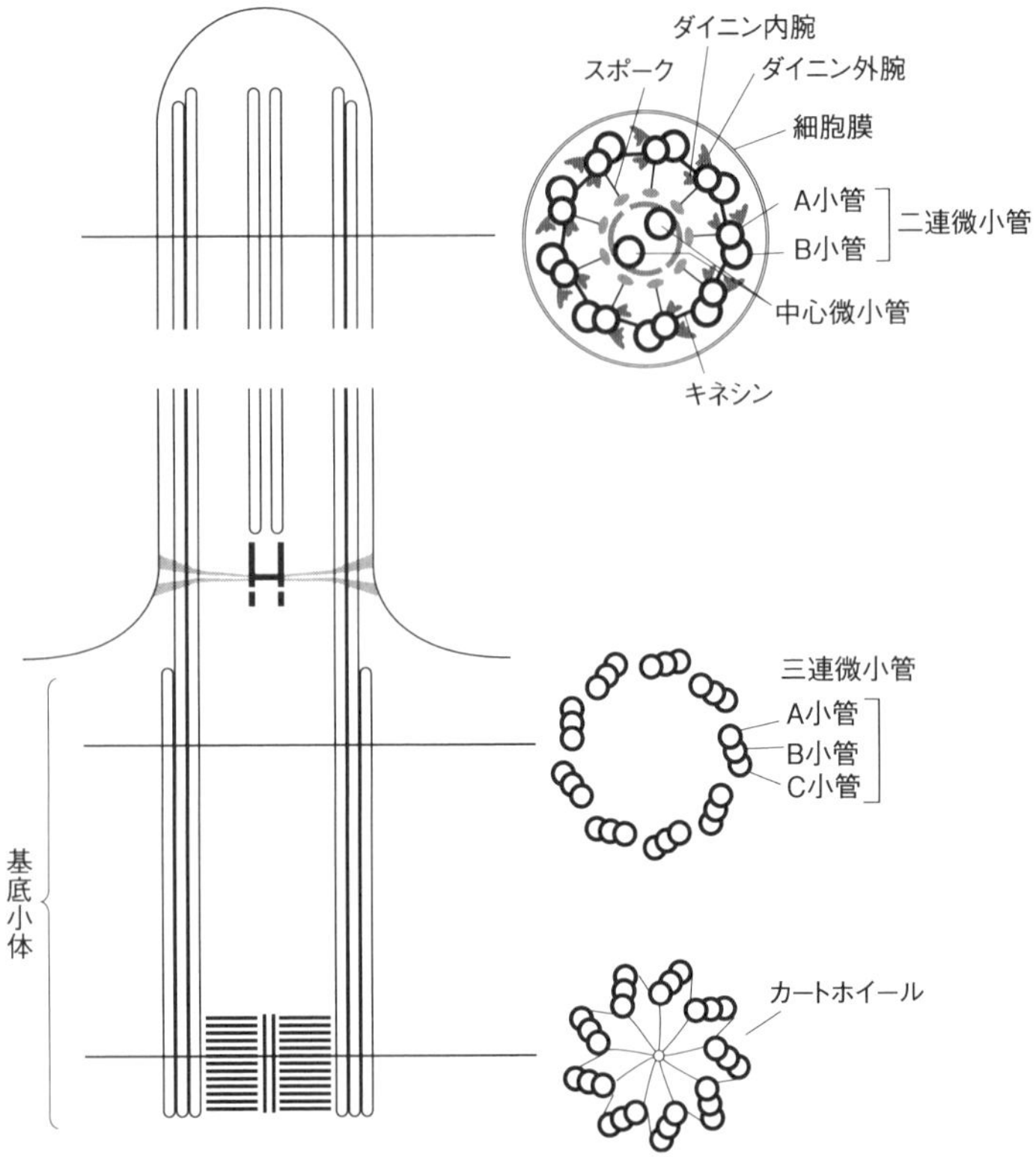

図3.1.3　鞭毛と基底小体（中心子）（井上作成）
鞭毛の9＋2構造．鞭毛の基部は基底小体につながる．基底小体は9本の3連微小管からなる構造で，中心子と同じものである．細胞分裂時には中心体としてはたらく（図3．1．4参照）．

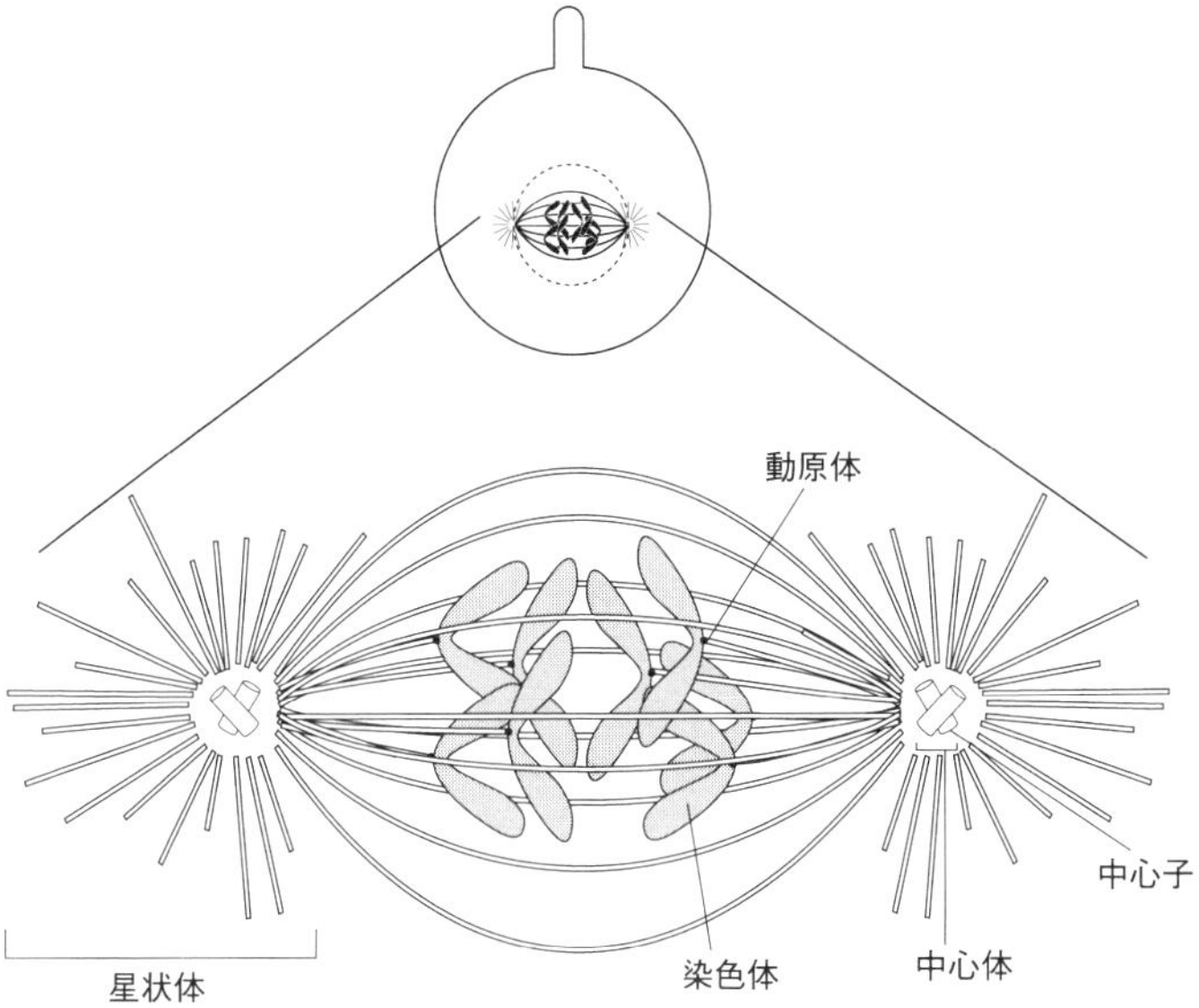

図3.1.4　紡錘体，有糸分裂（井上作成）
真核細胞では中心体が分裂極を形成し，染色体の分離は，微小管からなる紡錘体のはたらきによる．

面に並んだ染色体の動原体に結合する。微小管からなるこの紡錘状の構造体が紡錘体である。動原体に結合した微小管が分解され、短くなることによって染色体を両極へ引っ張っていき二分する（図3・1・4）。この過程は有糸分裂とよばれる。一般に、原核生物では、DNAの複製開始点が細胞膜に付着し、その伸長によりDNAの分離が行われる（無糸分裂）。最近、原核細胞でも細胞骨格の存在が明らかにされ、分裂に関与することがわかってきたが、紡錘体が関わる正確な分裂は真核生物で獲得された重要な性質である。

分子レベルの変化

真核生物のＤＮＡの特徴は線状であることである。つまり、両端がある。末端にはテロメア配列という特徴的な繰り返し配列があり、安定を保持している。テロメアは細胞分裂のたびに短くなる特徴があり、老化と関連しているともいわれる。また、真核細胞のＤＮＡはヒストンというタンパク質と結合しており、巻き取られて高次構造をつくっている。核が分裂するときには高度に凝縮して染色体になる（図３・１・５）。これに対して、原核生物のＤＮＡは環状に閉じており、末端がない。ＤＮＡは真正細菌ではヒストンとは異なるＨＵとよばれるタンパク質、古細菌ではヒストンに類似のタンパク質と結合して凝縮している。

真核生物のＤＮＡはなぜ線状なのだろうか。明確な答えはないが、環状ＤＮＡだと減数分裂が正常に行えないからという考えがある。減数分裂は動物では卵や精子などの配偶子を形成するときに起こる、染色体数が半分になる分裂のことである。配偶子が受精して新たな子孫をつくる。有性生殖とよばれる現象だが、真核生物は、有性生殖で遺伝子を組み換えることで正常に子孫を残しつつ進化してきたといわれている。線状ＤＮＡの出現は性の出現と深く関わっている可能性がある。

以上のように、原核細胞から真核細胞への進化は、細胞の徹底的な改変をともなう革新的なイノベーションだった。さまざまな性質がいっせいに変化することで真核細胞が生まれ、その後の生物進化の主流になっていったと考えられる。

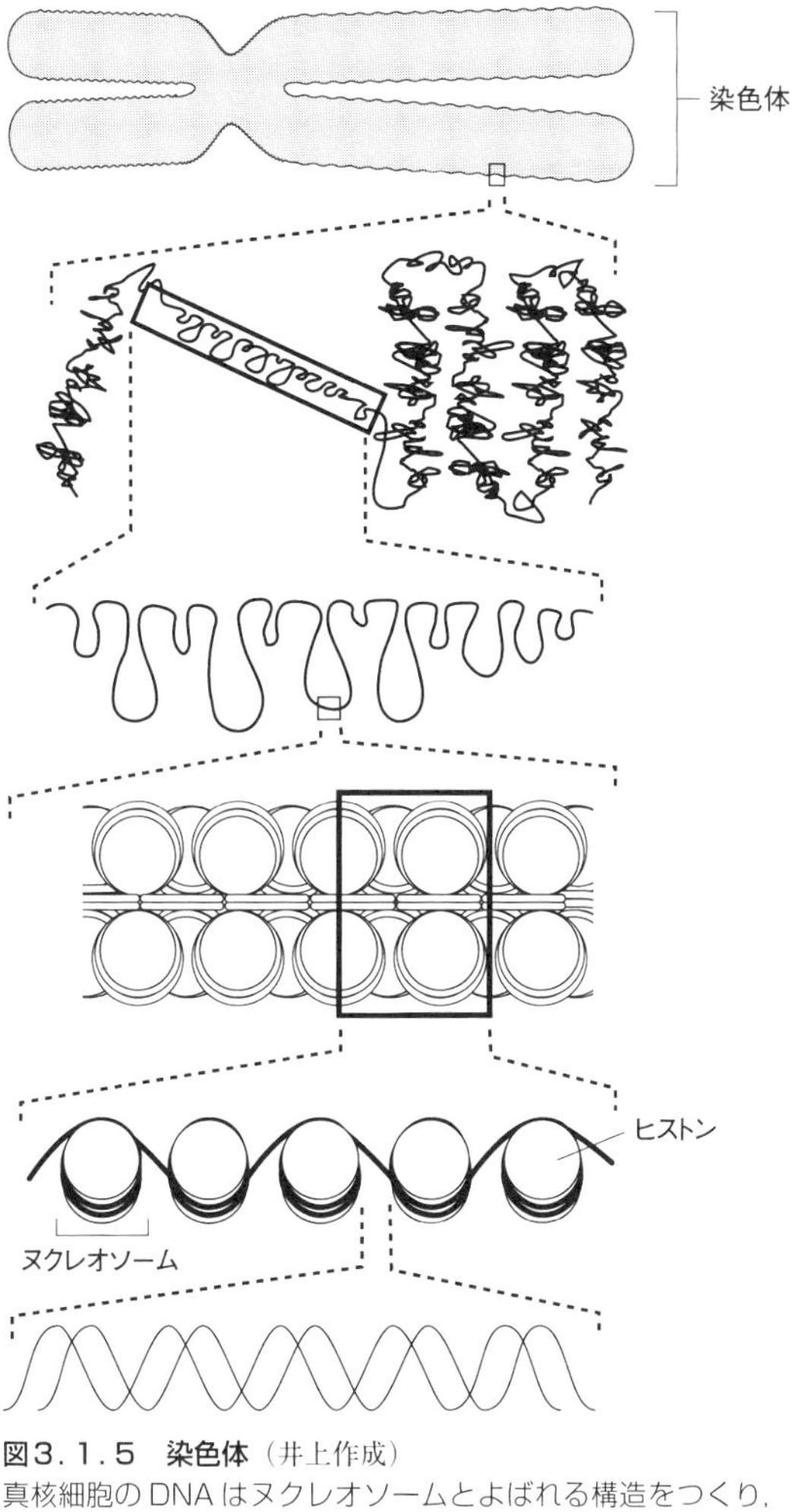

図3.1.5　染色体（井上作成）
真核細胞の DNA はヌクレオソームとよばれる構造をつくり，それが次々に折りたたまれて，染色体をつくっている．

生命は三八億年前に誕生したといわれている。生命は細胞からできているから、生命の誕生は最初の細胞が出現したということである。最初の細胞は原核細胞だった。遺伝と代謝のしくみをもつ最初の細胞は、二つの異なる原核生物群である真正細菌と古細菌に進化した（第2章を参照）。その後、長い進化の果てに、真核生物が生まれ、多様化を果たして現在まで続く生物世界が確立した。

真核生物がいつ誕生したのか、明確な時期は明らかになっていない。二七億年前には真核生物がもつステロールという物質が変化した分子であるステランの化学化石が発見されており、また二一億年前には真核生物らしいという化石（アメリカ・ミシガン州産出のグリパニア化石）が発見されていることから、二〇億年以上前のことと考えられる。しかし、いろいろな考え方がある。八億五〇〇〇万年前という説さえあり、はっきりしたことはまだわからない。

真核生物の登場を可能にした要因の一つは、地球の変動にあったと考えられている。地球内部の活動の変化が遠因となって生物進化が促進され、その結果うまれた新たな生物の活動が地球環境を大きく変えたのである。推定されている真核生物誕生の年代には、以下のような地球内部の運動と生物活動や進化があった（熊澤, 2002）。

二七億年前には、マントル全層にわたる対流（マントルオーバーターン）が起きた（図・3・1・6）。マントル層のはげしい内部運動は地球表面に大規模な火成活動をもたらし、また溶融した金属はマントル外核のなかに流動を起こして強い磁場を誘起した。この磁場が宇宙線を遮蔽することで、

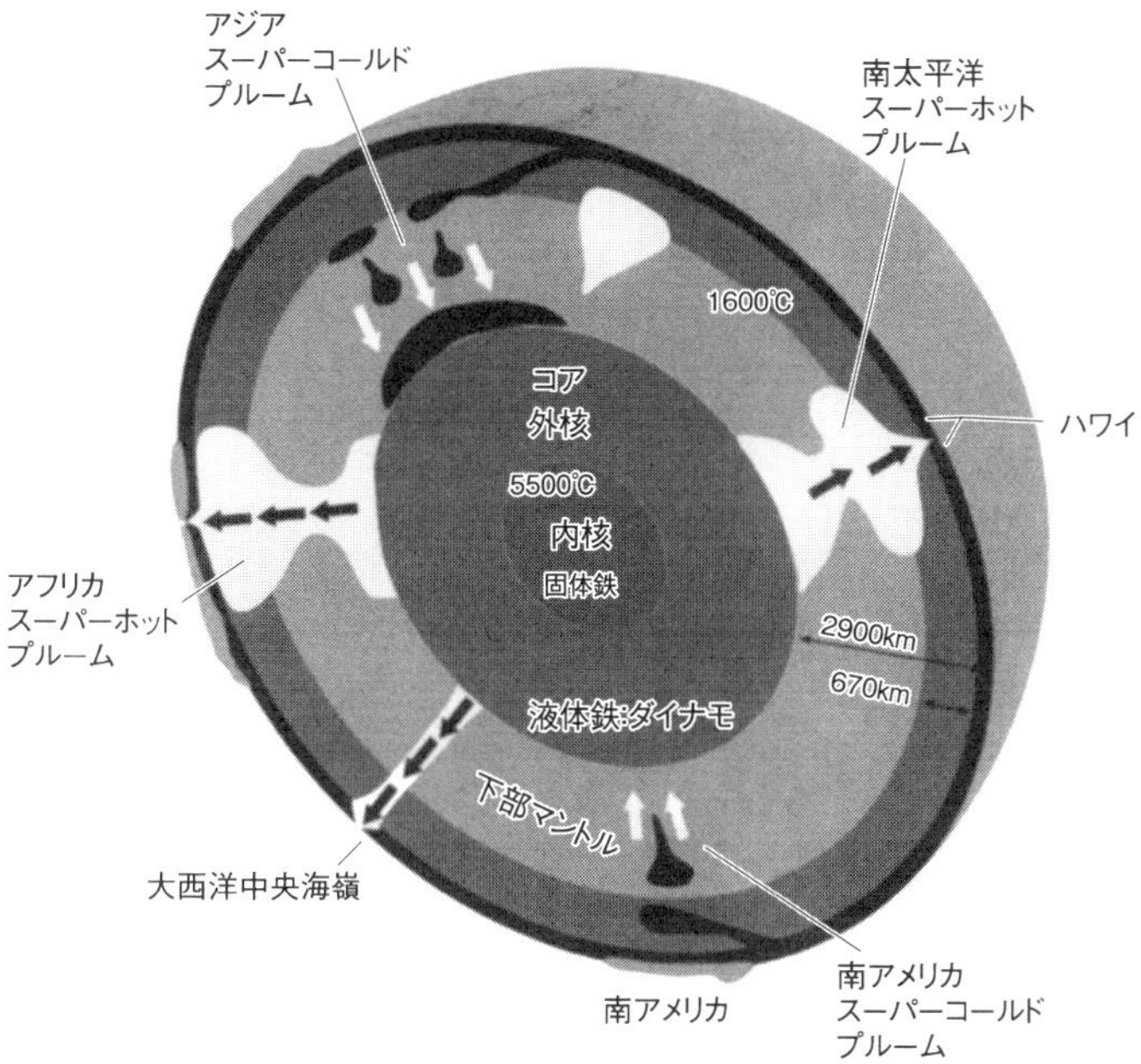

図3.1.6　プレートテクトニクス（井上作成）

シアノバクテリア（ラン藻）が浅い海に進出して光合成を行うことが可能になったと考えられる。その結果、酸素濃度が上昇した。

二一億年前は、地球全体が凍りつく全球凍結（スノーボールアース）という大変動のあとの、光合成活動が活発になった時期に対応している。マントルの大規模な上昇（プルーム）により超大陸が形成された。そして、そのときの活発な火山活動で噴出した火山灰が太陽光をさえぎり、地球表面への熱の流入が減少したために地球全体が凍結した。その後、超大陸の分裂により温度が上昇に転じた。その結果、光合成活動が一気に活発になり、酸素濃度が急激に上昇した。

六億五〇〇〇万年前は、周期的に繰り返されたマントルなど地球内部の運動の変化により誘起された史上最大規模の全球凍結があった（田近, 2007）。地球は全球凍結から回復する過程で、多細胞生物の繁栄（第3章3で詳しくふれる）がはじまった。

ミトコンドリアの起源

ミトコンドリアは、真核細胞の主要な細胞小器官で、酸素呼吸の場として機能している。嫌気呼吸では、ブドウ糖一分子を二分子のピルビン酸に分解する過程で二分子のＡＴＰがつくられる。これに対して、酸素呼吸では、酸素を用いてピルビン酸二分子を水と二酸化炭素に完全に分解する。その結果、ブドウ糖一分子からおよそ三八個のＡＴＰがつくられる。つまり、酸素呼吸はエネルギー効率が嫌気呼吸の一九倍もよい。先に説明した数々の改変に加えて、一九倍ものエネルギーが使えることになった真核生物は、生物進化の新たな主人公としてあらゆる環境に適応し、放散していったと考えられる。

細胞内で分裂して増殖することから、ミトコンドリアが酸素呼吸を行う原核生物に起源をもつことは古くから想像されていた。その後、抗生物質に対する反応が原核生物に似るなどの性質をもつことや、独自のＤＮＡをもつことが明らかになり、一九六〇年代後半にマルグリスによってふたたび主張された。現在では、遺伝子の系統から、ミトコンドリアが大腸菌などを含むグラム陰性細菌のα－プロテオバクテリアに起源をもつことは定説となっている（図3・1・7）。ミトコンドリアの祖先に

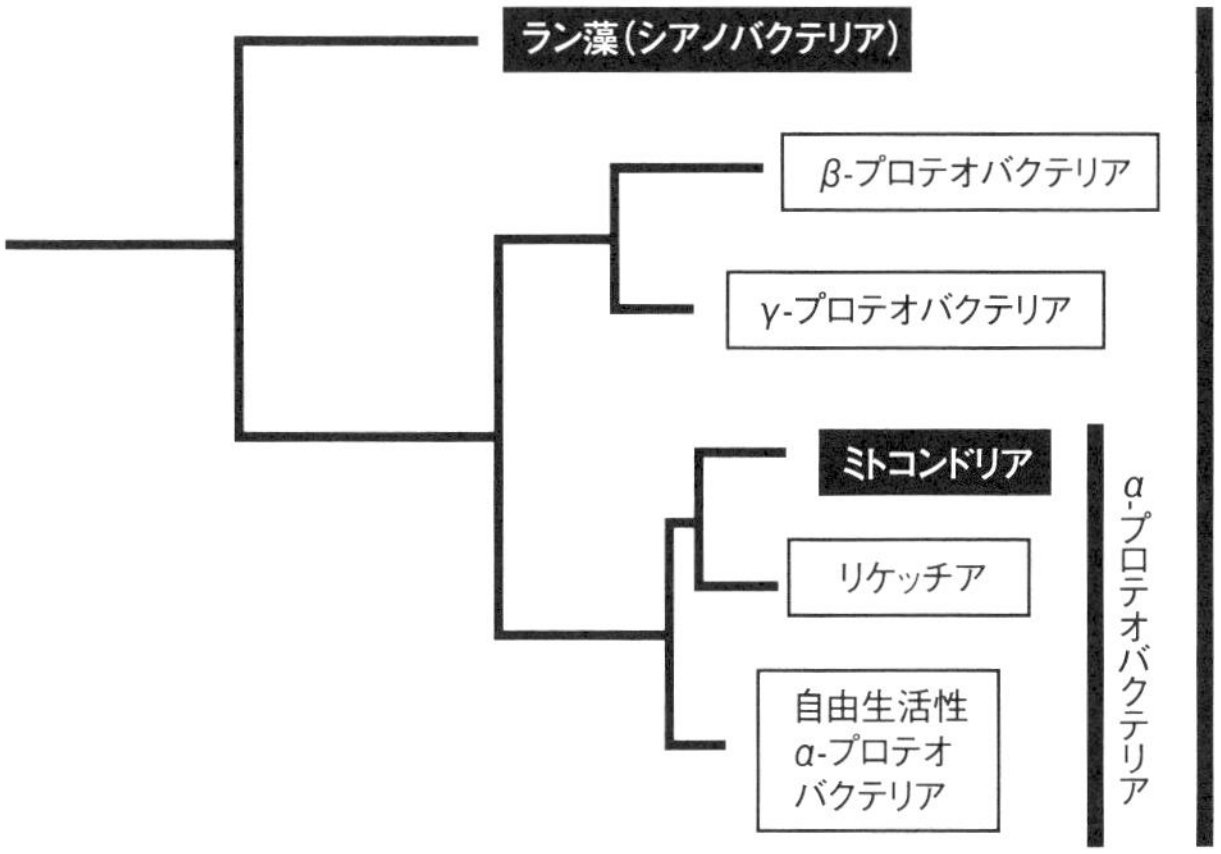

図3.1.7　ミトコンドリアと葉緑体の系統的位置（Emelyanov, 2003 をもとに作成）
チトクローム *b* およびチトクローム *c* サブユニット1-3遺伝子情報からつくられた系統樹．ミトコンドリアはα-プロテオバクテリアと近縁で，発疹チフスなどで知られるリケッチア類がもっとも近縁である．葉緑体の祖先であるシアノバクテリアは，グラム陰性細菌の根元近くで分岐している．

もっとも近い原核生物は発疹チフスの病原菌であるリケッチアの仲間である。

一方で、α-プロテオバクテリアには多くの光合成細菌が含まれている。また、同じグラム陰性細菌に属するシアノバクテリア（藍色細菌またはラン藻）は、真核生物に共生して葉緑体になった原核生物である（第3章2を参照）。つまり、多様な原核生物のなかで、同じグラム陰性細菌に属するこれらの原核生物がともに真核生物の重要なエネルギー変換装置として組み込まれていったのである。グラム陰性細菌は、生物進化でもっとも成功した生物とみることも可能である。

すべての真核生物はミトコンドリアをもつか、あるいは二次的に失ったと考えられている。ミトコンドリアをもたない真核生物は嫌気的な環境で生きており、酸素を利用できない環境で、二次的に酸素呼吸の能力を失った。オキシモナスなどの嫌気性の真核生物にはヒドロゲノソーム、ミトソームなどミトコンドリアの痕跡とされる小器官が細胞内に残っている。このことから、真核生物がミトコンドリアを獲得したのは、誕生からまもなくのことか、あるいはミトコンドリアの獲得そのものが真核生物の誕生に直接関わっていたと考えられている。

真核生物の起源

原核細胞とまったく異なる真核細胞はどのようにして成立したのだろうか。核の起源、そしてミトコンドリアを細胞小器官として統合した真核細胞の起源は現在でもほとんどわかっていないが、いくつかの説を紹介しよう（Golding & Gupta, 1995）。

①真正細菌、古細菌融合説（図3・1・8A）

真核生物の遺伝子の転写やタンパク質への翻訳に関するしくみは原核細胞の古細菌に似ており、一方で代謝に関係するしくみの多くは真正細菌に似ている。このことから、真核生物は真正細菌と古細菌がいわば合体して誕生したという考えがうまれる。わかりやすいのは、古細菌が真正細菌に入り込み、核になったというシナリオである。これで、核の役割、つまり遺伝子の転写という部分が古細菌に似ていること、そして細胞質ゾルで進行する代謝に関する多くが真正細菌に似ていることを説明できる。逆に、古細菌に真正細菌が入り込んで細胞質の代謝を受け持ち、宿主である古細菌の遺伝子群は核膜によって隔離されたという考えもある。

②水素説（図3・1・8B）

古細菌と真正細菌の合体説の一つだが、二つの異なる性質をもつ細菌がたがいの排出物に依存する共生関係から真核細胞とミトコンドリアがうまれたとする考えである。ある種のα-プロテオバクテリアは嫌気状態で有機物を分解して水素と二酸化炭素を放出する。一方、古細菌のメタン細菌は水素と二酸化炭素を用いて有機物をつくる。このようにα-プロテオバクテリアがメタン細菌と共存して、たがいの老廃物を利用する関係から、最終的にメタン細菌がα-プロテオバクテリアを取り込んでミトコンドリアとして獲得したことが真核細胞の始まりであるとする。その後、核やそのほかの小器官がうまれたと考える。

③クロノサイト説（図3・1・8C）

真核細胞は、柔軟な細胞膜、細胞骨格、複雑に入り組んだ細胞内輸送系など、古細菌や真正細菌にはない多くの構造と機能をもっている。そんな性質をもつ真核細胞の誕生を説明するために、ほかの細胞を捕食する食作用の能力をもつ仮想原核生物クロノサイトが提唱されている。自分の子を食べたというギリシャ神話のクロヌスにちなんだ名前である。クロノサイト（Chronocyte: C）が古細菌（Archaea: A）と真正細菌（Bacteria: B）を食作用で取り込むことで真核細胞（Eukaryota: E）が誕生したとする。E＝A＋B＋Cということで、ABC仮説ともよばれる。同様に表現すれば、先に述べた真正細菌、古細菌融合説や水素説は、E＝A＋BでAB仮説ということになる。クロノサイト説では、

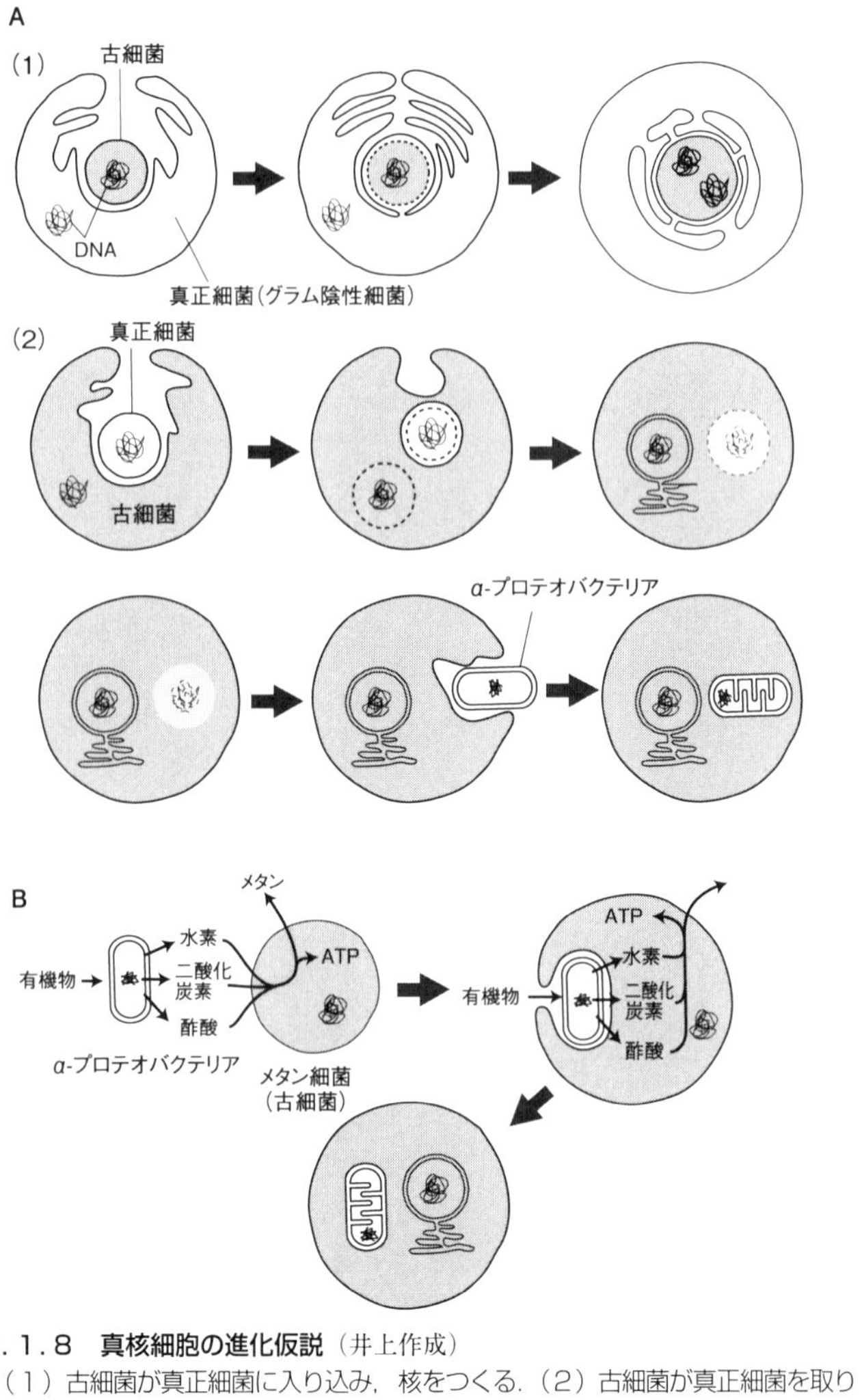

図3.1.8　真核細胞の進化仮説（井上作成）
A：（1）古細菌が真正細菌に入り込み，核をつくる．（2）古細菌が真正細菌を取り込み，自身のDNA を囲って核をつくる．いずれも後にα -プロテオバクテリアを取り込みミトコンドリアを獲得する．B：栄養共生の関係にあるメタン細菌が真正細菌を取り込み，ミトコンドリアを獲得する．メタン細菌のDNA が囲われて核になる．

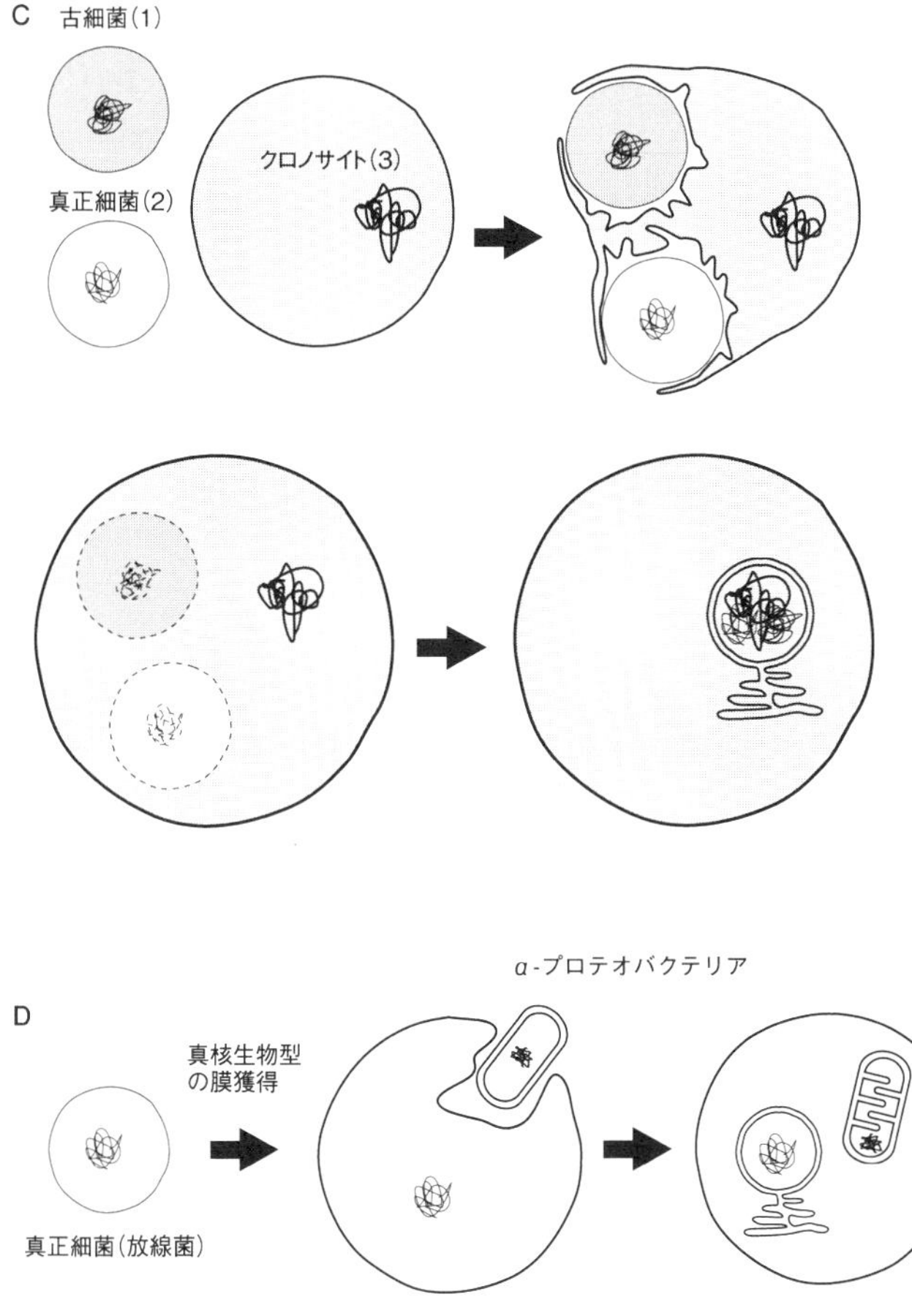

図3.1.8　真核細胞の進化仮説（つづき）（井上作成）
C：仮想原核生物クロノサイトが古細菌と真正細菌を取り込み，これらの遺伝子とともに囲って核をつくる．D：しなやかな膜を獲得した放線菌がα-プロテオバクテリアを取り込みミトコンドリアを獲得する．同時に自身のDNAを囲って核をつくる．

古細菌と真正細菌が分岐する以前に全生物共通祖先の枝から分岐して、食作用が可能な細胞が進化し、これが古細菌と真正細菌を取り込んで真核生物に進化したとする。

④ネオムラ説（図3・1・8D）

クロノサイト説と同様に、食作用の能力に注目して提出された仮説である。ネオムラは「新しい壁」のことで、食作用を可能にした柔軟な膜を獲得した細胞という意味の命名である。この説では、真核生物と古細菌はほぼ同時期に真正細菌の放線菌から進化したとされ、古細菌は特殊化した真正細菌であると考えられている。また、同時に進行したミトコンドリアの獲得が、核の形成につながったと考えられている。

真核細胞の起源については、以上のようにいろいろな説があり、それぞれに根拠がある。遺伝子やゲノムの比較がさらに進めば、いずれ、本当の起源が明らかになると思われる。

真核生物のスーパーグループ

真核生物というと、肉眼でみえる動物と植物に目がいきがちで、生物学を勉強した人はこれに菌類を加えて真核生物をイメージしている。図3・1・9はよく知られている五界説である。モネラ界は原核生物の界で細菌のすべてが含まれる。真核生物は動物、植物、菌の三つの界と原生生物界に分けられる。原生生物界は動植物、菌類に分類できない雑多な真核生物をまとめたもので、多くが単細胞の生物で構成されている。目にみえないという点では細菌と同じだが、先に説明したように、細胞の

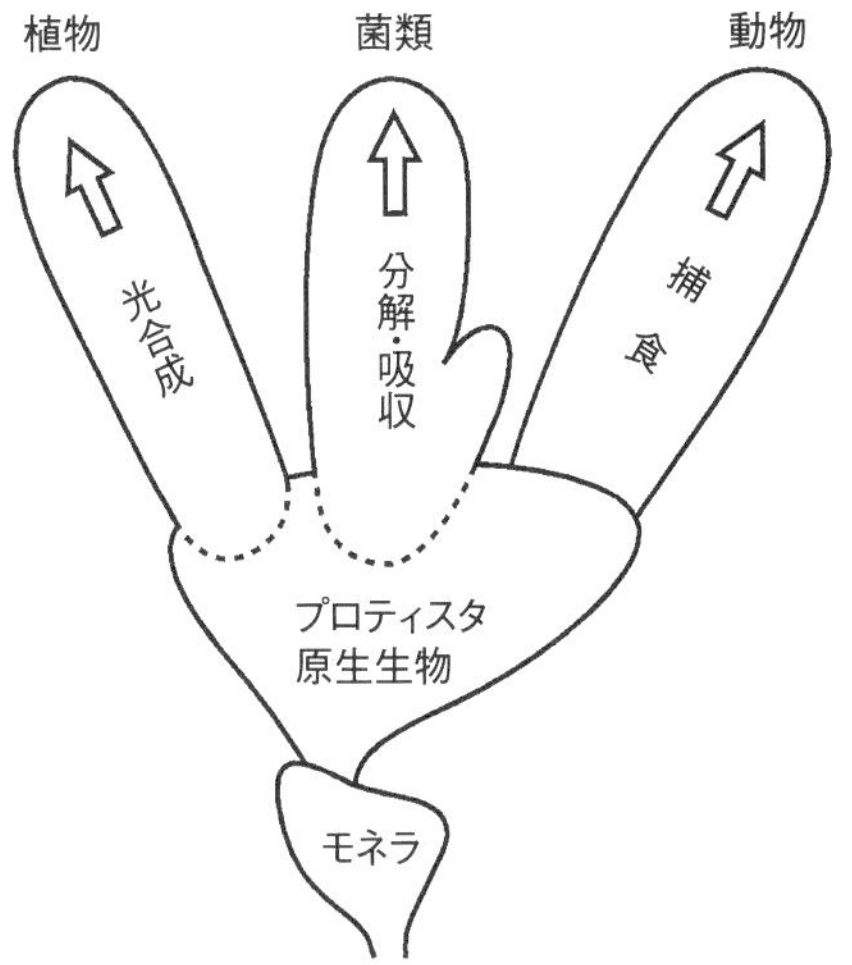

図3.1.9　ホイッタカーの五界説
それ以前の植物界から菌界を独立させて，五界とした．動物，植物，菌類は，それぞれ捕食，光合成（独立栄養），分解・吸収によってエネルギーを獲得するという生活に適応するように進化したとする．原生生物界（プロティスタ界）は単細胞性の真核生物の集まりとして扱っている．（Whittaker, 1969より作図）

大きさは長さで一〇倍以上、体積で一〇〇〇〜数十万倍もあり、核もそのほかの細胞小器官も備えたれっきとした真核生物である。これの原生生物が、真核生物の全体像を理解するために無視できない驚くべき多様性をもっている。実際には、原生生物は数十にもおよぶ多数の独立性の高い生物群からなる。そして、これらの「みえない生物」が、動植物や菌類を含めて、いくつかの巨大なグループをつくっていることが、遺伝子と電子顕微鏡による細胞構造の研究の両面から支持されるようになってきた（図3・1・10）。これらは真核生物のスーパーグループとよばれる。

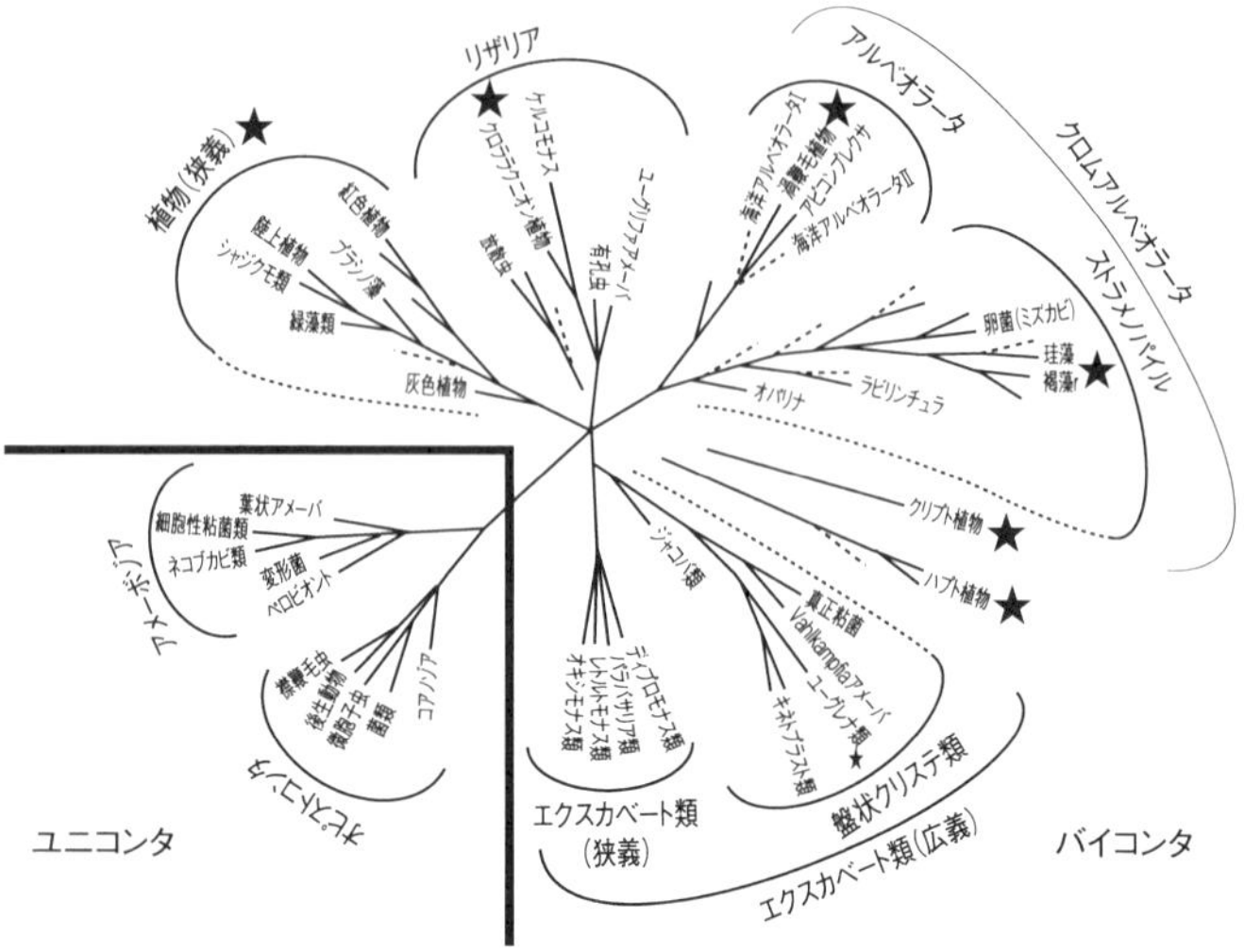

図3.1.10　真核生物のスーパーグループ（Baldauf, 2003 を改変）
真核生物は多くの独立したグループからなり，これらはいくつかのスーパーグループにまとめられる．動物と菌類はオピストコンタに属する．緑色植物や紅色植物（紅藻類）はスーパーグループ「植物」を構成している．図中の★は光合成を行う生物であり，光合成能力が複数のスーパーグループで独立に獲得されたことを示す．スーパーグループは，オピストコンタとアメーボゾアを含むユニコンタとそれ以外のすべての真核生物を含むバイコンタにまとめられる．

驚くべきことに、五界説で二つの界を構成する動物と菌類はたがいに近縁で、オピストコンタというスーパーグループに属している。オピストコンタとは、後方鞭毛という意味で、遊泳細胞が一本の鞭毛を細胞後方で運動して遊泳する共通点がある。植物については次節で詳しくふれるが、緑色、紅色、灰色植物が「植物」というスーパーグループを形成している。図中の多くの聞き慣れない名前の生物は顕微鏡サイズの肉眼ではみえない真核生物である。動物も植物も菌類も、これらの多数の真核生物の仲間の一部から進化したものである。真核生物の本当の多様性は原生生物のなかにあることがわかる。

まだはっきりしない点も残されているが、どうやらこれらのスーパーグループがさらに大きくまとめられる可能性が示されている。動物を含むオピストコンタとアメーボゾアを含むユニコンタと植物を含むバイコンタである。それぞれ、一本鞭毛、二本鞭毛の意味で、遊泳細胞が動物の精子のように一本の鞭毛をもつ仲間とクラミドモナスのように二本の鞭毛をもつ仲間に分けられそうなのである。これらは、まったく新しい意味で「動物」と「植物」といえるかもしれない。いずれにせよ、真核生物の系統は急速に解明されつつあり、遠からずもっとはっきりした系統と進化の姿が明らかにされると思われる。

真核生物がもたらした新たな生態系

真核細胞の起源と系統の解明は重要だが、同時に重要なことは、真核生物の出現が地球上に新たな生態系を生み出し、地球環境を変えたことを正しく認識することである。現在の地球環境、生命環境は、真核生物の多様化を抜きには理解できない。

真核生物は本来、従属栄養生物で、基本となる栄養様式は「捕食」だったと考えられる。真核生物の原始的な性質を残すとされるエクスカベート類は、真核生物が新たに獲得した細胞骨格を駆使してきわめて複雑な捕食装置を構築しているが、捕食するのは細菌である。小さな細菌をせっせと食べる。一方で、多くの原生生物は細菌だけでなく、大きな真核生物を捕らえて食べる。種類によっては自分の体より大きな細胞も捕食する。つまり、真核生物では、「細菌食」から「真核生物食」への進化が起こったと想定されるのである。真核細胞は原核細胞の一〇〇〇～数十万倍の体積があるので、真核細胞を一個食べることは、一〇〇〇～数十万個の細菌を食べることに等しい。きわめて効率のよいエネルギーの獲得を可能にしたのである。真核生物の進化において、食作用の効率化はきわめて適応的な進化で、多様な原生生物をうみ出す推進力になっていったと考えられる。原核生物のほとんどは捕食を行わず、有機物を吸収して利用するから、捕食は真核生物の出現と多様化においてエネルギー獲得の重要な方法として確立したといえる。

さらに、次節で紹介する真核光合成生物の出現と多様化によって、そして、動植物、菌類の多細胞化を経て、現在の生物界にみられる、生産者と消費者、分解者の関係が構築されることで、複雑で規模の大きい食物連鎖と物質循環へ変わっていったと考えられる。真核生物の出現は、生物進化と生態系の革命的な改造をもたらしたのである。

2　光合成と生物進化

井上　勲

光合成は太陽光のエネルギーを使って二酸化炭素を固定して有機物をつくる作用である。海底の熱水孔や火口などの一部の環境で地熱化学的非平衡からエネルギーを得ている生物を除くと、現在の地球では、光合成によって獲得されたエネルギーが地球上のほぼすべての生物の活動を支えている。生命が誕生した頃の原始の海には還元物質が満ちていて、初期の生物はそれをもとに化学合成によってエネルギーを得ていたと考えられる。しかし、生物の活動が増大するにつれて、これらは次第に枯渇していった。生命が存続していくためには、新たなエネルギーの供給源が必要だった。

有機物をつくるためのエネルギーとして光を利用する光合成細菌が生まれた。光合成細菌は光エネルギーを吸収して硫化水素などを分解し、二酸化炭素を還元するための水素と電子を得ることを可能にした。現在でも、大腸菌などと同じグラム陰性細菌に、光合成細菌のグループが複数存在している。しかし、硫化水素のような物質は火山や湖沼の深みなどの限られた場所にしかなく、光合成細菌の生息の場は限られていた。

やがて、地球上のどこにでもある水を使う光合成が出現したことで、光合成によるエネルギー生産が飛躍的に増加し、光合成生物から始まる食物連鎖と物質循環が拡大していった。そして、副産物として放出される酸素が生物進化と地球環境を不可逆的に変えることで、その後の地球と生命圏の運命を決定づけることになった。

酸素発生型光合成

水を使う光合成はグラム陰性細菌のシアノバクテリアで進化した（前節の図3・1・7参照）。光合成細菌が硫化水素を分解して電子を取り出していたように、シアノバクテリアは、水を分解して電子を取り出す。

$$H_2O \longrightarrow 2H^+ + 2e^- + \frac{1}{2}O_2$$

硫化水素が分解されて還元のための電子と水素が取り出されると、硫黄があまり、結晶として析出する。これに対して、水が分解されると、酸素があまり、これが分子状酸素として発生する。

$$CO_2 + 2H_2S \longrightarrow [CH_2O] + H_2O + 2S$$ （紅色細菌）

$$CO_2 + 2H_2O \longrightarrow [CH_2O] + H_2O + O_2$$ （シアノバクテリア）

副産物として分子状酸素を生産することから、水分解をともなう光合成を酸素発生型光合成という。酸素の発生が、その後の地球と生命の運命を変えることになった。シアノバクテリアは、多くの光合成細菌と同じグラム陰性細菌に属する原核生物である。汚染が進んだ夏の湖沼の水面が青緑色の藻類に覆われるが、これは青い粉をまいたようだということでアオコ（青粉）とよばれている。アオコを構成する主要な生物がシアノバクテリアで、藍色をしているので藍藻（ラン藻）ともよばれる。

光合成細菌の融合

酸素を発生しない光合成と酸素発生型光合成の本質的な違いは何だろうか。水は硫化水素などに比べるとはるかに安定な物質で、これを分解するには多くのエネルギーを必要とする。光エネルギーを使って物質を分解することは光化学反応とよばれ、光合成の光化学反応は複数の光合成細菌で進化した。しかし、水を分解するには光合成細菌がもつ光化学系では不十分である。シアノバクテリアの光化学系は、光合成細菌である紅色細菌と緑色硫黄細菌がもつ二つの異なる光化学系を直列につなぎ合わせることで水を分解するエネルギーをつくり出している。つまり、酸素発生型光合成の光化学系は、二つの光合成細菌の光エネルギー捕獲のしくみを組み合わせ、これに水を分解するしくみを加えたものである（図3・2・1）。

どのようにして異なる細菌の光化学系がシアノバクテリアという一つの生物のなかで合体したのかはまだわからない。紅色細菌と緑色硫黄細菌が融合したのか、あるいは、光を捕捉するしくみを司る遺伝子のセットがそのまま一方から他方へ移動したのか、どちらかが起こったはずだが、現在のところ、手がかりはまったくない。しかし、二つの細菌の機能がシアノバクテリアのなかで融合したことは間違いない事実である。酸素発生型光合成の出現はその後の地球環境を変えた大事件である。この進化的事件がどのように起こったのかを明らかにすることは、生物進化学のみならず、地球進化学の最大の課題の一つである。

葉緑体の単一起源

シアノバクテリアの光合成と陸上植物の葉緑体のそれが共通の起源をもつことは、光合成に関わるタンパク質がほぼ同じであることから疑問の余地はない。このことは、シアノバクテリアと葉緑体が

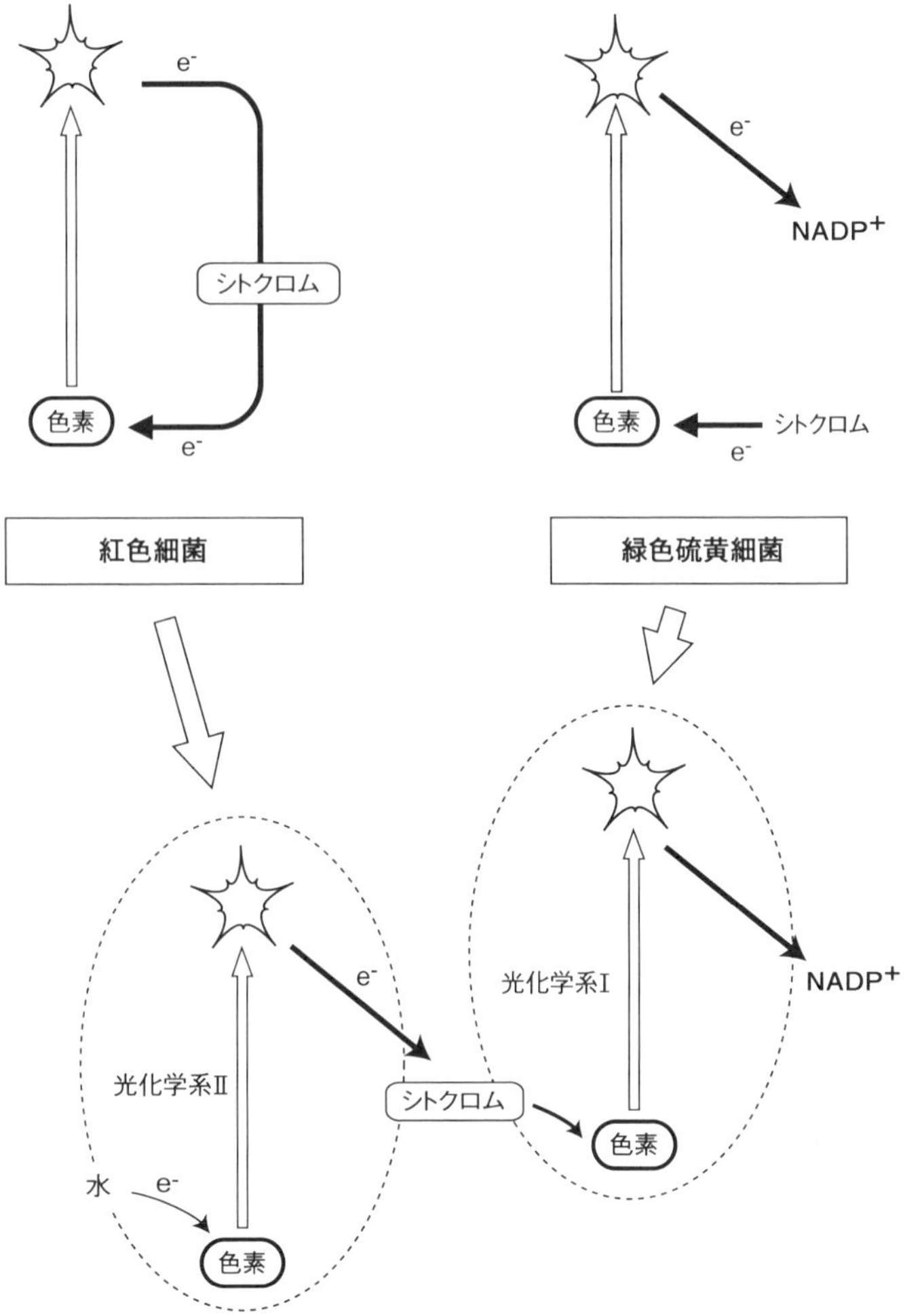

図3.2.1　光合成細菌の光合成と酸素発生型光合成（井上作成）
シアノバクテリアは紅色細菌と緑色硫黄細菌の光化学系を組み合わせることで水を分解する能力を手に入れた．水が分解されて副産物として酸素が発生する．

もつ遺伝子の分子系統の研究からも明らかにされている。酸素発生型光合成を行うすべての真核生物（藻類と陸上植物）の葉緑体は起源が一つで、しかもシアノバクテリアに含まれる（図3・2・2）。つまり、シアノバクテリアが共生して葉緑体になる進化は一度だけ起こったと考えられるのである。

仮に同様の進化が複数回起こったとしても（実際、有殻アメーバのポーリネラで独立にシアノバクテリアの葉緑体化が起こっている可能性がある）、現在光合成を行っている真核生物のほとんどは、共通の葉緑体を獲得した祖先に由来していることを意味する。現在、最初に植物になった真核生物から進化した植物は、緑色植物、紅色植物、灰色植物の三つの植物群と考えられている。血縁でいえば、この三つの植物が植物ということになる。緑色植物は、緑色の藻類のほか、陸上のコケ、シダ、裸子、被子植物を含む。紅色植物は海苔の仲間である。灰色植物は、湖沼に生息する小さなグループで、シアノバクテリアの性質を残しており、植物の進化を考える上で、重要な位置を占めている。

系統樹の矛盾

前節で紹介した真核生物全体の系統樹のなかで、光合成を行う真核生物はどのように分布しているだろうか。シアノバクテリアの共生を通じて葉緑体を獲得した緑色、紅色、灰色植物は、まとまってスーパーグループ「植物」を構成している。しかし、このなかには、コンブなどの褐藻類やケイ藻類などの不等毛植物、ミドリムシ、そのほかの光合成生物は含まれていない。不等毛植物はストラメノパイルという聞き慣れないグループに位置しているし、ミドリムシはエクスカベートというグループ

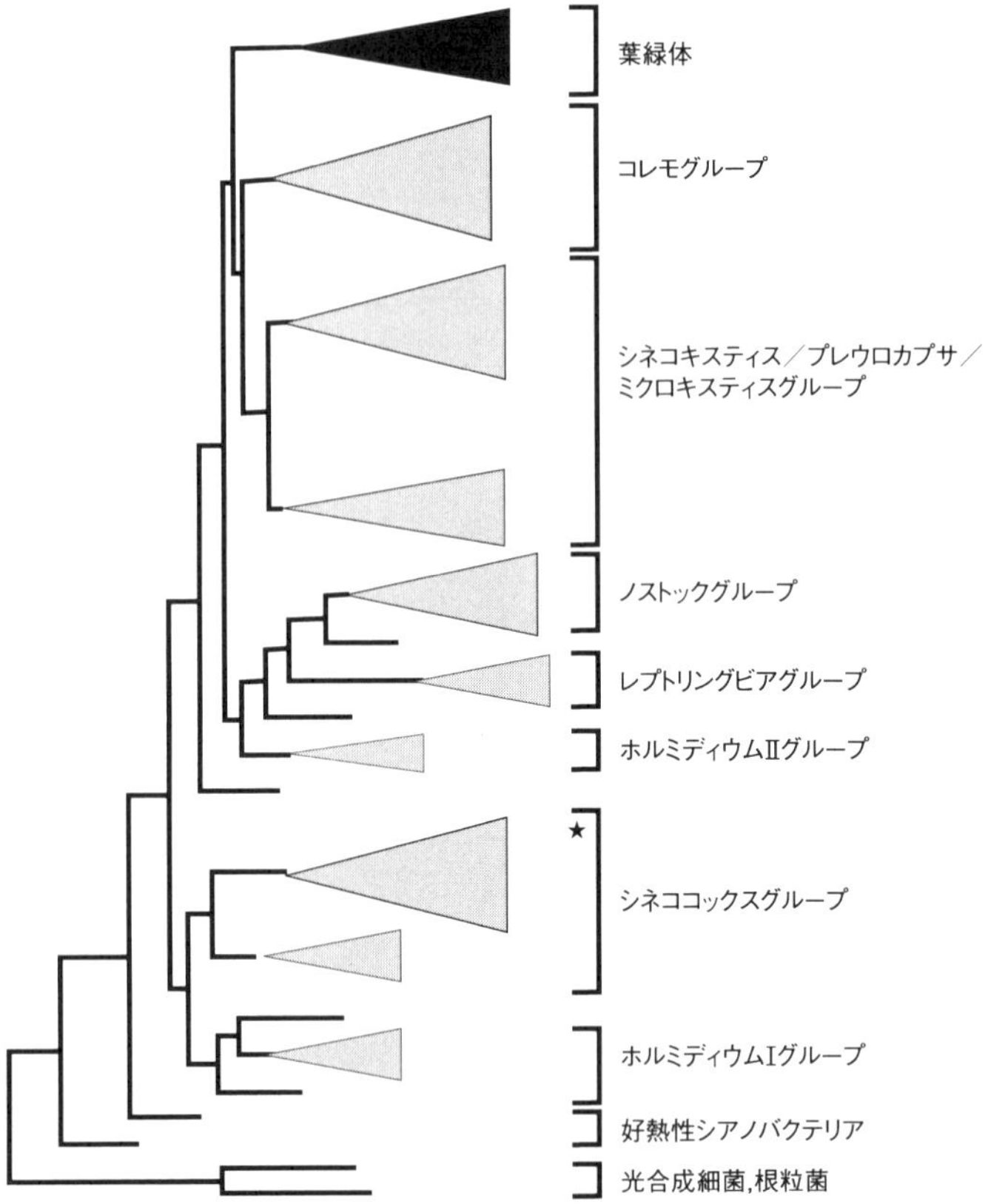

図3.2.2　シアノバクテリアと葉緑体（Miyashita *et al.*, 2003）
葉緑体とシアノバクテリアの系統樹．葉緑体の起源がシアノバクテリアにあることがわかる．

に含まれている。真核生物には、これらのほかにも光合成を行う生物が複数存在しており、これらは、「植物」ではなく、ほかのスーパーグループに所属しているのである。このことをどう考えれば良いのだろうか。

植物以外のスーパーグループは従属栄養の生物が大部分を占めているので、複数のスーパーグループに光合成生物が属するということは、葉緑体という光エネルギーを化学エネルギーに変えるエネルギー変換装置がそれぞれ独立に獲得されたことを意味する。しかし、一方で、葉緑体遺伝子の系統樹から、すべての真核光合成生物がもつ葉緑体は共通の祖先をもっていることが明らかになっている。葉緑体をつくるタンパク質の相同性からみても葉緑体は単一起源とされている。この矛盾は何を意味するのだろう。どんな進化プロセスを想定すれば、光合成生物は複数起源だが、葉緑体は単一起源という矛盾を解消できるだろうか。

クリプト植物とクロララクニオン植物

幸運なことに、たった一度だけ生まれた葉緑体がスーパーグループを超えて広がった進化的経緯を解き明かしてくれる重要な生物が二つ存在していた。クリプト植物とクロララクニオン植物である。クリプト植物は湖沼に普通に生息する単細胞の藻類である。この藻類は不思議な細胞構造をもっている（図3・2・3）。

クリプト植物は真核生物だから、核とミトコンドリアをもっている。また、藻類なので葉緑体をも

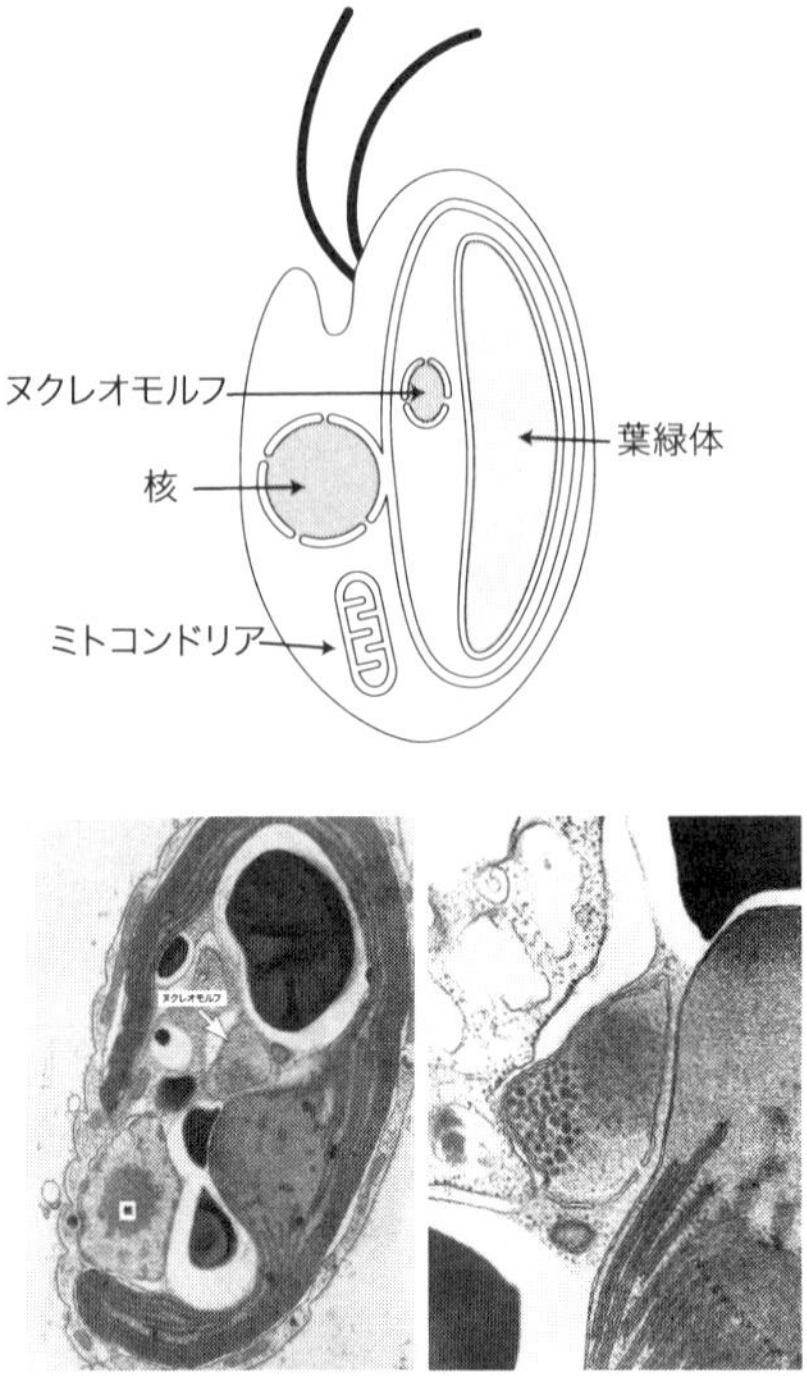

図3.2.3　クリプト植物（井上作成）
クリプト植物は核，ミトコンドリア，葉緑体のほかに，ゲノムをもつオルガネラとしてヌクレオモルフをもっている．孔のあいた二重膜をもつことから，共生した真核植物の核の痕跡と考えられている．

つ。ところが、クリプト植物は、もう一つ不思議な構造をもっているのである。ヌクレオモルフとよばれるこの構造は、葉緑体とその外側を囲む膜に挟まれた区画のなかにある。興味深いことに、この区画には、細胞質基質と同じように、タンパク質合成を行うリボソームやデンプンが存在している。さらに、この膜で仕切られた区画は、もう一枚の別の膜に包まれ、その膜は核の外膜につながっている。つまり、クリプト植物の葉緑体は合計四枚の膜で包まれ、内側の二枚と外側の二枚の膜の間に細胞質とヌクレオモルフがある。

ヌクレオモルフにはDNAとRNAが存在し、さらに、分裂して娘細胞に伝えられる。クリプト植物の核とヌクレオモルフから取り出した遺伝子を加えて系統樹がつくられた。すると、核とヌクレオモルフは、同じ細胞を構成する要素でありながら、系統的にはまったくかけ離れたものであることが明らかになった（Douglas *et al.*, 1991）。つまり、核とヌクレオモルフはまったく異なる起源をもつにもかかわらず、現在ではクリプト植物をつくる細胞の構成要素なのである。系統樹が教えてくれたもう一つのことは、ヌクレオモルフにもっとも近縁な生物は紅色植物ということだった（図3・2・4）。こうして、クリプト植物は、真核生物の藻類である紅色植物が共生することで、光合成生物に進化した生物であることが事実として認識されるようになった。

クリプト植物の研究から、光合成という働きが、スーパーグループを超えて移動するしくみが明らかになった。シアノバクテリアを共生させて最初の植物を生み出した進化を一次共生といい、その結果生まれた植物を一次植物とよぶ。スーパーグループの「植物」は一次植物で構成されている。そし

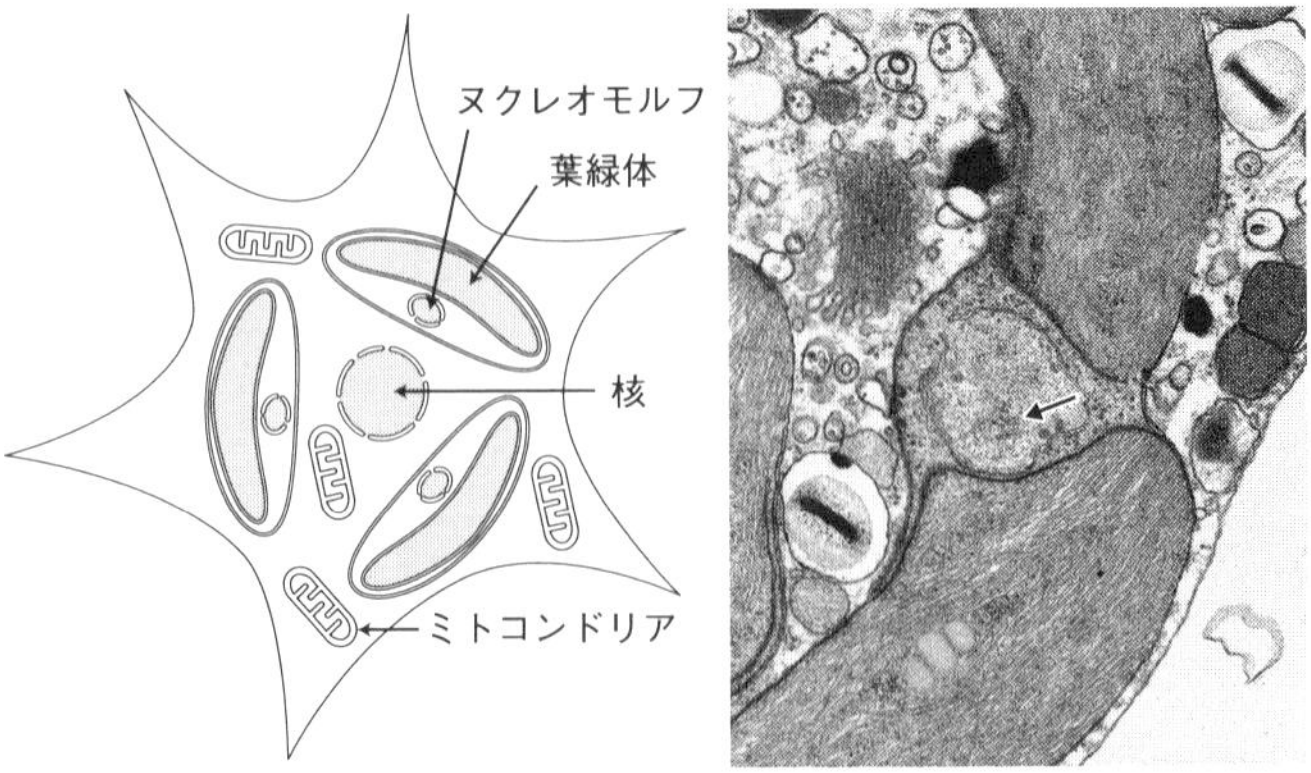

図3.2.4　クロララクニオン（井上作成，写真は石田健一郎氏撮影）
クロララクニオンの細胞構造．写真の矢印部分がヌクレオモルフ．

て、一次植物が、ほかのスーパーグループの従属栄養生物に共生する現象を二次共生とよび、それによって生まれた新たな光合成生物を二次植物とよぶ。クリプト植物の研究は、二次共生によって、葉緑体が生物間を移動して新たな光合成生物をうみ出す進化が存在することを明らかにしたのである。

二次共生を証明するもう一つの生物がクロララクニオン植物である。この生物はアメーバだが、緑色の葉緑体をもっていて、光合成で生きている。このアメーバの葉緑体にも、ヌクレオモルフが存在している（図3・2・4）。クロララクニオンの核とヌクレオモルフの遺伝子を加えた系統樹から、クロララクニオンの葉緑体も外から取り込まれたことが明らかになった（Van de Peer *et al.*, 1996）。この場合は、ヌクレオモルフを含む区画は緑色植物に起源をもっている（図3・2・4）。緑色植物も一次植物だから、クリプト植物とクロララクニオン植物で明らかになった事実から、一次植物が二次共生することによって二次植物が生まれるという植物進化が存在すること、そして、異なるスーパーグループに光合成を行う生物が存在することの意味が理解された。

ヌクレオモルフ

ヌクレオモルフが共生した真核生物の核の痕跡であることは、疑いようもない。クリプト植物とクロララクニオン植物のヌクレオモルフの全ゲノムが解読されて、ヌクレオモルフの性質が明らかになった（図3・2・5）。ヌクレオモルフには、転写、翻訳、DNA合成などの生物が生きていくためのもっとも基本的な機能に関する遺伝子だけが残っており、もはや真核細胞全体を制御する核としては機能し得ないほど退化してしまっている。本来紅藻の核がもっていた大部分の遺伝子は存在せず、すでに宿主であるクリプト植物の核に移動してしまっている。それでもヌクレオモルフははたらいていて、もともとの紅藻の細胞質のリボソームをつくるなど最小限の機能をもっている。消えゆく核であるヌクレオモルフは、共生体となった真核藻類にどんな宿命が待ち受けているかを教えてくれる。

二次植物の多様性

真核の光合成生物には、九つのグループが知られている。これらのうち、緑色、紅色、灰色植物は一次植物で、残りの六つの植物はすべて二次植物である。クリプト植物、不等毛植物（褐藻類やケイ藻類）、ハプト植物、渦鞭毛植物は紅藻を共生体として植物になった二次植物、また、クロララクニ

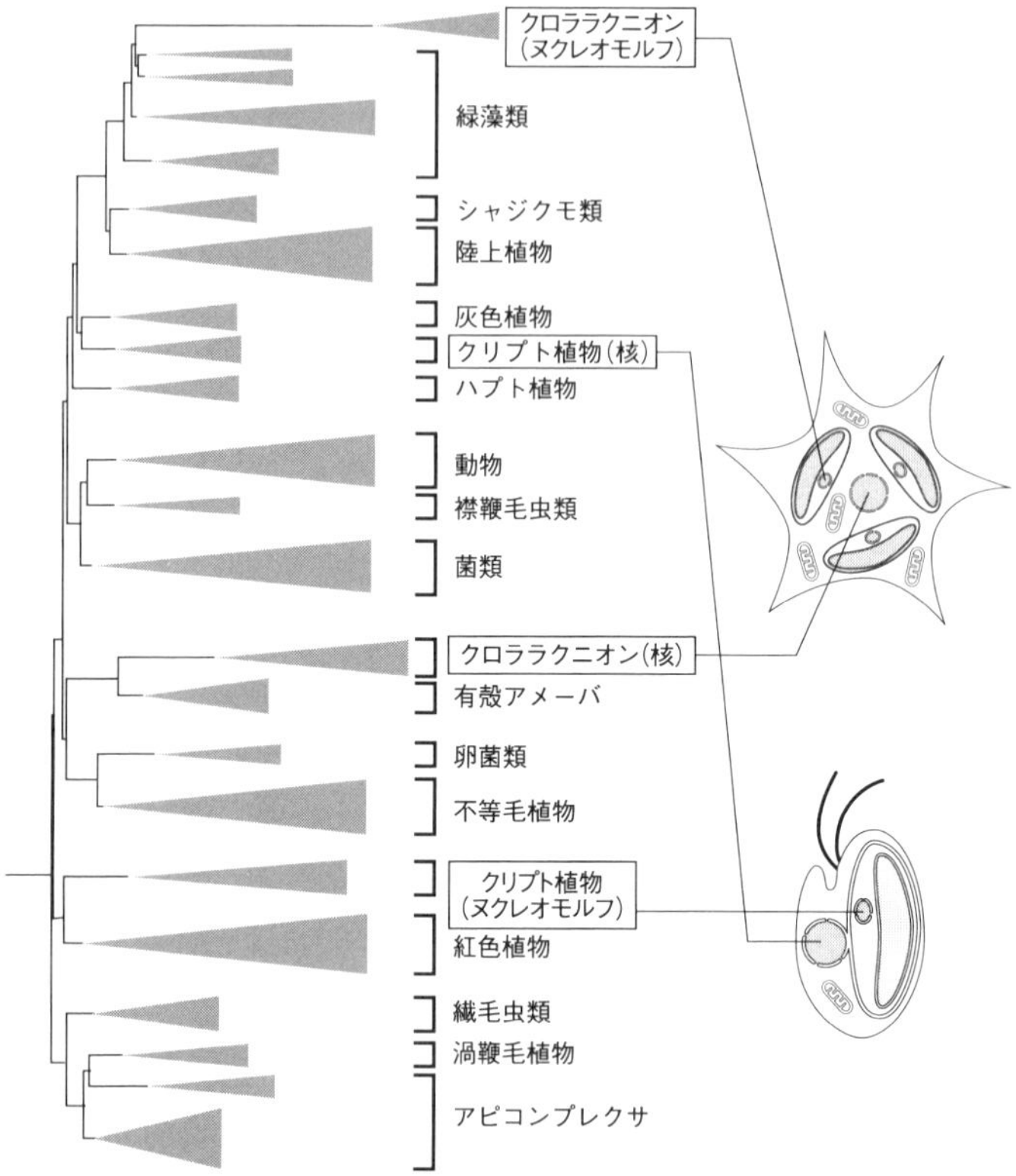

図3.2.5　ヌクレオモルフの系統的位置 (Van De Peer *et al*., 1996をもとに作成)
クリプト植物とクロララクニオン植物の核とヌクレオモルフの関係を示す系統樹. クリプト植物のヌクレオモルフは紅色植物に, クロララクニオンのヌクレオモルフは緑色藻類に起源をもつことから, それぞれ紅色植物, 緑色植物が細胞内に共生した結果, クリプト植物とクロララクニオン植物が進化したことがわかる.

オン植物とユーグレナ植物（ミドリムシの仲間）は緑藻を共生体として植物になった二次植物である（図3・2・6）。これらは、植物の分類では、それぞれ植物門というもっとも高次の植物群として扱われており、それぞれが独特の特徴をもっている。クリプト藻とクロララクニオン植物を除く二次植物にはもはやヌクレオモルフさえ存在せず、共生した紅藻や緑藻の細胞をつくっていた要素は、葉緑体だけを残して、完全に消え去っている。

ヌクレオモルフさえ消え去った二次植物では、二次共生の痕跡は葉緑体を包む膜に残されている（図3・2・7）。一次植物はすべて葉緑体が二枚の膜に包まれ、それ以外の膜は存在しないが、これに対して、二次植物と認められるすべては、葉緑体の二重膜の外側に一枚または二枚の膜をもっている。渦鞭毛植物とユーグレナ植物は、合計三枚、それ以外の二次植物は四枚の膜をもっている。四枚の場合、一般に、外側から二番目の膜は共生体の細胞膜に由来すると考えられている。そして一番外側の膜は、捕食によって共生体を細胞内に取り込んだときの食胞の膜に由来していると考えられている。三枚膜の場合は、細胞膜か食胞膜のどちらかが失われたものと解釈されているが、まだわかっていない。

マラリア原虫の過去

二次植物にはもう一つ、驚くべき事例が知られている。マラリアは、今でも年間三億人が罹患する深刻な病気である。マラリア原虫プラスモディウムによって引き起こされ、ハマダラカを媒介者とし

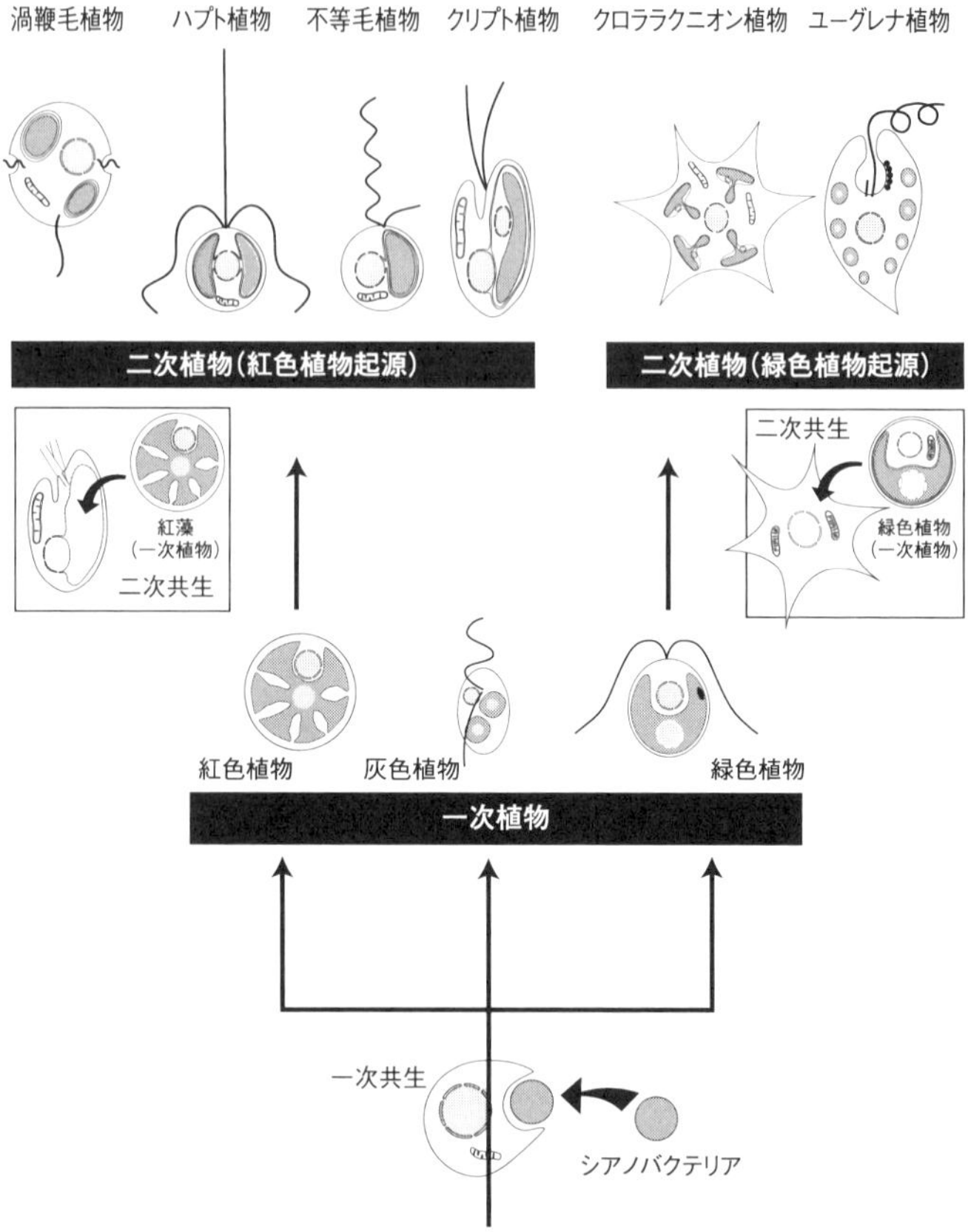

図3．2．6　一次植物と二次植物（井上作成）

現存する真核光合成生物は，シアノバクテリアの共生（一次共生）によって生まれた一次植物と，一次植物の紅色植物と緑色植物の共生（二次共生）によって生まれた二次植物で構成されている．二次植物が3分の2を占めている．二次共生の回数は最低2回あったが，正確な数字はわかっていない．

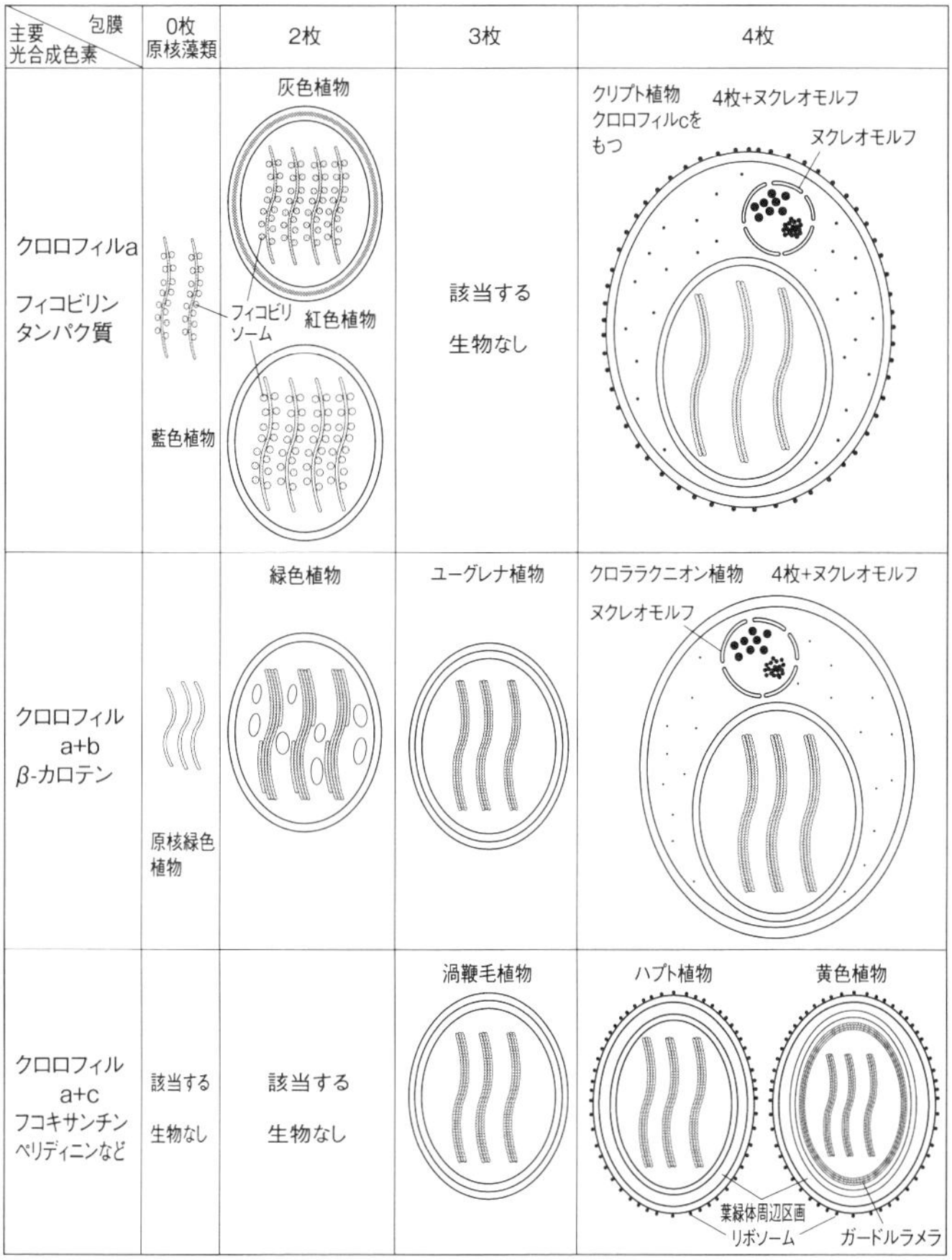

図3.2.7　葉緑体の多様性（井上作成）

葉緑体の構造の多様性．灰色植物と紅色植物は，シアノバクテリアと同じ光捕捉の役割をもつフィコビリソームをもつ．灰色植物は，シアノバクテリアと同じ細胞壁（ペプチドグリカン層）を葉緑体二重膜の間に残している．二次植物の葉緑体は，3枚または4枚の膜に包まれている．光合成色素はそれぞれのグループに特有である．

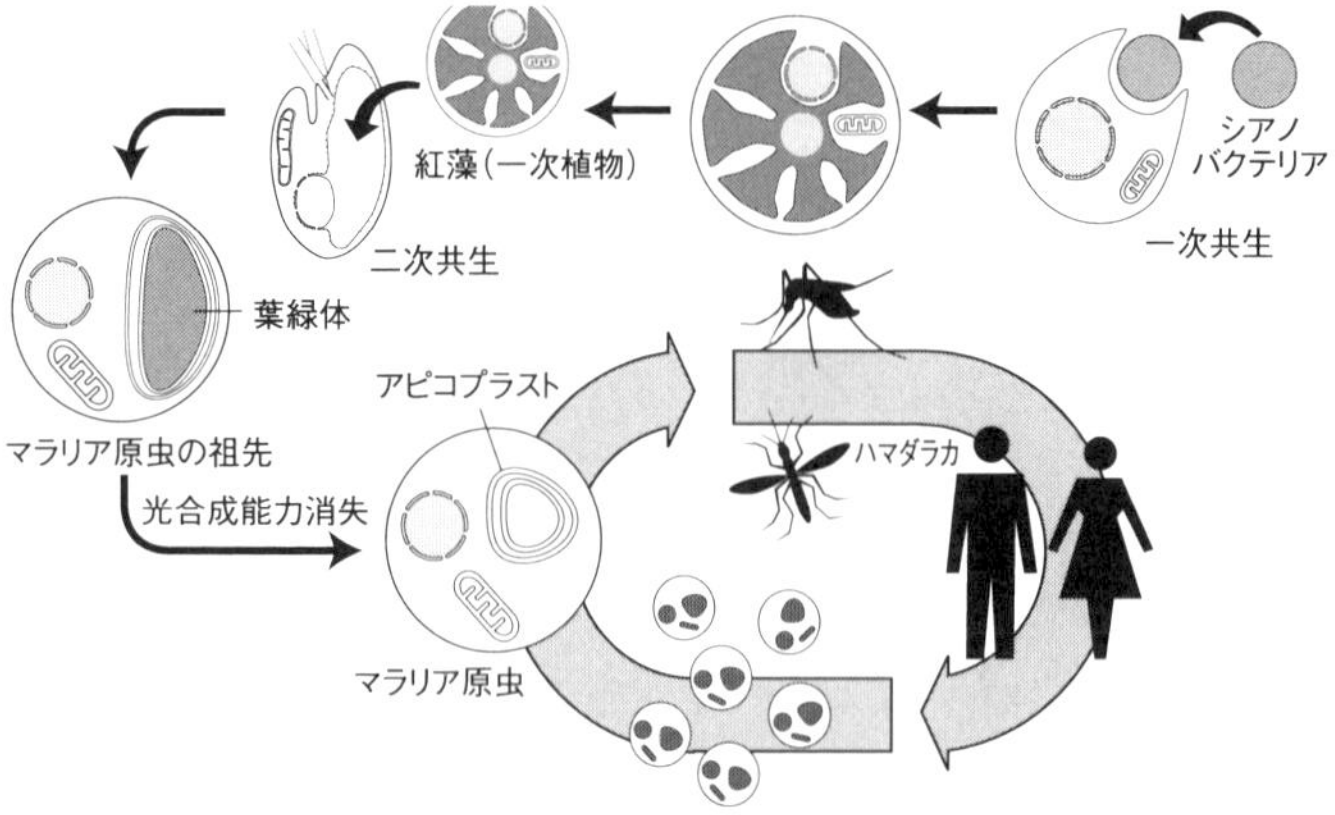

図3.2.8　マラリア原虫の進化（井上作成）
現在，寄生生活を営んでいるマラリア原虫は，もともと二次共生によって生まれた真核光合成生物を祖先にもっている．寄生生活に適応する過程で，マラリア原虫の祖先では，葉緑体が光合成能力を失った．現在，葉緑体は退化してアピコプラストとよばれる構造として残されており，脂肪酸代謝などの役割を果たしている．

てヒトに感染する。高熱がくり返し襲い、場合によっては死をもたらす。このプラスモディウムを含むアピコンプレクサという寄生性の真核生物のグループが、実は二次植物なのである（図3・2・8）。スーパーグループでいえば、二次植物の渦鞭毛植物とともにアルベオラータに属する。アピコンプレクサは、トキソプラズマ症、リーシュマニア症など、ヒトに感染するいくつかの病気の原因種を含み、グループ全体が寄生虫としての生活様式に適応している。

古くから、マラリア原虫には、ミトコンドリア以外に核とは別のDNAが存在することがわかっていた。三万五〇〇〇塩基対ほどのこの小さな核外DNAの正体は長い間謎に包まれていたが、一九九六年に葉緑体のDNAであることが証明された。マラリア原虫は寄生虫で、光合成はしない。しかし、細胞内には葉緑体の痕跡が残されているのである（Goffrey *et al.*, 1996）。

このDNAを含む細胞内の退化した葉緑体は、現在ではアピコプラストとよばれている。四枚の膜に包まれた小さな構造で、自己分裂して娘細胞に伝えられる。アピコプラストは現在では脂肪酸の代謝などの役割を果たしており、アピコンプレクサが生きていく上で不可欠な細胞小器官である。

以上から、マラリア原虫を含むアピコンプレクサという生物群は、かつて二次共生によって一次植物を細胞内に共生させていたことがわかる。共生体は紅藻だったと考えられている。二〇〇八年には、アピコンプレクサに近縁で、実際に光合成を行う生物が発見された。この生物はクロメラとよばれ、二次植物の新たな門として記載された。マラリアは植物で、かつては光合成を行う藻類として生きていたのである。そんな光合成生物が寄生という生活を選び、適応の結果、光合成能力を捨て去った。

アピコンプレクサという生物群は、捕食性の従属栄養生物から光合成による独立栄養生物に進化し、さらに光合成というしくみを捨てて寄生虫という生活に進化したことになる。光合成というエネルギーの獲得の手段を捨て去るだけの淘汰圧がアピコンプレクサにはたらいたことは不思議だが、寄生という生き方にそれほどの適応的価値があったということだろう。

いまも進む植物化

これまでみてきたことから、植物は、最初から植物だったのではなく、進化の過程をへて植物になったということがわかる。二次共生は、従属栄養性の生物群のなかに、突然植物を出現させる進化である。現存する真核光合成生物の三分の二が二次植物だから、藻類の多様化を進めてきた大きな原動力が二次共生だったことがわかる。一次共生は進化史上一度だけ起こった出来事だが、二次共生は何度も起こりうることも明らかになった。したがって、二次共生にみられた真核藻類の共生による植物化は、現在でも進行していると考えられるのである。

そのような事例は多数知られている。共生にはさまざまな段階があり、自然界では、ゆるく不安定な関係から、もはや宿主と共生体が一体となったと判断される例まで存在している。このようなさまざまな共生の例をみていくことで、植物化の過程で何が起こっているのかを推測することができる。

真核生物の基本的な栄養様式は捕食だから、宿主と共生体は、共生以前は捕食者とえさの関係だった。共生が成立するには、第一に、捕食された後に、消化から逃れるためのしくみが確立される必要がある。食胞の酸性化を防いだり、消化酵素がはたらかないしくみなどが必要である。

共生体が細胞内で消化されずに保持されるようになると、次に何が起こるのだろうか。このような段階にある生物をみると、一週間か一〇日ほどたつと、共生藻は弱って収縮してしまう。宿主は共生体となる藻類を改めて外から取り込む。この過程を繰り返すことで、光合成生物として生き続ける。そのような過程を経て、共生する相手は不特定の藻類から特定の種に決まっていき、細胞内に長時間維持されるようになる。こうして、やがて宿主と共生藻の一対一の関係が確立する。

共生体から葉緑体へ

共生藻が葉緑体になる最終段階は、共生藻の分裂が宿主の分裂に同調することである。そのためには、宿主と共生体の遺伝的な同化が不可欠である。植物化の過程では最終的に共生藻からは葉緑体だけが残されるから、この同化の過程は、宿主の核による共生藻の制御ということになる。そして最終的に、共生藻の核や葉緑体の分裂が宿主の細胞分裂に同調するように細胞周期が制御されることで、共生体が娘細胞に伝えられる。この段階で、共生体は葉緑体として確立し、宿主生物は植物として生きることになる。植物への飛躍の鍵は、宿主と共生藻の細胞周期の同調である。もともと二つの異なる生物である宿主と共生藻の分裂が同調することはとても複雑な過程で、植物化のしくみを理解するには、この過程の解明が不可欠である。(図3・2・9)

地球環境を変えた酸素発生型光合成

最後に、光合成と地球環境の関係にふれておこう。シアノバクテリアの光合成によって途切れることなく分子状酸素が発生するようになったことは、その後の地球環境に決定的な変化をもたらした。酸素は強力な酸化剤で、還元状態の物質を酸化する。シアノバクテリアの登場以前の地球は分子酸素がない嫌気環境で、海も還元状態の分子で満ちていた。酸素の発生はこれらの物質を次から次へと酸化していった。原始の海には膨大な量の二価の鉄イオンFe^{2+}が地殻から溶け出ていた。光合成によって酸素が発生すると、二価の鉄を酸化して三価の鉄に変え、不溶性の水酸化鉄$Fe_2(OH)_3$として海底に

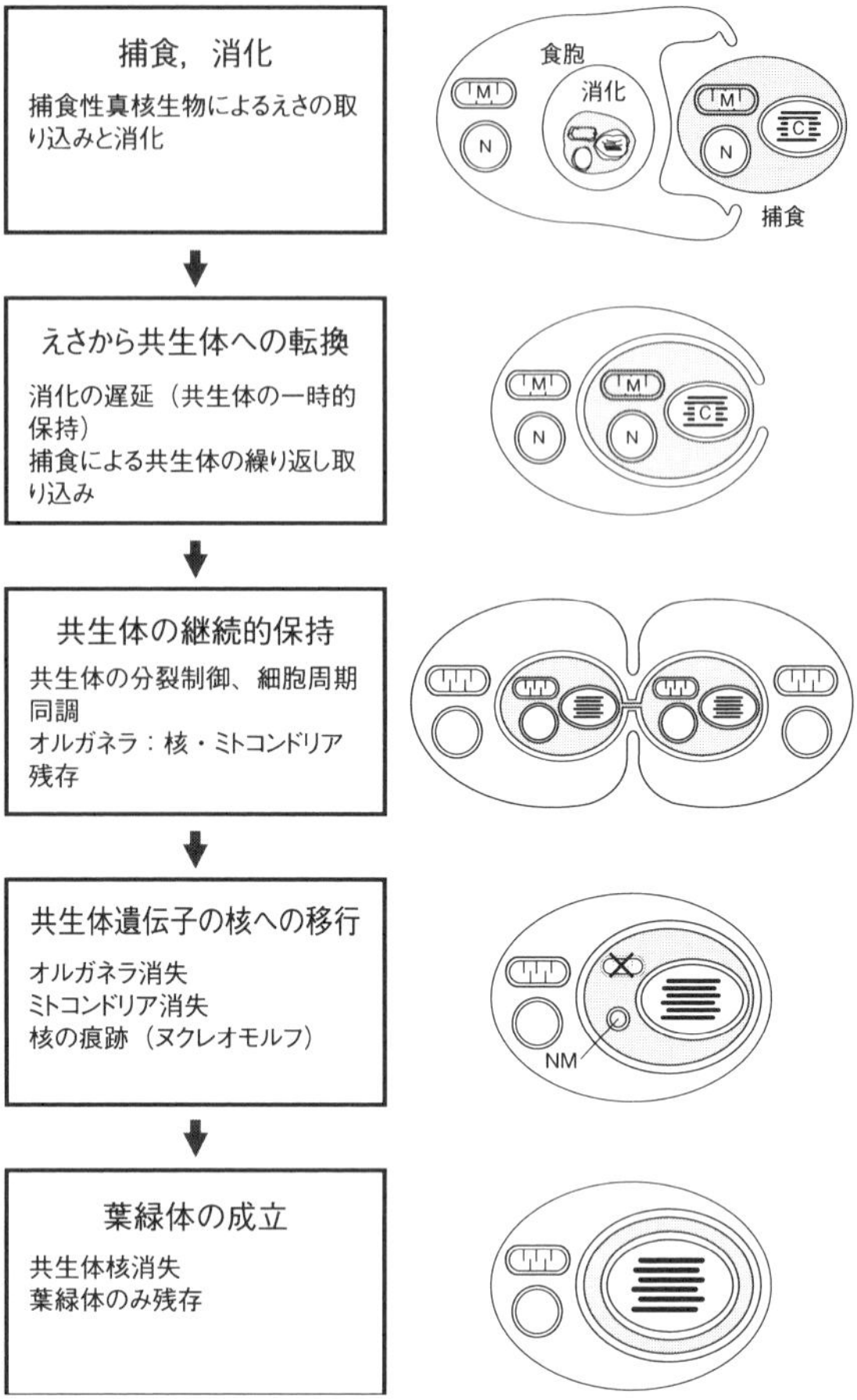

図3.2.9　植物化の過程（井上作成）
二次共生による植物化は，えさとして捕食していた藻類が細胞内に定着し，オルガネラとして同化する進化で，宿主細胞による共生体の制御の増大の過程と考えることができる．共生の初期には，消化作用の制御が必要である．共生体の細胞周期が制御され，宿主細胞の分裂に同調した段階で，植物に進化したことになる．最終的に共生体の核遺伝子は宿主核に移動し，消失する．途中の過程はヌクレオモルフ（NM）である．C：葉緑体，N：核，M：ミトコンドリア．

沈降させた。
現在の大陸に分布する楯状地とよばれる場所は、二〇億年ほど前の海底が隆起した場所で、ここに何兆トンという鉄の鉱床が埋蔵されている。この鉱床は縞状鉄鉱床とよばれる。縞状になっているのは、鉄の層とシリカに富む層が交互に堆積して縞状になっているからである。光合成がさかんなときには鉄に富む層が、光合成のはたらきが小さいときにはシリカの層が堆積したと考えられている（酒井, 2003）。酸素による鉄の酸化は際限なく進められて、ついに海洋からすべての鉄が三価の鉄として除かれた。この鉄が現在の鉄道や自動車、摩天楼を支える鉄として使われている。

海に溶けていたすべての還元状態の物質は、こうして徹底的に酸化され、ついに海洋の好気化が終了し、ついに酸素の大気への放出がはじまった。過去の地球の大気中における酸素分圧の記録によれば、およそ二五億年前から大気中の酸素濃度が急激に上昇をはじめた。そこに至るまでの間、シアノバクテリアは、酸素発生型光合成の起源を三〇億年前とすると五億年、三五億年前とすると一〇億年という時間を、海洋を嫌気状態から好気状態に変えることに費やしたことになる。光合成は、海洋と大気を不可逆的に変えた事件で、この変化がその後の生物進化と地球環境を決定づけることになった。前節でふれた真核生物の進化もこのことと深く関連していると思われる。

炭素循環を支える二次植物

現在の海洋に生息する主要な植物プランクトンはケイ藻、円石藻、渦鞭毛藻とよばれる三つの二次植物のグループである。これらは基礎生産者として海洋の食物連鎖を支えると同時に、二酸化炭素の吸収源として、大気から海洋への炭素の移動の原動力としてはたらいている。これらの植物プランクトンが固定した有機物は従属栄養の生物に消費されて、二酸化炭素として大気に戻るが、一部は海底に送られる。このはたらきは生物ポンプとよばれ、地球全体の炭素循環の重要な要素である。陸上では、熱帯雨林を中心とする森林が炭素の貯蔵庫としてはたらいているが、海洋の二次植物は炭素の移動の役割を担っており、全体として大気中の二酸化炭素濃度を一定に保つ炭素の循環が成立している。地球温暖化は、植物プランクトンの吸収以上の二酸化炭素が大気に放出されていることが原因である。

意外にも、現在の地球環境を支えているこれらの植物プランクトンの歴史はたいへん浅い。いずれも化石として出現するのが中生代なのである。古生代の海は緑色植物のプランクトンが優占していたが、二億五〇〇〇万年前を境に、海洋の植物プランクトンの構成は、一次植物から二次植物に大きく変化した。二億五〇〇〇万年前は、古生代と中生代の境界で、P／T（ペルム紀／三畳紀）境界とよばれる、進化史上最大の大量絶滅が起こった。渦鞭毛植物、円石藻、ケイ藻の順に中生代に出現して繁栄し、属や種が交代しながら現在に至っている。つまり、現在の海洋生態系は、恐竜が陸上を闊歩していた時代、ほ乳類が進化をはじめ、花を咲かせる被子植物が適応放散をはじめた時代と平行して形成されたものなのである。数千万年から数億年の規模で、生命環境がダイナミックに変わり、地球環境が維持されていることがわかるだろう。現在の地球では、陸は一次植物の緑色植物が、海洋は二次植物が基礎生産者として生態系を支え、地球環境を維持している。

3　全球凍結の余波と多細胞生物繁栄のはじまり

馬場昭次

単細胞生物と多細胞生物

現在の地球には、単細胞生物も多細胞生物もともに共存し繁栄している。たとえば、潮が引いた後の海岸に出て、一握りの湿った砂を、スプーンで掻き取りガーゼに包んで丸め、そのガーゼの先端を、少量の海水を入れたシャーレの底にとんとんと軽くふれてみよう。シャーレのなかを顕微鏡でのぞくと、驚くほどに多様な生き物が目に飛び込んでくる。ケイ藻、繊毛虫、鞭毛虫などの単細胞生物に混じって、微細な扁形動物、節足動物、環形動物などの多細胞生物があるいはなめらかに滑るように滑走し、あるいはまた頻繁に方向を変えながら泳ぎ回っている。低倍率の顕微鏡ではみつけるのが難しいが、きっとたくさんのバクテリアもいるに違いない。これらの単細胞生物と多細胞生物は、砂浜の表面や内部の環境を共有して生息し繁栄している。

いっぽう、目を肉眼的な世界に転じてみると、みえる生物はそのほとんどが多細胞生物である。多細胞生物は、太古の昔に単細胞生物から分岐し、多様化を経て大型で複雑なものへと、また、ヒトのように知能を備えたものへとも進化した。

単細胞生物にも、構造と機能が複雑に進化したものもある。繊毛虫のゾウリムシを例にとり、単細胞生物だからといって単純なものばかりではないことを確かめてみよう。ゾウリムシは、一つの細胞のなかに、普段の活動に必要なさまざまな形質の発現に関わる大核と、交配型の異なる細胞同士が接合を経て交換する、つまり生殖に関わる小核との二つの核をもつ。接合の後には古い大核は消滅し、新しい大核が受精によって生まれ変わった小核からつくられる。

えさは、酵母菌などを細胞口からエンドサイトーシス（endocytosis、飲作用を含む広義の食作用、物質を細胞膜で包み込み小胞として細胞内に取り込むこと）で食胞に取り込み、消化吸収する。食胞は移動し、細胞内を輸送されて最終的には細胞肛門に到達し、消化しきれなかった残渣をエクソサイトーシス（exocytosis、開口放出、小胞に納めた物質を小胞膜の細胞膜への融合による開口を通して細胞外へ輸送すること）で細胞外へと排泄する。

細胞質と外界との浸透圧差によって細胞内に進入してくる水は、放射水管内に能動的に取り込んで収縮胞内に集めて細胞外に捨てる。細胞の先端が障害物にぶつかって機械的に刺激されると、機械受容カルシウムチャネルが開いて活動電位が生じ、一気に細胞全体に広がる。このときの膜電位の変化を受けて、細胞体表面の繊毛が有効打の方向を変える。細胞は、一時的に斜め後ろに後退遊泳をして、繊毛運動が元の状態を回復するとともに、障害物を避けるようにしてふたたび前進遊泳をする。細胞後端には別の機械受容チャネルがあってこれが刺激されるとゾウリムシは遊泳速度を上げて逃げ去る。比較的大型化した細胞体での細胞質流動は、多細胞生物の循環系の役割を担っているとみることもできなくはない。細胞質内に存在するヘモグロビンは、細胞質流動と相まって細胞体深部への酸素の拡散を促進している。

繊毛虫には、ゾウリムシのように、これほど多様で複雑な機能を発達させているものがいるので、学習能力もあるのではないかと考えて、これを証明しようとして努力を重ねた研究者がいた。残念ながら、その試みはすべて失敗に終わっている。多細胞生物のすべてに学習能力が備わっているということもないだろうが、雌雄同体成虫の体細胞数でわずか九五九の多細胞動物シノラブディティス・エレガンス（*Caenorhabditis elegans* 通称シー・エレガンス、線虫の一種）にも学習能力があることはよく知られている。シノラブディス・エレガンスは体長一㎜ほどの紡錘状の生物であるが、繊毛虫のスピロストマム・アンビギュウム（*Spirostomum ambiguum*）は体長一〜三㎜にも達する単細胞生物である（図3・3・1）。スピロストマム・アンビギュウムは、シノラブディティス・エレガンスにサイズでは負けていないが、構造と機能の複雑さ、とくに行動の複雑さにおいて、これにおよばないであろう。

単細胞生物から多細胞生物への分岐

単細胞生物から多細胞生物への分岐はいったいどのくらいの昔に起こったのだろうか。また、いつ分岐したかはどのようにして探ることができるのだろうか。それには、化石やバイオマーカーからの古生物学的な推定と、異なる種間でのDNAの塩基配列の比較にもとづく分子時計による推定とがある。最近では、両者の良いところを組み合わせて、より信頼性の高い推定ができるようになってきている。

単細胞生物から多細胞生物への分岐にはいくつかの道筋があったと考えられている。いくつかの細胞が集合して接着し群体をつくり、一つの個体として振る舞うものも多細胞生物といえる。異なる性

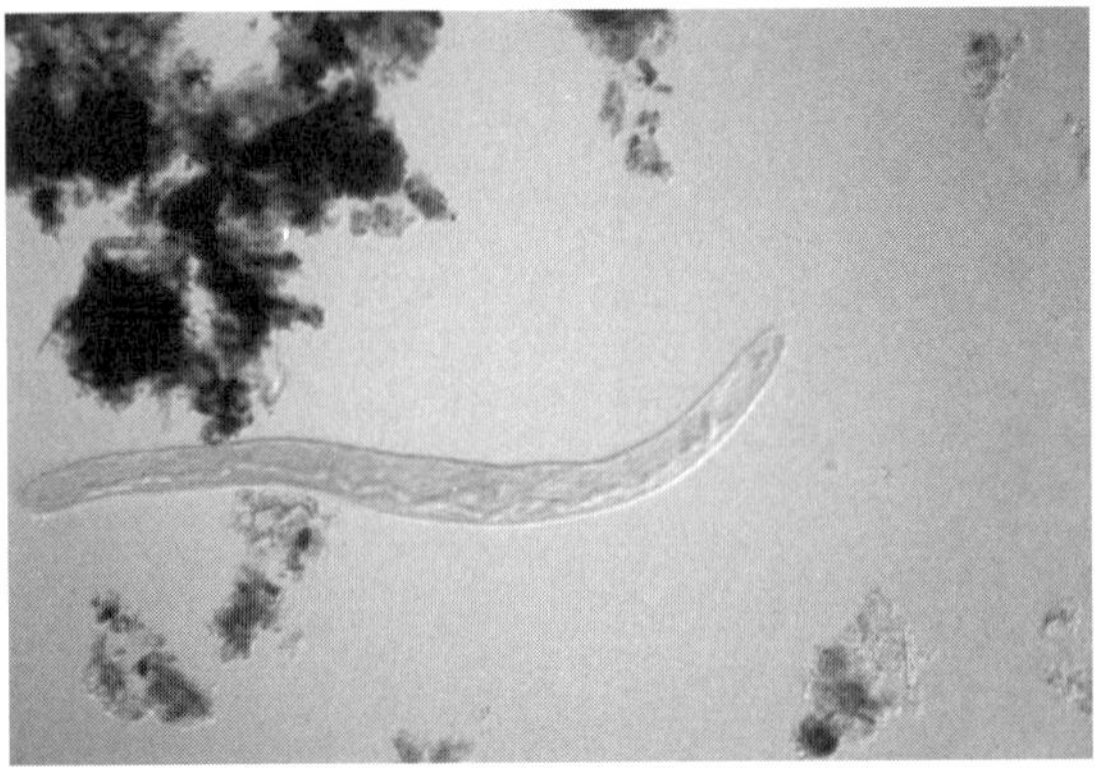

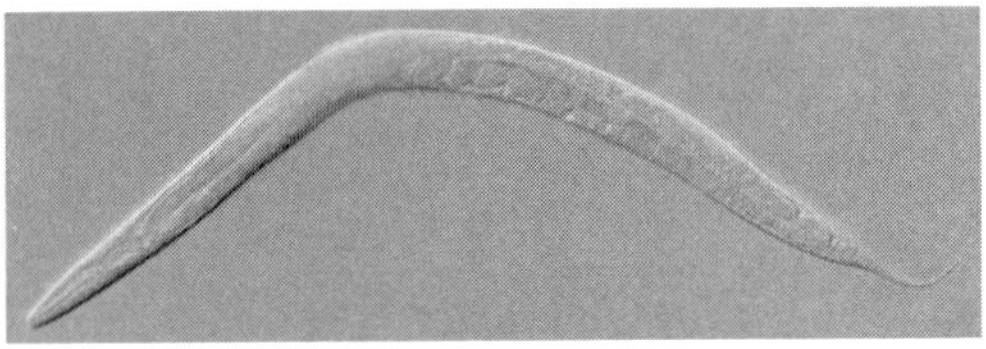

図3.3.1　単細胞生物のスピロストマム・アンビギュウム（上：Y. Tsukii 氏撮影）**と多細胞生物のシノラブディス・エレガンス**（下：Kbradnam 氏撮影）

いずれも体長は約1〜3mm．スピロストマム・アンビギュウムは繊毛運動と細胞体の波動運動で移動する．シノラブディス・エレガンスは，一見同様の体の波動運動で移動するが，はるかに複雑な行動をすることができる．

質の細胞が集まり共生しながら一つの個体として振る舞うようになれば、これもまた多細胞生物に違いない。一つの細胞が分裂しても分離せずに連結して、分裂を繰り返すごとに細胞数を増やして多細胞の個体となった場合もあったであろう。やがて個体のなかの細胞に分化が起こり、生殖細胞と体細胞ができれば今日もっとも普通にみられる多細胞生物ができたことになる。

多細胞生物が単細胞生物から分岐して誕生したのは、真核生物では多細胞生物の五つの主要なグループごとに、独立した出来事としてのことである。この五つのグループ、紅藻植物、褐藻植物、緑藻植物、陸生植物、菌類そして後生動物はそれぞれ異なる系統の単細胞生物から分岐し多様化した。これらの五つのグループのほかにも、比較的単純な形での多細胞化は、原核生物にも真核生物にも多数みられ、それらもまた地球の歴史の中で独立に何度も繰り返された。

原核生物での多細胞化

南アフリカのスワジランドと、第2章でも述べたように、オーストラリア北西部の約三五億年前の堆積岩の一種のチャートから、多数の細胞が数珠状に連なったフィラメント状の原核生物で、形態的にも現生のシアノバクテリアのある種のものとそれほどの違いのないものが発見されている。ただし、これには異論もあって、二〇〇二年のネイチャー誌の同じ号で、それぞれ同様のサンプルについて同様の手法での研究で異なる結論に至っている。フィラメント状に細胞が連なってできたシアノバクテリア様の生物であるという主張と、鉱物起源でたまたま多数の細胞が数珠状に連なった生物の化石にみえるだけだという主張である。シアノバクテリア様の生物の化石であると主張するグループによると、これらは均質な細胞で均質細胞とよばれる光合成を行う細胞の群体ということになり、多細胞化の段階としては初歩的なものである。およそ二〇億年ほど前の岩石からは、形態的に区別できる二種類の細胞からなるフィラメント状の群体の化石が発見されている。この二種類の細胞は、現生種のアナベナ（*Anabaena*）のものによく似ており、一方は光合成を行うもの、他方は窒素固定を行う異質細胞と考えられている（図3・3・2）。

先に述べたことから、原核生物での多細胞化は、単細胞生物から均質な細胞の集まってできた群体へ、さらにその群体のなかでの機能分化へと進んだようにもみえるが、現生種のバクテリアには、カウロバクター（*Caulobacter*）のように一個の遊走細胞が一本の柄をもった有柄細胞として固着し、その後二分裂して一方は有柄細胞として残り、他方は遊走細胞として鞭毛によって別のより好ましい環境を求めて泳ぎ去るなど、細胞分裂による機能分化、多細胞化の例もみられる。また、枯草菌（*Bacillus subtilis*）のように、飢餓状態におかれると、二分裂して一方は耐性の高い胞子細胞（生殖細胞）、他方はやがて死滅する胞子母細胞（体細胞）となるなど、生殖細胞―体細胞の分化の進んだものもある。もっと進んだ多細胞性の原核生物もある。粘液細菌（Myxobacteria）は、環境に栄養資源が少なくなると、多数の細胞が滑走して集まり集団としての形を柄部と子実体に分化させ、柄部は枯れるが子実体は風に乗ってもっと良い環境を求めて移動する。

全球凍結

一九五〇年代後半から一九六〇年代後半にかけて、古地磁気学の進歩や海洋底に関する地学的研究の進展によって、ウェゲナー（A. L. Wegener）の大陸移動説がプレート・テクトニクス説（plate tectonics）として再発見され、多くの科学者に受け入れられていった。このような科学的時代背景のもとに、一九六四年、ハーランド（W. B. Harland）は世界各地の大陸に分布する新原生代の氷河堆積

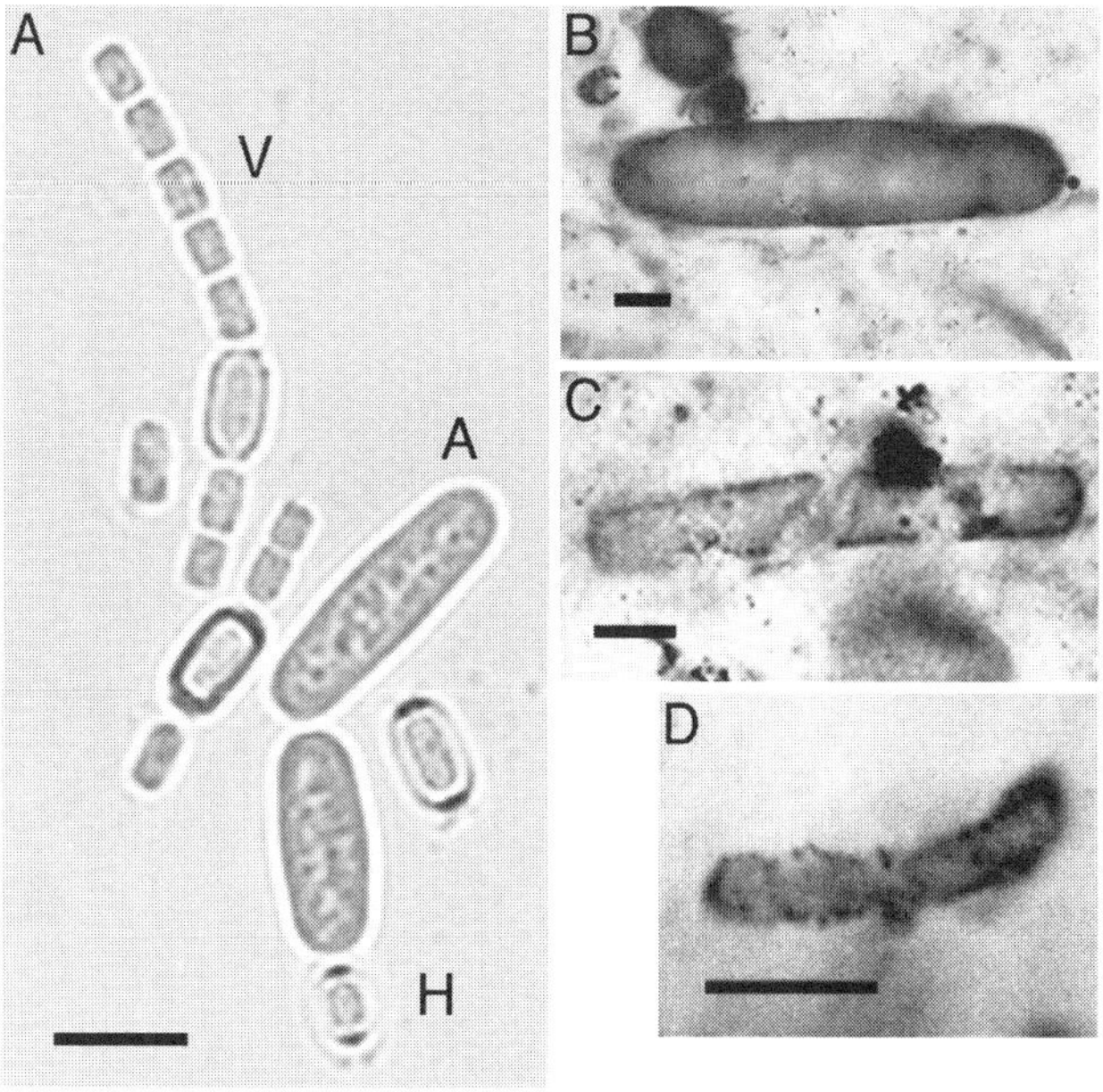

図3.3.2　シアノバクテリアとシアノバクテリア様の微化石（Tomitani *et al*., 2006）

左：実験室で培養したアナベナ・シリンドリカ（*Anabaena cylindrica*）．V：栄養細胞（均質細胞），H：異質細胞，A：アキネート（休眠状態の無性生殖細胞）．右：15億年前（上），16億5000万年前（中），21億年前（下）のシアノバクテリアとされる微化石．保存状態は必ずしも良くないが，右上のものはアキネートと考えられている．

物由来の岩石に残る古地磁気による磁化の方向が地層に平行、つまり堆積物の生成時にはその地での磁力線の方向は地殻に水平であったと考えられることから、この時代には低緯度にも氷河が存在していたと考えた。というのも、磁力線の方向は極地では鉛直に地球の中心を指し、中緯度では斜め下方に向けて磁極を指しているからである。低緯度における氷河の存在を認めることは、赤道付近まで氷に覆われるという全地球的な氷河期が地球上にかつてあったと認めることとなり、あり得ないこととして批判を受けた。

その後、ブディコ（M. Budyko）は、太陽からの入射光の天体表面による反射能（アルベドという）が大洋表面で低く、氷河表面で高く、陸地の表面ではその中間であることを考慮に入れた原始地球での氷河の成長と消滅に関するシミュレーションを行い、氷河が低緯度まで伸びてきて緯度三〇度以内に入ると正のフィードバックにより地球全体を覆うまで成長しうることを示して、ハーランドの説を支持した。しかし、ブディコのシミュレーションでは、ひとたび全地球が氷河で覆われると、氷河表面のアルベドが高すぎて太陽光を効率よく反射してしまうために、この状態から抜けられないこととなり、非現実的であると批判された。

一九九二年、カーシュヴィンク（J. L. Kirschvink）は、全地球が氷河で覆われた状態から抜け出すしくみを考えだし、新原生代において全地球が氷河に覆われたという仮説を提唱し、その仮説をスノーボールアース仮説と名づけた。彼によれば、火山由来の二酸化炭素ガスが全球凍結以前は海洋の液体の水に吸収されてある程度以上に増加することはなかったが、海洋が氷に覆われると吸収されることなく大気中に蓄積し、急激に増加して温室効果を発揮し、気温が急上昇したため氷河は急激に溶けた。全球凍結を終了させるほどの温室効果をもっていた当時の二酸化炭素ガスの濃度は、今日の三五〇倍にもおよぶと推測されている。氷河堆積物に混ざって酸化鉄の堆積物が見出されており、これは一般に氷河期には氷河に覆われた水中の酸素分圧は低くなると考えられることと矛盾するとされていたが、これを急激な氷河の溶解とともに上昇した酸素分圧によってそれまで蓄積していた火山性の鉄イオンが沈殿した結果のものと説明した。

一九九八年、ホフマン(P. F. Hoffman)らは、この時代の氷河由来の地層の上には、ほとんどどこのものにも厚い炭酸塩岩盤が乗っていることを発見し、キャップ炭酸塩岩盤とよんだ。全球凍結の終了とともに大気中の二酸化炭素ガスの分圧が急激に上昇した証拠であると主張している。キャップ炭酸塩岩盤の^{13}Cと^{12}Cの比率は氷河堆積物地層の直上は火山噴出物のそれと同じであるが、上に向かって次第に^{13}Cの比率が増す。この炭素の同位体の比率は、生命体が^{12}Cを好んで取り入れることから、生命活動は全球凍結時にはほとんど停止しておりその終結直後の温室状態の地球で急速に回復したことをものがたっているとされた。このとき二酸化炭素ガスの濃度上昇に歯止めがかからず温室効果が猛威をふるっていたら、現在の金星の状態に近い姿にまでなっていたかもしれない。

全球凍結は古原生代の二三億年前から二二億年前までの間に少なくとも一回、七億五〇〇〇万年前から五億八〇〇〇万年前(余波も含めて)までの間に大規模な氷河時代と少なくとも二回の全球凍結が繰り返されたと考えられている。全球凍結時には平均して厚さ一・四㎞にもおよぶと推定されている氷の下には、海洋では海底からの地熱によって温められ凍結することのなかった海水があったと考えられている。全球を覆う氷の下に液体の水を包み込んでいる姿は、木星の衛星エウロパを思い出させる（図3・3・3）。しかし、海底には熱水鉱床、地上には温泉もあったであろう。

全球凍結のあった新原生代には、太陽光は現在に比べて六％程弱かったと考えられている。その後太陽光は次第に強さを増し、大陸の配置も変化して低緯度地域にはアルベドの低い大洋が多く分布するようになったため、ふたたび全球凍結へ向かうことはなかった。

最後の全球凍結の後、蓄積していた二酸化炭素を消費する生物の絶対量はきわめて低くなっていたために、二酸化炭素ガスの温室効果は猛烈で、あるシミュレーションによると地表は五〇℃にも達したという。しかし、同時に地球は、生物の生息環境としてきわめて高い多様性を獲得したので、その多様な環境に適応して、多様な生物、とくに大型化に適している真核生物の多様な多細胞生物が出現し繁栄した。

後生動物の最古の化石が最後の全球凍結終了に続くエディアカラ紀（Ediacaran period、六億三五〇〇万年前から五億四一〇〇万年前まで）の初期に多数みられている。これらはよく知られたエディアカラ化石群より古いもので、海綿動物（Porifera）、腔腸動物、腔腸動物の卵および胚の微化石である。また、左右相称動物のもとしては最古のものとされる微化石が六億年前から五億八〇〇〇万年前の地層から発見され、春を告げる小さな動物という意味を込めてベルナニマルキュラ（*Vernanimalcula*）と名付けられた（図3・3・4）。これらのことから最後の全球凍結の終了とともに多細胞の

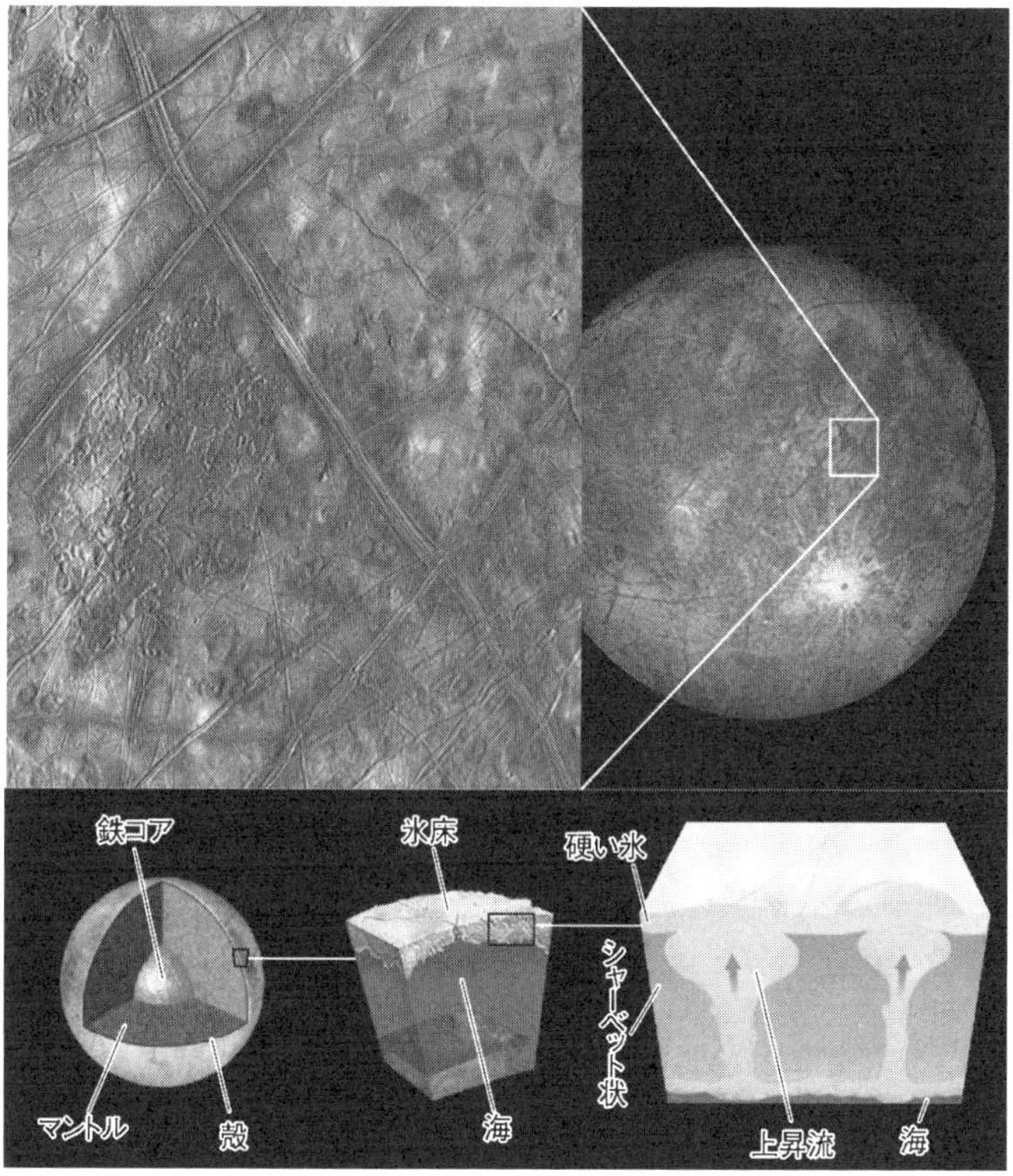

図3.3.3　全球凍結状態にあるエウロパとその内部の想像図（上：Conscious 氏撮影，下：Pappalardo *et al*., 1999）
地球の全球凍結時には，ところどころで火山の頂上が氷の層を突き破って大気中に二酸化炭素を放出していたと考えられている．

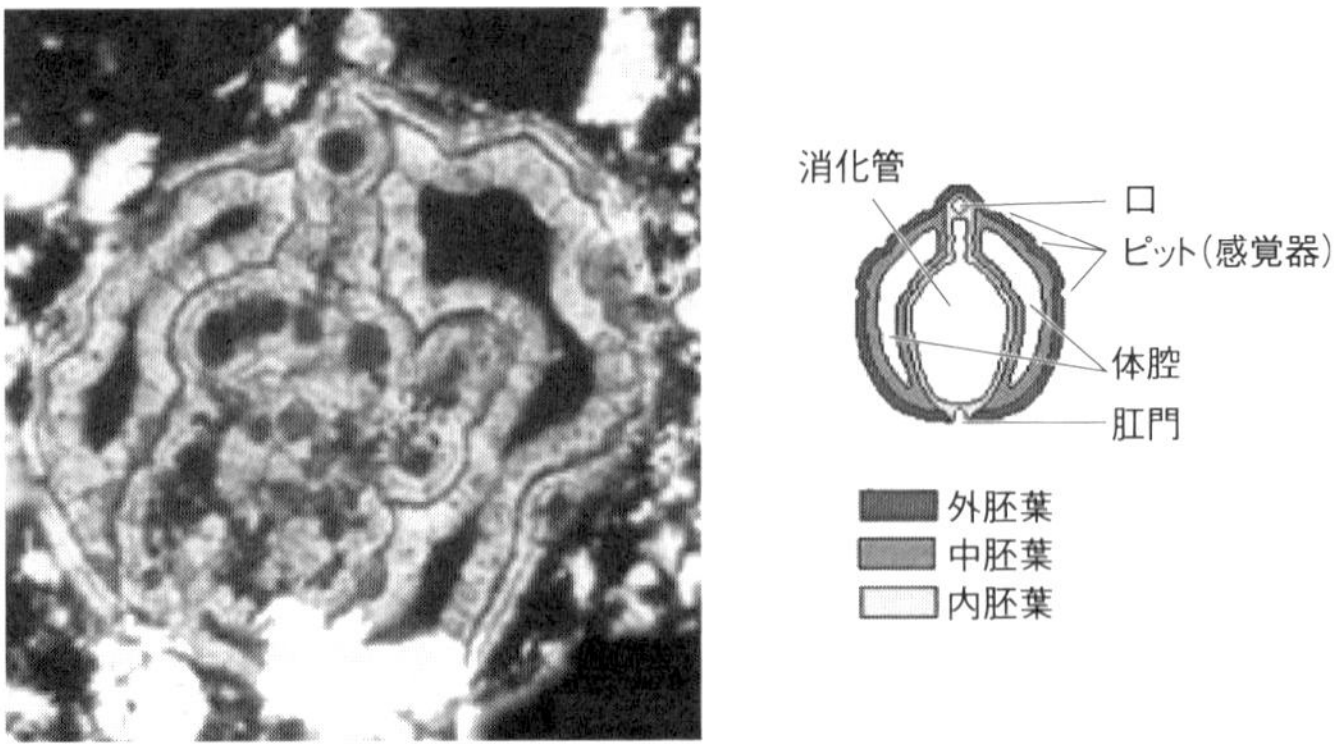

図3.3.4　全球凍結直後に出現したとされる左右相称動物ベルナニマルキュラの微化石と断面図（Chen *et al*., 2004）

動物である後生動物が出現したと判断されるかもしれない。しかし、より古い地層から海綿動物のバイオマーカーである24-イソプロピルコレスタン（24-isopropylchorestane）というステロイドの一種が大量に見出されており、もっとも古いものは一八億年前の地層から見出されている。これらのことは、化石としては残らなかったものの、最後の全球凍結以前にすでに後生動物の祖先につながる原始海綿動物が生息していたことを示している。次に述べるように分子時計による研究も、後生動物の出現を最後の全球凍結のはじまる以前に位置づけている。つまり、全球凍結とその終了は動物の多細胞化を促したのではなく、すでに多細胞化していた動物の放散を促したのである。

真核生物での多細胞化

新古原代のはるか以前の二一億年前の岩石から単細胞真核生物の藻類のものと思われる化石が発見されグリパニア（*Gripania*）と名づけられている。また、一二億年前の地層からは、最古の多細胞真核生物がみつかった。これは多細胞の紅藻の化石とされ、バンギオモルファ(*Bangiomorpha*)と名づけられている。18SｒＲＮＡ(18S ribosomal RNA; 18S rRNA)の分子時計による最新の研究では後生動物の放散は八億一二〇〇万年前、陸上植物のそれは五・一億年前、菌類の放散をこの中間の時期としている。緑藻植物では単細胞生物から多細胞生物への分岐は数回にわたって独立に起こった。そして、古生代の初期に陸上植物がすでに多細胞化していた淡水性の緑藻類の祖先から分岐した。褐藻はずっと後の中生代の一億五〇〇〇万年前から二億年前の間に出現した。

このように、単細胞生物から多細胞生物への進化は、何らかの地球環境の変動をきっかけとして起こったわけではないし、生物は単細胞のままでも十分によく環境に適応して進化し繁栄することができたが、真核生物の多細胞化は、生物の大型化と知能の獲得を可能とした。

多細胞化に必要な分子構築

多細胞生物の主要なグループである菌類、後生動物(原生生物はかつて原生動物とよばれ、動物門のなかの一つとされていた。それらを除いた動物を指す)、陸上植物が全球凍結の前後で出現し、全球凍結の終結とともにその余波のなかで、繁栄し大型化していったことから、大気中の酸素濃度の上昇が多細胞化の大規模化の原因と推測されている。全球凍結直後は大気の酸素濃度は現在のそれの半分ほどであったと考えられている。海洋中の酸素濃度は依然として低く、拡散と対流によって徐々に増していき現在の地球での値に近づいていった。多細胞化には、隣接する細胞間を接着する細胞間結合分子と、結合した細胞層を裏打ちして支える細胞外マトリックス（extracellular matrix、ＥＣＭ）が必要で、動物の場合にはカドヘリンなどの結合タンパク質とコラーゲンなどの構造タンパク質が主要な役割を果たしている。とくにコラーゲンの合成には酸素が十分に供給されることが必要と考えられている。

多細胞化に必要であると考えられているシグナル伝達分子と細胞結合・接着物質については、かつてそれぞれの祖先系が分岐したと考えられる海綿動物と襟鞭毛虫類（choanoflagellate）のシグナル伝達に関わるチロシンキナーゼ、細胞結合分子の一つであるカドヘリンなどや、きわめて近縁でその祖先が直接的に分岐したと考えられる緑色植物のクラミドモナス（*Chlamydomonas*）とボルボックス（*Volvox*）の細胞外基質物質について、分子遺伝学的にその分子構築が研究され、多細胞生物への分岐を果たした単細胞生物にはすでに遺伝子的にはその準備ができていたことが次第に明らかになりつつある。

原始後生動物から真正後生動物へ

海綿動物は現生のもので九〇〇〇種もあり現在の地球においても繁栄しているが、そのほかの後生動物と比べてコラーゲンを欠き、したがって組織・器官が発達していない点、発生の過程で胚葉をもたない点、形態的な対称性をもたない点などで、もっとも原始的な後生動物と考えられている。系統樹の上で、腔腸動物以降のはっきりとした組織・器官をもつ動物を真正後生動物とよび、この原始的

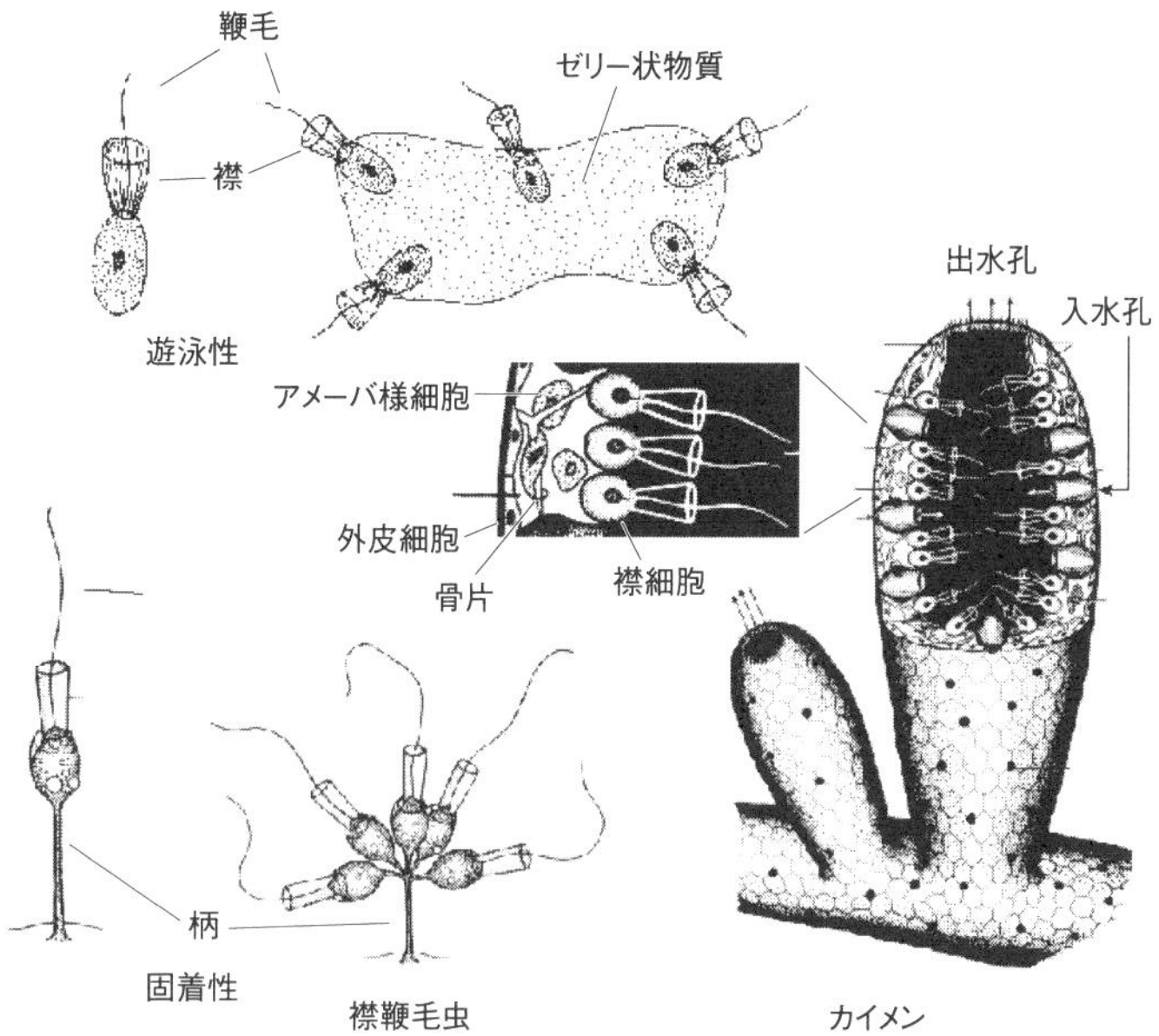

図3.3.5　襟鞭毛虫とカイメン（Buchsbaum *et al*., 1987）

な後生動物と区別している。

先に述べたように、海綿動物は原始の地球にその生息の痕跡をもっとも早くに残している動物であり、その祖先である原始海綿動物をすべての真正後生動物の祖先と考えるのは自然である。海綿動物には襟細胞という襟鞭毛虫にそっくりの細胞がある（図3・3・5）。襟細胞も襟鞭毛虫も鞭毛運動によって水流を起こし、その水流に乗ってくるバクテリアなどの微細な粒子を、アクチン繊維の束を芯とする微絨毛を円筒状に並べた襟でこし取り、食作用で細胞内に取り込み消化する。

襟鞭毛虫類には、単細胞の状態で遊泳するもの、柄で藻類などに固着して効率よく摂餌するもの、複数の細胞が一本の柄に群体として集まりより強力な水流を起こして摂餌の効率を高めているもの、ゼリー状の物質に埋まり込んだ形で群体をつくるものがある。ゲノム解析による研究によっても、海綿動物の祖先が襟鞭毛虫の祖先から分岐し真正後生動物への進化がはじまったという考えは支持されている。ゼリー状の物質をもつ群体性の襟鞭毛虫から海綿動物へと進化が進んだと考えるのは自然であるが、ゲノム解析の結果はこれを支持しない。つまり、襟鞭毛虫からの群体性のものへの分岐と原始海綿動物への分岐は独立に起こったと考えられる。

海綿動物と真正後生動物との形態的な違いは非常に大きい。もっとも原始的な後生動物の候補はほかにないだろうか。実は、海綿動物のほかにも、中生動物と平板動物がはっきりとした組織・器官をもたず、原始後生動物の候補としての検討に値する。そのうちの一つである中生動物はゲノム解析の結果、二つの異なる門のメンバーとして分類するのが妥当な動物であり、それぞれ腔腸動物より進化の進んだ別々の門の動物から退化をともなって分岐したことがわかった。

平板動物門には一般的にはただ一種のみとされるトリコプラックス・アドヘレンス（*Trichoplax adhaerens*）が知られている（図3・3・6）。トリコプラックス・アドヘレンスは、直径一〜二㎜の煎餅状の微細な動物で、腹側上皮と背側上皮が分化しておりどちらにも繊毛細胞がみられ、腹側で基盤に密着して繊毛運動によって移動する。腹側には消化酵素を分泌する腺細胞があり、微細なえさを体外において消化し、消化されたものを細胞内に吸収する。背側上皮と腹側上皮の間には細胞外マトリックスはないが、収縮性をもった細長い細胞が散在している。化石は知られていないが、最新のゲノ

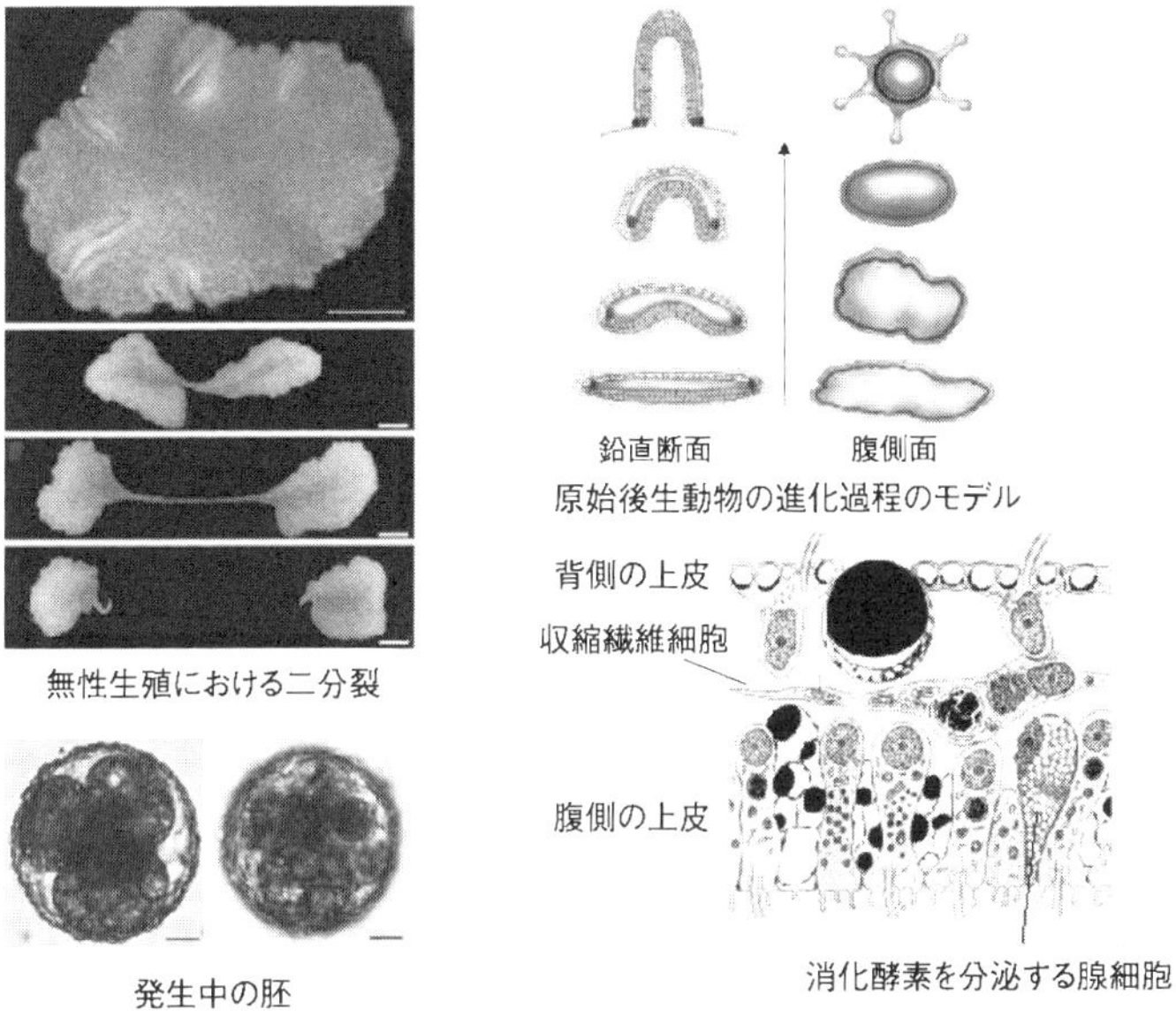

図3.3.6　平板動物センモウヒラムシと原始後生動物（左：Schierwater *et al*., 2009，右：Srivastava *et al*., 2008）

ム解析により、海綿動物よりもむしろ襟鞭毛虫に近縁であることが明らかにされている。

また、平板動物の祖先を原始後生動物として、これがその腹側を消化管壁として囲い込みクラゲのような腔腸動物へと進化したとする仮説も提唱されている（図3・3・6）。海綿動物の消化の様式は細胞内消化であり、真正後生動物は細胞外消化であるので、消化様式に関する両者のギャップは大きい。平板動物と真正後生動物では消化様式が同じ細胞外消化であり、進化の方向として違和感はない。図3・3・6に個体が自らを引きちぎるようにして分裂し無性生殖によって増殖する様子が示されている。腔腸動物のある種のイソギンチャクに同様の増殖方式が知られており興味深い。襟鞭毛虫、平板動物、海綿動物の関係が解明されることで、単細胞の真核細胞から私たち人類の遠い祖先である原始後生動物への進化の道筋がより具体的にみえてくるだろう。

4　性の起源と多様な生命の進化

星　元紀・奥野　誠

前節までに、私たちは生命体すなわち細胞の出現と、それらが高次機能を獲得する一つの道としてのとして多細胞化を見てきた。多細胞化することによって、生命体は多彩な機能と大きな自由度を獲得した。地球環境の大きな変化は、生命体にとって過酷な試練であり、生物大絶滅のような危機もあった。それを乗り越えるのに大きな役割を果したのが生命の多様性であり、それを支えたシステムのもっとも重要なものが性である。ここでは、話題を広げて、性について考えてみたい。しかし、ここで性の問題が出てくると戸惑われる方も多いのではないかと思う。それは私たちにとって、性と生殖はほぼ同義語であり、複雑で高度な生命の営みであるという思いこみがあるためではないだろうか。生殖とは個体が自己のコピーをつくるしくみのことであり、生殖なしに増殖はあり得ない。しかし単細胞生物にみられる分裂や発芽は生殖の一つのしくみであるが、この場合には単一の個体が複数の個体に増えていき、そこにおいて性は必要とされないから、性と生殖が区別されるべきものであることがわかるだろう。

それでは性とは何だろうか。ちょっと難しくなるが性は、組み換えと異系交配により遺伝子を混合し、遺伝子構成を再編するしくみと定義できる。すなわち同種の異なった系列の個体が、接合や受精の過程で遺伝子を混合し再編成するしくみである。このしくみの起源は古く、およそ一五億年前の化石に減数分裂の像と思われるものがあるので、ほぼ真核生物の出現と同じ時期には性ができていたといえよう。

性は遺伝子の修復機構に由来するとされることが多いが、まだわからないことだらけである。そもそも、性がかくもあまねくみられるのはなぜかという命題は、繰り返し問われ続けてきた生物学上の大問題で、依然として答えが得られていない。この問題は単純にみえるが、高名な理論生物学者、メイナードスミス（J. Maynard-Smith）をして「答えはもう出そろっているはずだ。ただどうしても合意に達しないだけだ」といわしめたほどの難問である。ここでは、性との関わりにおいて生物の世界をどのようにみることができるかについて述べてみたい。

生命の多様性と斉一性

生命はその誕生から現在に至るまで、途絶えることなく続いているが、これは細胞が細胞を再生産して個体を維持し、個体が新しい個体を再生産することによって種を維持し、さらには、新しい形質を獲得することで種分化を起こすことによって、遭遇した種の絶滅の危機を乗りこえてきた結果である。三八億年におよぶ生命の歴史の結果として生物は多様化しており、現在では数千万から数億種の

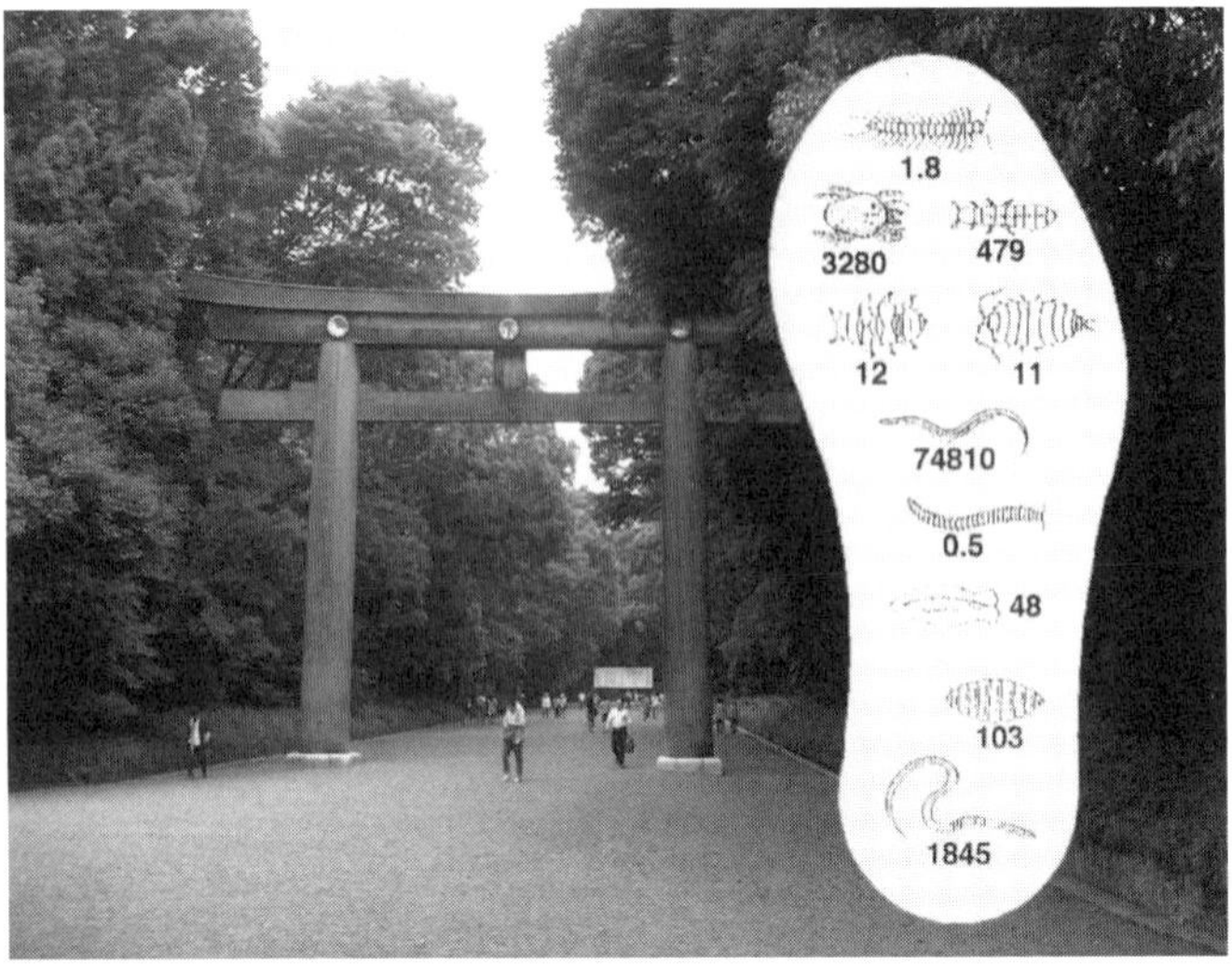

図3.4.1　生命の多様性（青木ら，1977を改変）
明治神宮という巨大都市の中心にある人工的な新しい森においてさえ、土壌中には無数の動物が生息している．森の両足の下だけで平均して15万匹の線虫をはじめ，多くの動物たちが生活している．

生物がいると考えられている。

生物世界がどれほど多様であるかということを実感させる一つの例として、青木淳一らが調査した明治神宮の森に生息する土壌動物を示そう。その森のなかに足を踏み入れると、両足程度の面積の下では平均して十五万匹の線虫をはじめ、多くの動物たちが生活している（図3・4・1）。美しい樹木や下生えとともに、これらの動物たち、さらには数知れぬバクテリアや菌類の営みによって、この森は維持されているのである。温帯地方の、世界でも有数の大都会に位置する、歴史が一〇〇年にも満たない人工の森ですらこの程度であるから、生物多様性がはるかに豊かであるといわれる熱帯雨林などが、どれほど多様な生物を抱えているかは想像を絶する。

長年にわたる分類学者の営々たる努力にもかかわらず、現生でも生物のおそらく一%程度にしか名前がついていない。いいかえれば、人間に認識されていない、というのが現状である。ましてある程度研究されているものは、ほんのわずかの種でしかない。それにもかかわらず、生物学がなぜ成立するかというと、私たちが知る限りの生物はすべて単系統（同じ祖先の子孫）であり、生物は多様ではあるものの根本のところはほとんど変わっていないからである。すなわち、生物は多様であると同時に一様でもあり、その状況は、あらゆる生物は「生命の詩」という同じ曲を、それぞれの変奏法によって奏でているとたとえることができよう。

生殖と性

個体の死を超えて種の存続を保障するしくみとして、新しい個体の再生産、すなわち生殖がある。ほ乳類では生殖と性はかたく共役しているが、性と生殖は別の生物現象で、遺伝子の混合を一切ともなわない生殖（無性生殖）もごく普通にみられる。逆に、ゾウリムシなどの接合のように、遺伝子の混合は行うが接合前の二個体のすべてが接合後の二個体に引き継がれ、親個体とは別に子個体をつくらない（いいかえれば親個体の死体を生じない）という意味において生殖をともなわない性もある（図3・4・2）。ゾウリムシでは染色体数が2ｎ（染色体の数は生物種により異なるので一般にｎを用いて表す）の小核が、合成と減数分裂によって八個の染色体数ｎの小核を形成するが、そのうち六

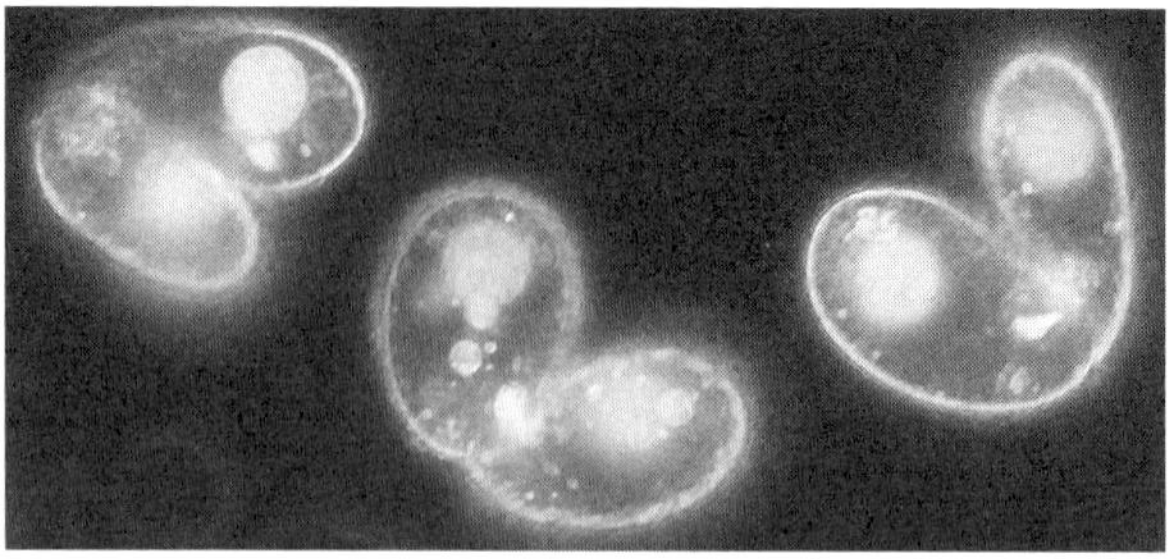

図3.4.2　テトラヒメナの接合（菅井俊郎氏提供）
暗視野照明で観察したテトラヒメナ（*Tetrahymena thermophila*）の接合．テトラヒメナはゾウリムシによく似た原生生物の一種で，全長は 20 μm ほどである．細胞中央部の核は Hoechst 33342 で染色してあるため光ってみえている．

個は消滅し、残った二個のうちの一つを接合した相手と交換する。そしてふたたび２ｎとなり、個体どうしは離れてしまう。そこでは新しい個体が生まれるわけではなく、遺伝子の混合のみが行われるのである。これは多様な性の存在様式の一つの例であるが、性すなわち同種内における遺伝子の混合は、減数分裂（マイオーシス、meiosis）と受精（ファーティリゼーション、Fertilization がよく用いられるが、より広義の配偶子合体を指すことばとしてはシンガミー、Syngamy がある）を中核とする複雑な過程を通じて行われる。

生殖の様式にはさまざまなものが知られている。減数分裂と受精に着目すると、遺伝子の混合が起こるか起こらないかにまず分けられる。混合が起こるものをミクシス（mixis）とよび、起こらないものをアミクシス（amixis）とよぶ。動物は一般にミクシスと思われているが、アミクシス（狭義の無性生殖）しかしない動物も例外的ではあるが存在する。その代表例はヒルガタワムシ（輪形動物門）

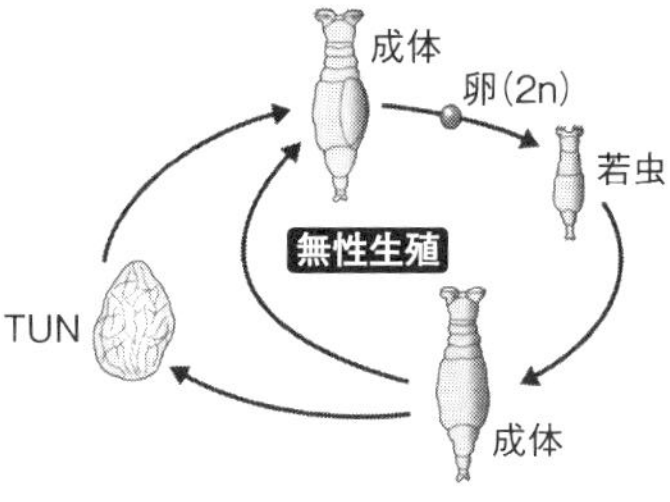

図3.4.3　ヒルガタワムシの生活環
（星作成）
輪形動物門に属するヒルガタワムシは，全長がおよそ200 µmで水中に生息する．乾燥状態ではTUNとよばれる塊となるが，水分が供給されるともとの形態に戻る．その生活環はあまり詳しくは知られていないが，無性生殖のみで生き続けてきたと考えられている．

（図3・4・3）とよばれるグループで、数千万年前に性を放棄して以来、いっさい遺伝子の混合なしに生き続けており、進化上のスキャンダルとすらよばれている。

遺伝子の混合という点にのみ着目すると、それは必ずしも生殖をともなわない。たとえばゾウリムシは遺伝的に異なった個体同士が接合し、遺伝情報を担う小核を交換するが、それが終わるとふたたび分かれてしまう。すなわち、二個体が遺伝子を混合するだけで、その時点で増殖するわけではない。分かれた個体は、その後、各々が分裂して増殖していく。この分裂では遺伝子の混合は起こらない。そこで生殖に共役して別個体由来の遺伝子を混合する狭義の有性生殖をアンフィミクシス（amphimixis、両性混合）とよぶ。実は、ほ乳類のように両性混合しかないという生き物はそれほど一般的ではない。むしろ一般的には無性生殖と有性生殖を状況において使い分けているものが多い。これは、多様性は望めないが、低コストで数を増やせる無性生殖と、コストは高いが多様な子孫をつくれる有性生殖との長所短所をうまく按配するしくみであると考えられる。ハチやアリなどはその代表的なものであろう。またミズクラゲでは、有性生殖で生じた受精卵が発生しポリプをつくるが、それがたくさんのエフィラとよばれる

表3.4.1　生殖戦略の選択要素
（星作成）

- 無性 vs 有性
  - クローン vs 混合
  - 量 vs 多様性
- 体細胞分裂 vs 減数分裂
  - 体細胞 vs 生殖細胞
- 卵 vs 精子
  - 卵巣 vs 精巣
  - 雌 vs 雄
- 自家受精 vs 他家受精

幼生を無性生殖でうむ。このエフィラは成長して成体のミズクラゲとなり、ふたたび有性生殖世代に戻る。このように有性生殖世代と無性生殖世代が繰り返される動物は多く知られている。しかしこのような生殖様式の切り替えが、どのようなしくみによるのかほとんどわかっていない。

　有性生殖か無性生殖かを選ぶということは、量と多様性のどちらを増やすのかを選ぶということでもある。有性生殖にしても、どの細胞に減数分裂をさせる、あるいはさせないかを決める、いいかえれば、生殖細胞と体細胞とを仕分けるということが必要である。また、生殖細胞でも、配偶子としては卵にするのか精子にするのかを決めねばならない。これは、器官レベルでは卵巣にするのか、精巣にするのかを決めることであり、さらに個体レベルではメスにするのかオスにするのかを決めるということになる。ちなみに生物学的には、卵をつくるものがメス、精子をつくるものがオスである。さらに、雌雄同体の場合には、同じ個体由来の配偶子間で受精させる（自家受精）のか、別個体由来の配偶子間で受精させる（他家受精）のかという選択もある（表3・4・1）。私たちと同じく脊索動物門に属するホヤ類は雌雄同体であるが、さまざまな程度に自家受精を行う種もあれば、自家受精を一切させない自家不和合性の種もある。

　一方、性転換を起こす、すなわち性が可塑的な生物も多い。魚類や爬虫類では、生育の度合い、温度、社会環境（ハーレムをつくるかスニーカーになるか）などに応じて、性転換がごく普通にみられる。これらは、性をもつことによって遺伝子の混合という多様性への対応をしつつ、いかに効率的に子孫を残すかという生殖の大きな目的にも対処したしくみであると考えられる。

ところで、先に述べたように、生殖は個体の再生産であると定義するならば、生殖の様式を別の視点から分けることもできる。多くの体外受精の動物では受精卵は放置され、親がその面倒をみることはない。一方、ほ乳類を代表として、受精卵は長期間、胎児として母親の胎内で保護されて成長する。そして出産後も哺乳、保育で長期間、親の保護下に置かれる。前者を非依存型生殖とよび、後者を依存型生殖とよぶ。このようにみてくると、生物は生殖のために、性をはじめとしたさまざまなしくみを工夫しているといえよう。

性の存在意義

有性生殖が無性生殖に比べて有利である可能性はいろいろと考えられている。その一つが、赤の女王説に代表される寄生者との競争である。ルイス・キャロルの『鏡の国のアリス』で、赤の女王はアリスに同じ所にとどまろうとするためにも全力で走り続けなければならないと説く。ある生物種の生存を直接脅かすものとして、よくそれに対する捕食者が考えられるが、捕食者は被食者より大型で、種数も個体数も少ない。実際、私たちヒトがたとえ手つかずの自然環境に入り込んだとしても、私たちを捕食するようなものにはそうおいそれとは遭遇しない。

もう一つの脅威は病原菌などの寄生者である。感染症がいかに脅威であるかは、近代戦争のはしりである第一次世界大戦四年間の死者数を、戦争直後のひと冬の四カ月間におけるスペイン風邪での死者数が凌駕したことからも明白である。これら寄生者は一般に小型で一世代の時間は短く、種数も個体数も多い。たとえばヒトの寿命を七〇歳とすると、この間に大腸菌（寄生者というわけではないが、身近なバクテリアの代表としてとりあげる）はおよそ10^6世代を重ねることになる。この間にさまざまな突然変異が生じ、薬品耐性などを獲得するチャンスは多い。一方、チンパンジーとの共通祖先から分かれて以来のヒトの世代数はたかだか0.5×10^6に過ぎない。この差に打ち勝ち、寄生者に対する耐性を獲得するためには多様な個体をつくっておく必要があり、性の意味はここにあると考えられる。すなわち、寄生者に打ち勝つために私たちも走り続けなければならないというわけだ。

このように性は多様性を増すという意味で種にとっては有利であるが、個体にとって有利かどうかを考えると、多くの場合、性はむしろ不利である。自然選択は主として個体レベルの問題であるのに、個体にとって不利なものがなぜ選ばれるか理解しがたい点である。性が個体の生存にとっても有利であるという可能性はいろいろと考えられているが、そのような有利性が有効になるまでにはかなりの世代数が必要であり、その有利さが現れる前に、有性生殖を止め無性生殖（単為生殖）を行うことにした個体の子孫に凌駕されてしまうはずである。

たとえば、有性生殖をしていたものが突然変異を起こしてオスなしで生殖（単為生殖）するようになることはトカゲなどでもよく起きるが、このような突然変異が起きても一世代につくる子の数や生

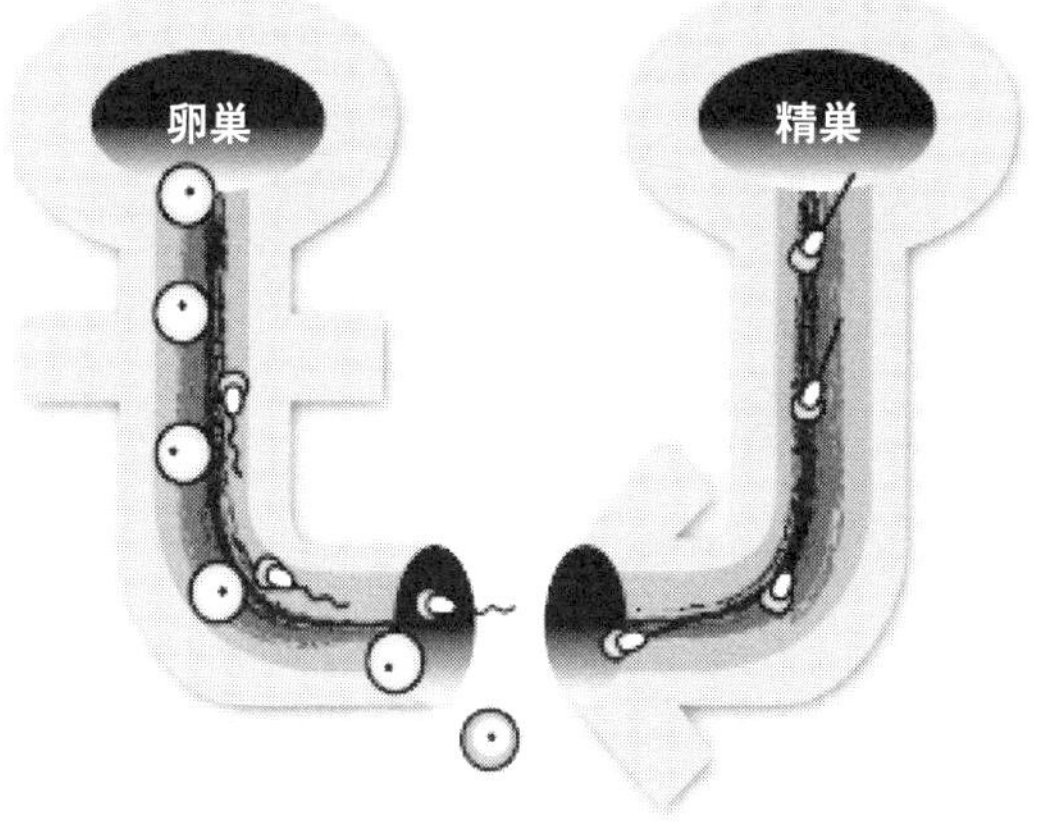

図3.4.4　有性生殖における生殖（星作成）
同種で異個体由来の配偶子（卵と精子）は生殖環境において個体性を認識し融合（受精）する.

存率に影響しないと仮定すると、単為生殖ではすべての個体が子をつくるのに対し、有性生殖では各世代の個体の半数は子をつくらないオスであるので、一世代ごとに単為生殖をするものは有性生殖をするものの倍殖えることになる。また先ほどあげた大腸菌は三〇分弱で一回の分裂を繰り返すが、何も制約がないとすると一日でヒトの体重（六〇kg）を凌駕するほどになってしまう計算になる。

両性混合（Amphimixis）においては、同種異個体由来の細胞が融合する必要がある（図3・4・4）。いいかえれば、卵と精子は同種であり異個体由来であること、すなわち個体性を認識している。それに加えて、多くの動物においてそれぞれの配偶子がどのような状態にあるかということもたがいに認識されており、特定の状況でのみ受精が可能になるようにプログラムされている。個体性の認識は多細胞動物が多細胞体制を維持するために行われる場

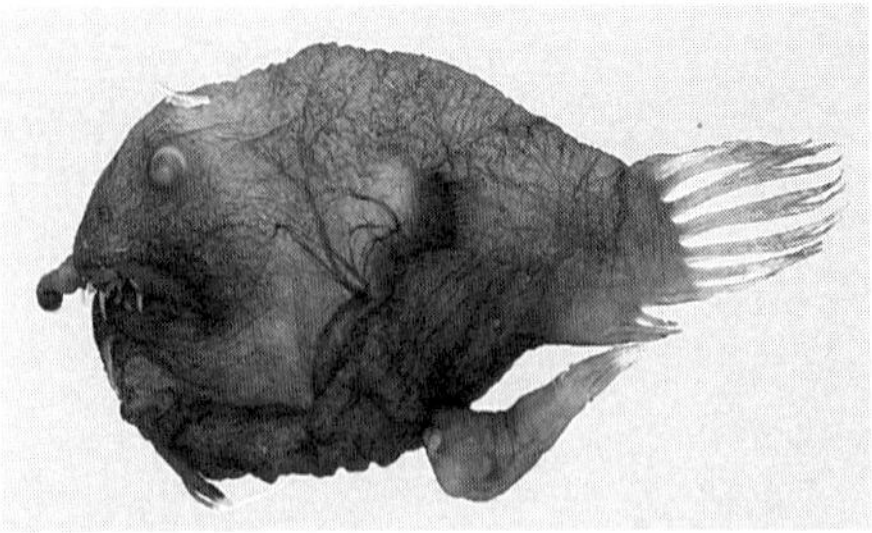

図3.4.5　メスに寄生するオスの例（千葉県立中央博物館・宮　正樹氏提供）
インドオニアンコウ．右下の小さい個体がオス．

合を除くと、すべて有性生殖に関わっており、受精のみならず、胎生における母子関係、一部の動物で知られているメスに寄生するオスの場合などにみられる（図3・4・5）。同種異個体の細胞が長く接したり、まして融合するなどは一般に忌諱となっており、この点にも性という現象の面白さがある。

なお、胎生ということはほ乳類に限られたものではない。ここで胎生とは母親の胎内で発生が進むということのみならず、母子間で養分や老廃物のやりとりをしているということを指している。そのようなものはいろいろな門にわたって知られているが、それぞれの門のなかでは散発的である。アブラムシは春から夏にかけては単為生殖かつ胎生であるが、秋になるとオスとメスができて遺伝子を混ぜ合わせ、しかも卵生に切り替わる。

生命の基本構造と性

生命の一次近似、すなわちセントラルドグマの世界はセマンタイド（semantide、遺伝情報を伝える分子）の世界であり、ここでは分子間・分子内の直接的な相補性が重要であり、その合成は相補性を利用した親分子のコピーによる。したがって、すべてセマンタイドは遺伝子の直接的あるいは間接的なコピーである。エピセマンタイド（episemantide）分子は糖鎖によって代表される分子と考えることができ、遺伝子の間接的な支配は受けているけれどもそのコピーではなく、セマンタイドのような意味での相補性をもっていない分子である。生命の機能はセマンタイドとエピセマンタイドによって成り立っているが、基本分子はセマンタイドであり、あえて飛躍的ないい方をするならばその相補性を利用するということの延長線上に性があるのであろう。原核生物における接合による遺伝子の混合は、無性生殖が続くなかで生じる遺伝子の損傷を修復するためと考えられているが、これは相補性を利用したＤＮＡ修復であり、その発展型として性があると漠然と考えられているが、まだ証明されていない。

性の起源に関するさまざまな考えがあるが、なぜ性があるかを説明する一つにミトコンドリア説がある。たとえば、クラミドモナスの接合ではミトコンドリアも混ざるが、そのため双方からのミトコンドリア間の争い、すなわちミトコンドリア戦争が起こり細胞が疲弊する。同じ原生生物であってもゾウリムシの接合では核は移行するがミトコンドリアは移行させず、ミトコンドリアの争いを避けている。ミトコンドリアは精子にもあるが、その数が多いほ乳類などでも数十個に過ぎない。卵内にはミトコンドリアが精子にくらべ圧倒的に多くある上に、多くの動物では精子由来のミトコンドリアを積極的に破壊するシステムがあり、受精時にもち込まれた精子由来のミトコンドリアはやがて消滅する。また、ホヤなどでは精子のミトコンドリアは卵内に入らない。こうしてミトコンドリアは卵を介して子孫に伝えられる。このようなシステムが性の起源とする説もある。

性がなぜオスとメスのように二型なのかという問題もよくわかっていない。性の定義にもよるが、遺伝子を混ぜ合わせるときの型であるとすればある種の菌類では性の数が数百あるものもいる。ゾウリムシも多数の性をもつことが知られている。しかし多くの生物の性は二型であることは、多様性を獲得するという性の目的からすれば二つで十分であるからであろう。

性の普遍性

物理学や化学は宇宙的な普遍性をすでに獲得している学問領域である。それに比べると私たちの生物学は「地球型生物学」であり、地球型生物のさまざまな性質のどこまでが地球外生命体を含む普遍的な生物としてなりたつのか、たいへん興味深いところである。このような問題意識に立脚して性をとらえると、性は地球型生物に特有なシステムであるのか、それとも宇宙的普遍性をもつシステムであるのかという問題につきあたる。生命が自己増殖するためには、生存環境への適応が必須であり、変動する環境に対応するためには多様性を獲得することが有利であることは明らかである。増殖の効率をあえて犠牲にしても性を選択する理由はここにある。おそらくどこかの惑星に生物とよべるものがいると思うが、それらの生物の多くは性をもっているのではないだろうか。しかし一方で、遺伝子をまったく混ぜない、性のない生物が数千万年にわたってこの地球で生き続けているという事実や、遺伝子を混ぜることのメリットが現れる時間に比べて、無性生殖による増殖で有性生殖個体を凌駕する時間のほうがはるかに短いということも事実である。当分の間、性は神秘につつまれた生命の機能として、生命科学の難問であり続けることであろう。

終章　ふたたび宇宙へ

馬場昭次

三八億年前から現在に至るまでに、地球は、過酷な極限環境からまた別の極限環境へと変動を繰り返した。生物は、この間に絶滅と放散を繰り返しながら進化した。そして進化しながら少なからず地球環境に対して影響を与えて、この広い宇宙に数多く存在する星の一つにすぎない地球に、結果として、現生の生物の生息に適した環境をつくりあげた。本書では、宇宙生物科学の視点から生物の起源をさぐり、生物機能の基本的な部分が獲得される六億年前ごろまでをたどってきた。終わりにあたって、その後、生物がどのように進化してヒトに至り、自らの起源を宇宙にさぐろうとしているのか、振り返ってみよう。

進化の大イベントと宇宙―絶滅と放散

生物は、種の誕生と絶滅、そして絶滅後のリバウンドを繰り返してきた。結果として誕生した種の九九％以上は絶滅し、現在の地球に一〇〇〇万種を超える生物多様性をうみ出した。誕生も絶滅も一様ではないが、新しい生物の出現率は長い目でみると指数関数的に減衰している（図4・1）。これは地球という限られた入れ物のなかでの多様性の飽和現象を示している。現在の地球では人類が環境の多様性を破壊しており、生物多様性の飽和限界を低めていると懸念されてもいる。

生命の歴史では、ときとして、多数の生物種が科や目といったグループごとにそっくり絶滅することがあった。このような絶滅は大量絶滅とよばれ、六億年前以降では六度起こっている（図4・1）。ちょっと考えて思いつくのは、何らかの理由で地球が寒冷化したことが原因ではないか、ということかもしれないが、六億年前以降に訪れた三度の氷河期は、全球凍結ほどのものではなく、大量絶滅との間に相関関係をもたない（図4・1）。それどころか、地球が温暖化した時期には種の誕生も絶滅も促進され、その速度はやや絶滅が上回るので、結果として多様性は低くなっていたことがわかっている。

二億五〇〇〇万年前以降に絶滅した海洋動物の絶滅のタイミングを統計的に調べると、約二六〇〇万年の周期で一一回のピークが現れていることがわかる。このうちには、恐竜が絶滅した白亜紀末の大量絶滅も含まれている。二六〇〇万年の周期で起こる宇宙的・地球的な出来事が何かあるのかもしれない。

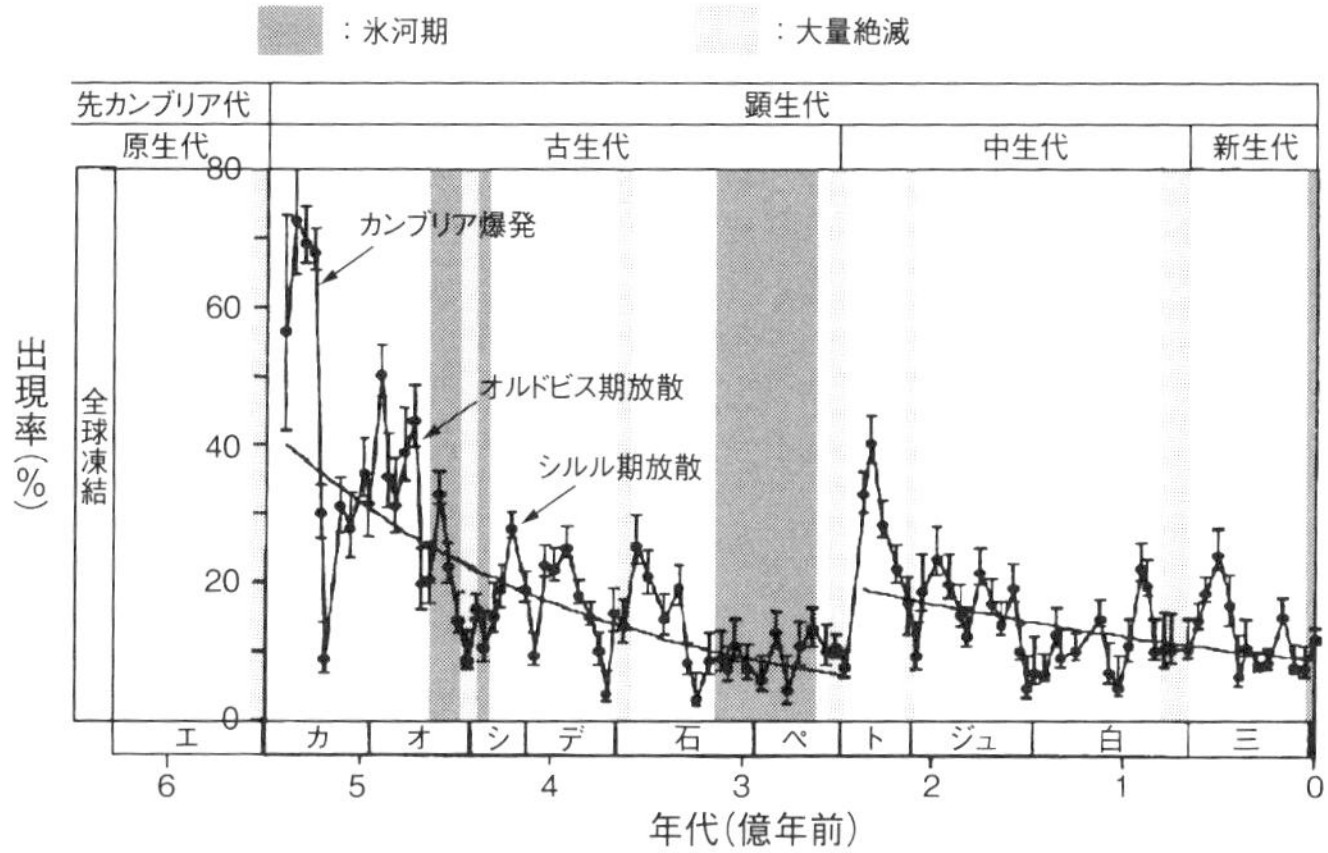

図 4.1　絶滅と放散（Sepkoski, Jr., J. J., 1998 および Kardong, K. V. 2008 を参考に作成）

出現率は海洋動物の属レベルでのその時代の総数に対する出現の割合（化石からの推定）．新しい生物の出現率は，古生代および中生代以降のそれぞれにおいて指数関数的に減衰している．この減衰の過程のなかで繰り返される大量絶滅とその後での放散（リバウンド）がみられる．また，大量絶滅（薄い色の網がけ）と氷河期（濃い色の網がけ）の間には相関関係のないこともみて取れる．エ：エディアカラ紀，カ：カンブリア紀，オ：オルドビス紀，シ：シルル紀，デ：デボン紀，石：石炭紀，ペ：ペルム紀，ト：トリアス紀（三畳紀），ジュ：ジュラ紀，白：白亜紀，三：第三紀（第四紀が続くが記号は省略）．

大量絶滅をもたらしたとされる宇宙的・地球的な出来事と、それによって生物が大量絶滅に至るというシナリオが数多く提案されている。

①スターバースト説

地球から六〇〇〇光年以内のどこかで超新星爆発が起こると、そのとき放射されるガンマ線が地球まで到達し、一〇秒以内に成層圏の全オゾンを破壊する。オゾン層の保護を失い大量絶滅の引き金が引かれる。オルドビス紀末の大量絶滅はこれによって起こったのではないかといわれるが、今のところ証拠はない。

②スーパープルーム説

地殻のプレートの相互作用をともなう巨大なマントルの上昇流（スーパープルーム）で火山活動が活発化し、それにともなう気候変動と火山性温室効果ガスによる極度の温暖化により、ペルム紀末の大量絶滅が起こった。エディアカラ紀末や白亜紀末のものも同様にして起こった。

③巨大隕石説

巨大隕石が落下し成層圏にまで達する塵埃を吹きあげて、地表に降り注ぐ太陽光を弱めて、食物連鎖を寸断し絶滅を導いた。あるいは、太陽光が弱められることによる寒冷化でとくに大型の動物が絶滅した。恐竜が絶滅した白亜紀末の地層からは全世界的に高濃度のイリジウムが検出される。イリジウムは地殻では希少な元素であるが隕石には多量に含まれている。多くの海洋生物が絶滅したデボン紀末の地層からもイリジウムが検出されている。二六〇〇万年周期で太陽の周りを公転する天体の存在も指摘されている。

これらの説にはいずれにも賛否両論がある。たとえば、イリジウムはスーパープルームによっても供給されうるなど賛否両論があるが、六五〇〇万年前の白亜紀末の大量絶滅は、隕石説で一応の決着をみている（Schulte *et al.*, 2010）。恐竜は長い時間をかけてゆっくりと絶滅していったし、その絶滅の直前には、北極周辺に多数生息していたこともわかっており、決して寒冷化に対して弱かったわけではない。

エディアカラ紀──多様化と大型化のはじまり

大気中の水蒸気は太陽光にさらされると、光化学反応によって、わずかではあるが過酸化水素と水素を生じる。この過酸化水素は、太陽光に含まれる紫外線によって速やかに分解され、生じた酸素は水素と結合して水に戻る。過酸化水素は氷点が水よりわずかに低いので容易に氷に捕捉されて紫外線による分解をまぬがれる。過去の地球での全球凍結の間に、大気中で生成された過酸化水素は氷床に捕捉され大量に蓄積した。同様のしくみによる過酸化水素の蓄積は、過去の火星でも起きたし、エウロパでも起きている。また現在の地球でも、グリーンランドや南極で、春に氷が溶けると、捕捉されていた過酸化水素が放出されるのが観測される。

過酸化水素は、酸化力が強く生物にとってむしろ有害である。二二億年前の最初の全球凍結後の過酸化水素の洗礼を受けて、これを水と酸素に分解し無毒化する酵素カタラーゼが獲得された。七億年前以降少なくとも二度繰り返された全球凍結の後で、蓄積されていた過酸化水素がカタラーゼによって分解され、大量の酸素が環境に放出された。エディアカラ紀の生物進化は大気中の酸素濃度がこのようにして現在の値に向かって増加していく地球で起こった。

およそ一二〇〇万年にもわたっていたかもしれない全球凍結が終わると、それまで細々と生きてきた原始の生物は、温暖となり多様化した地球環境のあちこちで多様化し放散していった。一方、厚い氷床に阻まれて大気中に蓄積していた火山由来の二酸化炭素は、次々と海に溶け込んでいった。

広がった浅海で、次第に強くなっていく太陽光といまや豊富に存在する二酸化炭素を利用して、シアノバクテリアと藻類が酸素と有機物をさかんに供給した。この有機物を栄養源として従属栄養生物のバクテリアと原生生物が増加した。これらの微生物は、粘液を分泌しながら海底を覆い安定した生態系である微生物マットを形成した。微細な多細胞動物が出現し微生物マットの上を這い回りながら微生物をえさとして繁殖した。

やがて少し大きめの左右相称動物が出現し、微生物マットを掘り起こして掻き乱し、変化に富んだ不安定な環境をつくりだした。この不安定で変化に富んだ環境に適応して直径数一〇㎝にもおよぶ大型のものを含む多様な形態の軟らかい体をもった動物が出現した。これらの動物の多くは、エディアカラ紀末には絶滅しその後の生物の祖先となることはなかったが、そのごく一部は生き残り、海綿動物、腔腸動物、扁形動物、軟体動物、環形動物、脊索動物の祖先となった。

カンブリア爆発

カンブリア紀に、動物は好気的環境に適応して爆発的に放散した。これらを門のレベルで分類すると現在用いられている動物門のほとんどすべてが必要となるほどである。捕食と防御、生殖行動、生息空間の確保と拡大にともなう淘汰圧に対抗して、さまざまな適応戦略が生まれた。捕食者に対する適応として、外骨格をもつ節足動物が出現し繁栄した。動物は多様な感覚器を備えるようになり、三葉虫のように視覚をもつ動物も出現した。食物連鎖の階層が鮮明となり、体長一～二mにもなる大型の捕食者アノマロカリスがその頂点に君臨した。アノマロカリスは、一対の眼柄の先に大きな複眼をもち、前端に二本の大きな触手とその間に鋭い歯を放射状に生やした丸い口とをもっていた。左右に広がった鰭を使ってコウイカのように泳ぎ、三葉虫などを襲って食べた。

カイメン、クラゲ、クシクラゲ、甲殻類など現生のものの直接的祖先がみられる一方で、頭部に五個の目と一本の触手をもつ奇妙な形のオパビニアや上で述べたアノマロカリスのように絶滅したものも多い。アノマロカリスは、炭酸カルシウムの殻を外骨格としてもち殻に囲まれた気室をもつことで中性浮力を獲得したオウムガイにその生態的地位を譲って、カンブリア紀の終わりには絶滅した。オウムガイは、カンブリア紀に続くオルドビス紀に放散して繁栄したが、シルル紀、デボン紀と次第に減少しその生態的地位をアンモナイトとイカ・タコの仲間に譲った。しかし、驚くべきことに、オオムガイの一部の種は現在まで生きのびている。

脊椎動物のはじまり

ヒトは、脊索動物門脊椎動物亜門の動物である。脊索動物には、ほかにナメクジウオが属する頭索動物亜門とホヤやオタマボヤが属する尾索動物亜門とがある（図4・2）。二〇〇八年にナメクジウオの全ゲノムがほぼ解明され、すでに知られていたホヤ、オタマボヤ、ヒトなどのものと比較され、分子系統学的に解析された。その結果、脊索動物は、まず頭索動物の系統がウニやギボシムシが属する棘皮—半索分岐群から分岐し、さらに頭索動物の系統から尾索動物の系統、続いて脊椎動物の系統が分岐したことが確認された。

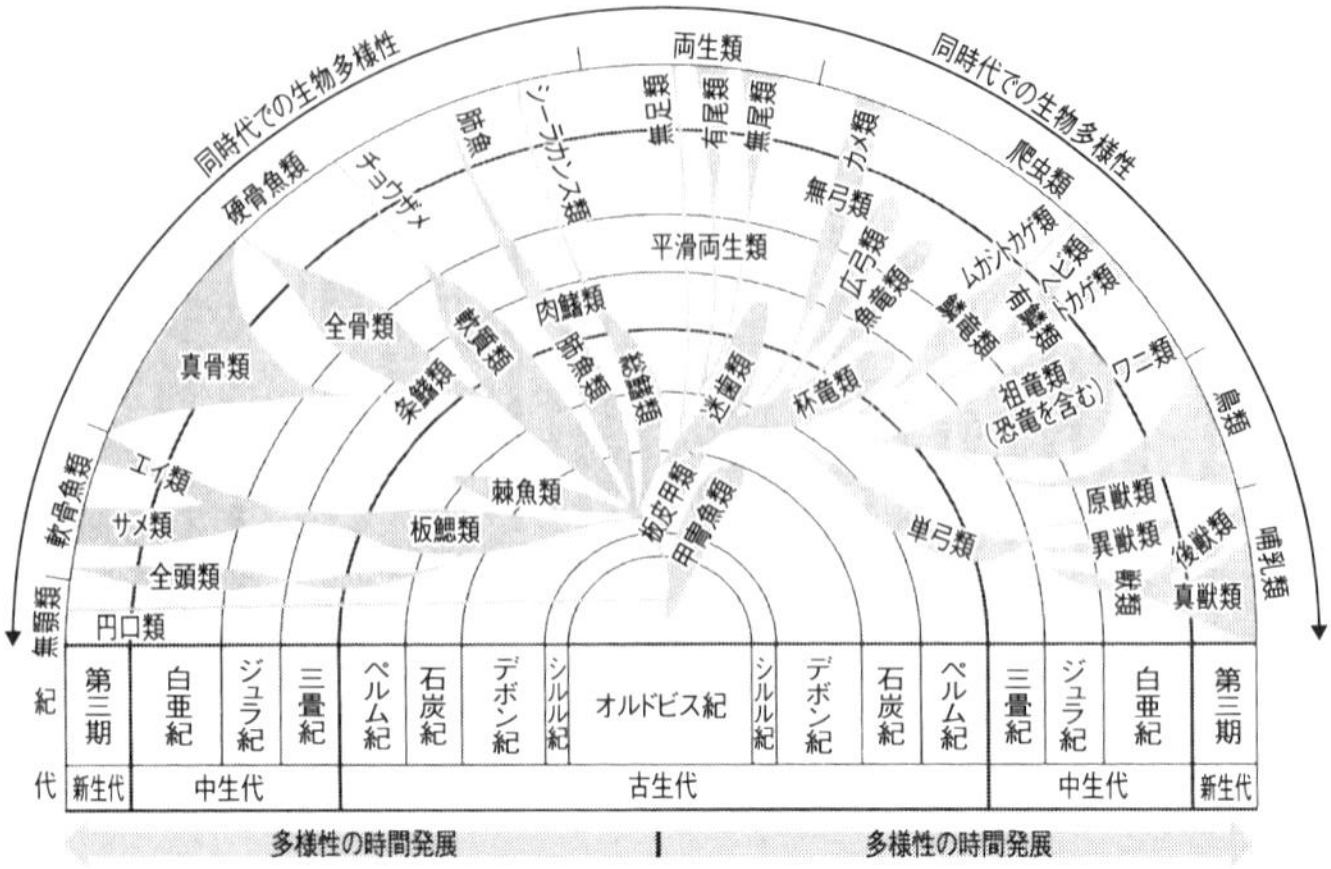

図 4.2　脊椎動物の系統進化（オルドビス紀以降）（Saxena & Saxena, 2008）

カンブリア紀中期の地層から現生の頭索類のナメクジウオによく似たピカイアという生物の化石が発見された。脊椎動物はこのピカイアから進化して出現したといわれたこともある。ところが、カンブリア紀のごく初期の地層から、ハイコウエラというもっとも原始的な長さ三cmほどの脊椎動物の化石が発見された。ハイコウエラは形態的にはナメクジウオに似ているが、脳や原始的な脊椎である原脊椎などのいくつもの脊椎動物の特徴をもっており、無顎類の魚である。カンブリア紀の初期には、ハイコウエラと同様にナメクジウオに似てはいるが、より大きな眼をもつさらに進化の進んだ無顎類のハイコウイクチスとミロクンミンギアという、やはり三cmほどの小型の魚類がいた。

やがて、カンブリア紀後期にはこれらの原始的な脊椎動物からヌタウナギとヤツメウナギの系統が分岐し、さらにウナギのような形をしたコノドントという、脊椎動物の進化史上はじめて、無機物を含んだ骨組織をもつ無顎類の魚が出現した。コノドントは、突出した大きな眼と舌上にノコギリの歯のような構造をもっている。ナメクジウオのように半ば砂に潜っていてえさをこしとって食べるのではなく、泳ぎながら積極的にえさを探して捕らえて食べた。コノドントは、長さ三㎝ぐらいのものから四〇㎝におよぶ大型のものまでの多くの種へと放散し、古生代を生きぬき、中生代に入り三畳紀の終わりまで栄えた。

カンブリア紀の最後に、現生の魚類との共通の祖先から分岐して、無顎類異甲目の甲冑魚《かっちゅうぎょ》が現れた。甲冑魚は体の一部、多くのものでは頭部から胸部にかけての体表が外骨格の骨板に覆われている。内骨格は発達しておらず、鰭は背鰭と尾鰭程度で、まれに胸鰭などの左右で対になっている鰭をもつものもいるが、これもあまり発達しておらず、活発には泳がない。体長は数㎝から一〇㎝で小型ではあったが、非常に多くの種類を生じ、繁栄したが、デボン紀の終わりには絶滅した。

オルドビス紀中期に、サメやエイが属する軟骨魚類の祖先と、現生の大部分の魚が入る硬骨魚類の祖先が分岐した。同時に硬骨魚類の祖先からは軟骨魚類と硬骨魚類の特徴をあわせもつ棘魚類《きょくぎょるい》が分岐した。オルドビス紀中期に出現した棘魚類のクリマティウスは、知られているもっとも古い顎をもつ脊椎動物である。体は流線型で背鰭と大きな尾鰭とをもち、加えて二対の胸鰭と腹鰭をもっており、活発に泳ぐことができた。腹側に多数の棘をはやしており、捕食者に対する防御に役立てた。デボン紀には棘魚類の一部のものは淡水に進出したが、オルドビス紀、石炭紀と繁栄してペルム紀に絶滅した。

シルル紀の後期に現生の多くの硬骨魚が入る条鰭綱《じょうきこう》と、肺魚とシーラカンスの入る肉鰭綱《にくきこう》が分岐した。そして後に、肉鰭綱そのものは肺魚とシーラカンスを残してほとんど絶滅するが、ここからヒトへとつながる四肢動物の系統が分岐し陸上へと進出する。

陸上への進出

シアノバクテリアと藻類が光合成によって放出した大気中の酸素は、原生代初期には現在の一〇分の一となり、エディアカラ紀には現在の濃度レベルに近づいていたから、これに応じて成層圏のオゾン層も形成され、生物の陸上への進出は少なくともエディアカラ紀において、紫外線の危険にさらされることもなく可能であった。したがって、生物の陸上への進出はもっとも古い陸上植物胞子の化石のみつかるオルドビス紀中期より前であったであろう（図4・3）。

まず、シアノバクテリアと菌類との、あるいは緑藻と菌類との共生体である地衣類が、河川の岸辺や海岸から次第に内陸へと広がり、岩石を削って土壌をつくった。続いて、より大型のコケ植物が緑藻類から分岐して登場する。図4・3の花粉四分子の化石は原始コケ植物のものと考えられている。さらに、維管束植物が分岐して誕生し、陸上植物の生態系は豊かなものとなっていった。これに呼応して、動物が土壌中に進出し空気呼吸へと適応していく。図4・3のトリゴノタービッド、クモ、サソリはクモ綱に属する動物で、空気呼吸に適応した書肺という呼吸器官をもつ。また、ヤスデ、ムカデ、昆虫はいずれも気管によって呼吸する。デボン紀後期に、胸鰭と腹鰭を四肢へと進化させ、えら

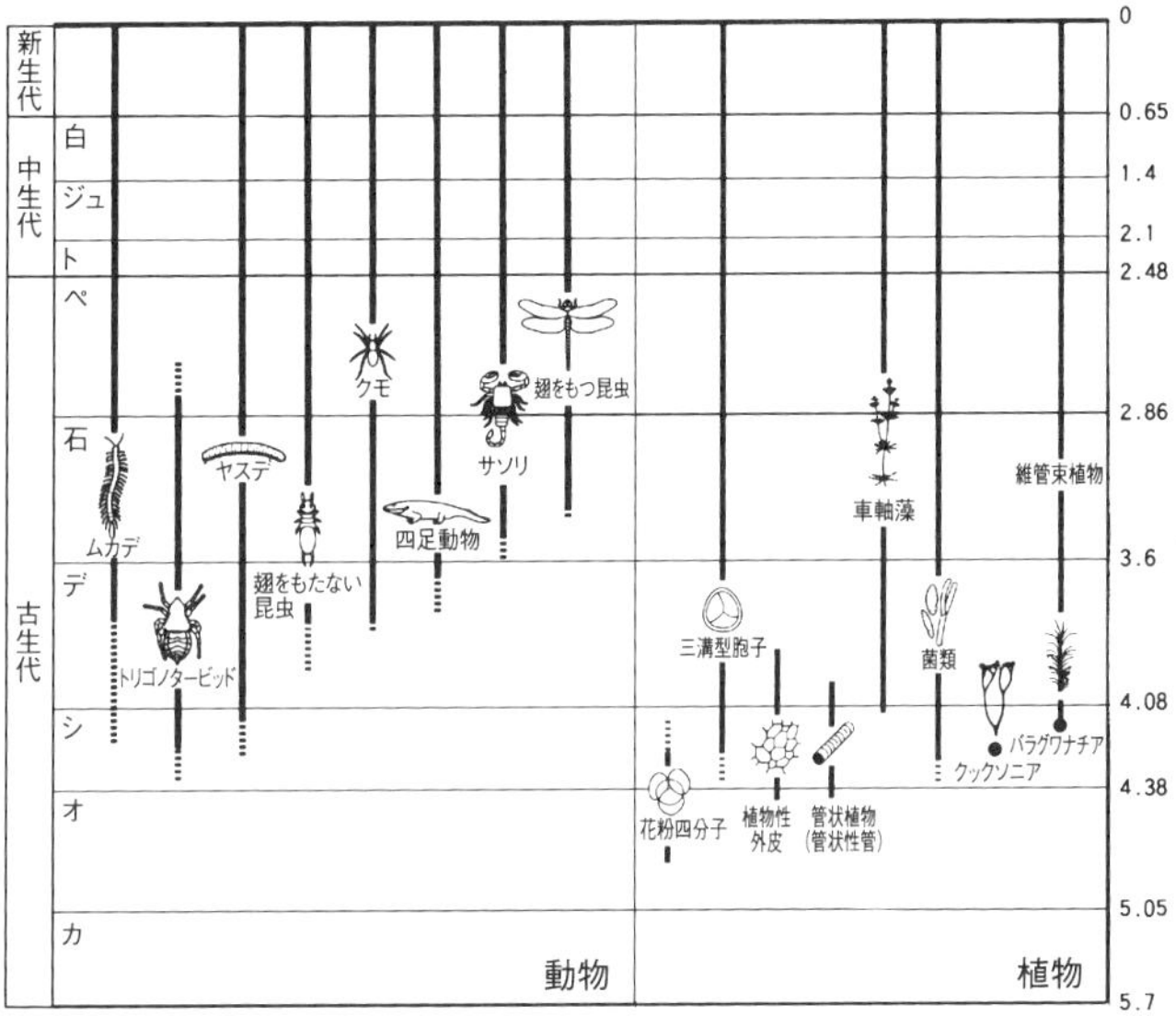

図 4.3　生物の陸上への進出（Gray & Shear, 1995; Slatkin (ed.), 1995）
化石からの推定．地質年代の「紀」を示す記号は図 4.1 と同じ．

呼吸から肺呼吸へと空気呼吸に適応した呼吸法を獲得しながら、四肢動物が上陸する。

シルル紀の縞模様のある管状植物化石（図４・３）からリグニンの分解産物と思われる化学物質がみつかっている。リグニンは、植物体に重力に対する対抗力を与える高分子化合物で、地球重力場への植物の適応の一つとしてうまれた。実際に、宇宙生物科学分野の研究の成果として、遠心機を用いて植物体に過重力を加えると、リグニンの合成が促進されることも知られている。また、植物体を昆虫などに食べられないように保護する硬い組織の一員としても役だった。リグニンは、きわめて複雑な化合物で、これを分解できる酵素をもつ生物が進化してくるまでの間、植物体の死滅後も容易には分解されずに残ったので、植物の光合成による大気中からの二酸化炭素除去と、その結果としての酸素の蓄積に貢献した。図4・3のバラグワナチアはシダ類のヒカゲノカズラ植物門の植物で、デボン紀初期には絶滅するが、近縁種のシダ類がデボン紀中頃から石炭紀そしてペルム紀にかけて繁茂し、なかでも石炭紀にはシダ植物のリンボクという直径一m、高さ三〇mにも達する巨大な草が密生して、二酸化炭素を石炭へと固定した。

このために、デボン紀中頃からペルム紀にかけて大気中の酸素分圧が増大して、一時は〇・三五気圧（一気圧は一〇一三hPa）まで達した。続く三畳紀に急速に下降し〇・一五気圧にまで下がり、その後ふたたび上昇して現在の〇・二一気圧へと変動した。〇・一五気圧というと、現在の地球では海抜二五〇〇mのところの値に相当する。この酸素分圧の変動は、先に述べたように生物の活動も関わってもたらされたと思われるが、それ自身生物の進化に少なからず影響を与えた。高い酸素分圧に適応して酸素を多量に消費する羽をもつ昆虫が進化し、さらに大型化した。脊椎動物では、陸に上がった両生類が多様化し、このなかから陸上での大型の卵による繁殖を可能とする有羊膜類が分岐し、さらに、ほ乳類へと連なる単弓類と、ヘビ、トカゲ、カメ、恐竜、ワニなどの爬虫類、そして鳥類へとつながる竜弓類へと分岐した。

竜弓類と単弓類のいずれからも、体温調節のために体内で産熱する真の恒温動物が独立に誕生し、それぞれ高い活動性を獲得した。恐竜も恒温動物であったという数多くの証拠が得られている。すなわち、現生の爬虫類の骨では顕著な成長輪（季節による成長速度の相違に応じて粗密の区別がつく樹木で言えば年輪に相当するもの）が、恐竜の骨では不鮮明であることや、毛皮や羽毛をもつ恐竜の化石がみつかっている。さらに同時期に繁栄していた原始的ワニやトカゲがみられない両極地でも多数生息していたことなどがあげられる。

生物は変動する地球環境のなかで、生息の可能性をかけて最大限のチャレンジを続けて放散し多様化した。サイズでいえば、たとえばカエルには一㎝未満のものから三〇㎝を超えるものまで、恐竜には六〇㎝ほどのものから三〇ｍを超えるものまでと、実に多様である。生息環境に応じた進化も多様で、陸上に適応したもののなかからふたたび海に進出したものもあり、また空中へと進出したものもある（図４・４）。

陸上への進出は、昆虫の一部と脊椎動物に聴覚を発達させた。発音器官の進化とあいまって、聴覚による個体間でのコミュニケーションは、フェロモンといった化学物質による嗅覚コミュニケーションやホタルなどにみられる光によるコミュニケーションをはるかにしのぐ有効なものとして、視覚と補い合ってやがて知性の進化へとつながっていく。

知的生命の誕生

新生代に入って、大気中の二酸化炭素濃度は次第に減少し、地球は寒冷化の方向に向かった。漸新《ぜんしん》世《せい》には南極に氷床を、さらに引き続く中新世には北極にも氷床ができて、現在の氷河期に突入した。七〇〇万年ほど前に、アフリカのチャドでチンパンジーとホモ・サピエンスの共通祖先から最初の人

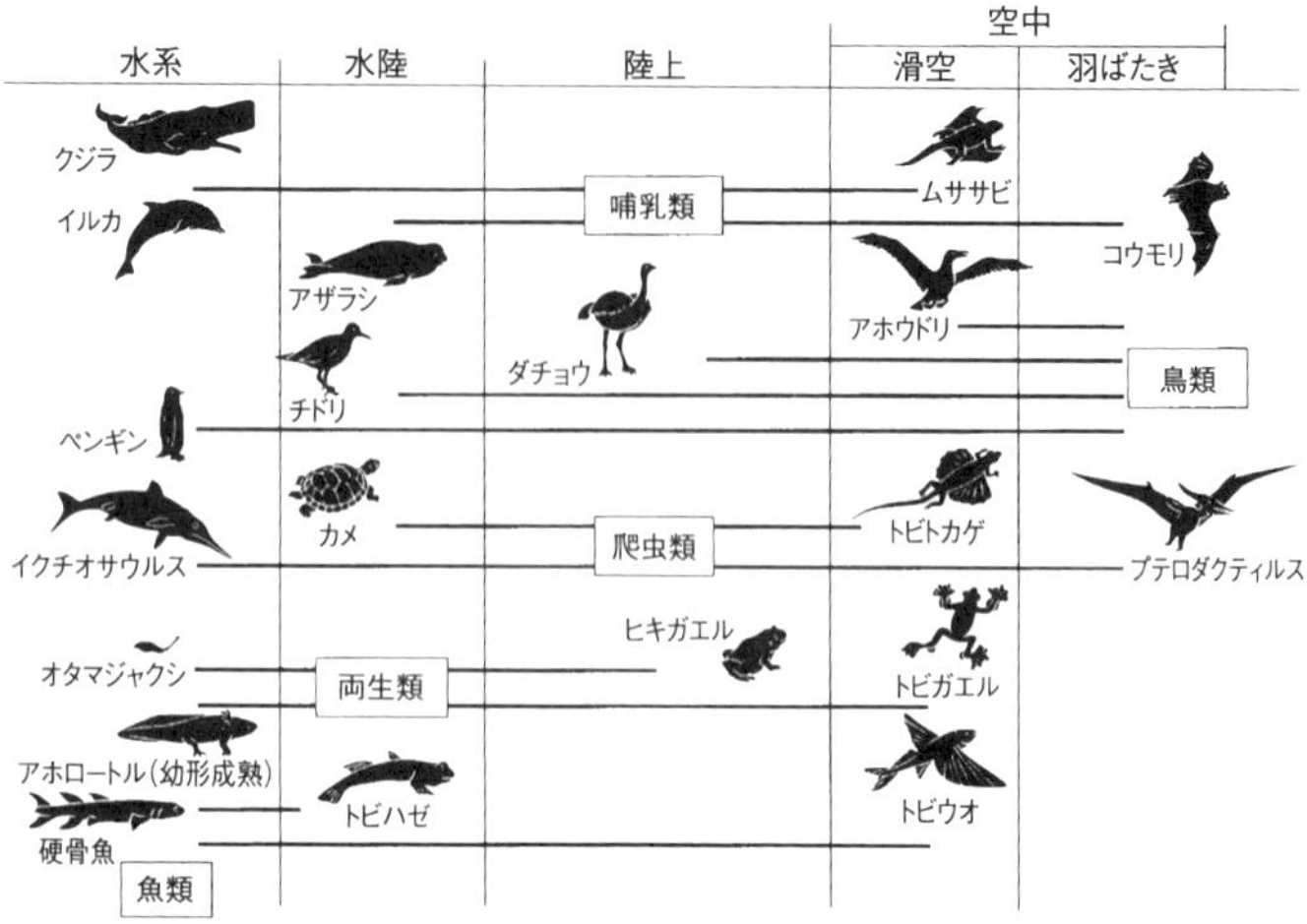

図 4.4　放散と収斂（Kardong, 2008）
脊椎動物のそれぞれのグループごとにさまざまな生息環境に適応した放散がある．一方，グループが異なっていても同じ生息環境ではデザインの収斂がみられる．プテロダクティルス（翼竜）とイクチオサウルス（魚竜）は絶滅種．

類サヘラントロプス・チャデンシスが誕生した。サヘラントロプス・チャデンシスは、脳の容積、容貌ともに現生のチンパンジーによく似ているが、犬歯が縮小している、直立二足歩行に適した頭部をもっているなどで、ホモ・サピエンスにつながる特徴をもっている。サヘラントロプス・チャデンシスの生息環境は、同年代同地域のほ乳類の化石の調査から、草食動物のガゼルや肉食動物のハイエナの生息する草原であったと考えられる。このこともサヘラントロプス・チャデンシスが樹上生活から離れ、草原に直立二足歩行で踏み出したことを物語っている。

　その後もアフリカの各地でヒト科動物の分岐が繰り返され、二六〇万年前にホモ・ルドルフェンシス、ホモ・ハビリスといったヒト科ホモ属の動物が出現する。精巧な石器をつくり、狩りをし、言葉を話した。体毛は少なくなり、汗腺が増え発汗による体温調節を発達させたと考えられている。ホモ・エルガステル、ホモ・エレクトスと続いて、ホモ・エレクトスがアフリカから主としてアジア、またその一部はヨーロッパへと移住していった（図4・5）。さらに、アフリカに残ったホモ・エルガステルからホモ・ハイデルベルゲンシスが分岐しふたたびアフリカから出た。ヨーロッパに進出したホモ・ハイデルベルゲンシスからホモ・ネアンデルターレンシスが分岐して、北半分は氷床に覆われた氷期のヨーロッパで繁栄した。最後に二〇万年ほど前にアフリカに残ったホモ・ハイデルベルゲンシスからホモ・サピエンスが分岐して、やがて世界各地に広がっていった（図4・5）。四万年前頃にはヨーロッパにおいてホモ・ネアンデルターレンシスと遭遇し、これをより西に向かって押しやりながら置き換わっていった。二万〜一万年前頃には、ベーリング地峡、氷期の終わりとともに海峡へと変貌するこの細い道筋をつたって新大陸へと渡っていった。そのさまは、口承によって伝えられ、アンダーウッド（P. Underwood）よって壮大な叙事詩として残されている。

ヒト科動物は、分岐し進化するごとに脳容積を増していった。同時期同地域に複数の種が共存したこともあるが、結局ホモ・サピエンスを残してすべての種が絶滅した。ホモ・サピエンスとホモ・ネアンデルターレンシスはよく似ている。ホモ・ネアンデルターレンシスの保存状態のよい化石の骨からDNAを取り出し、塩基配列を解読する研究が進行中である。その結果、ホモ・ネアンデルターレンシスのDNAはホモ・サピエンスときわめてよく似ていることが明らかになりつつある。特筆すべ

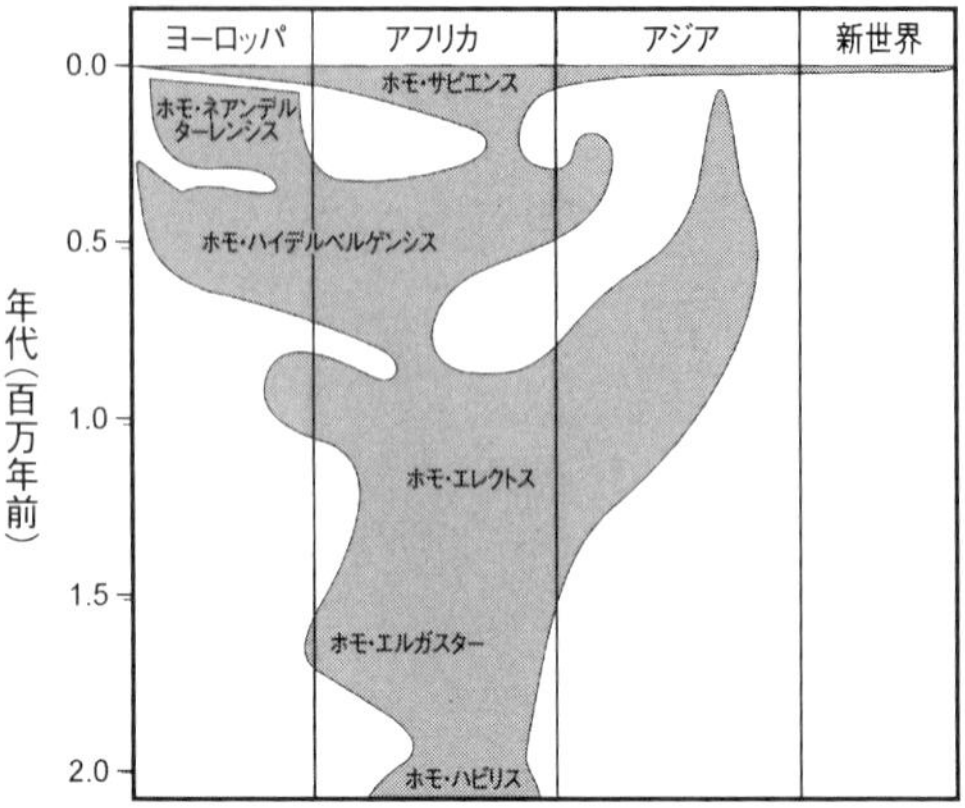

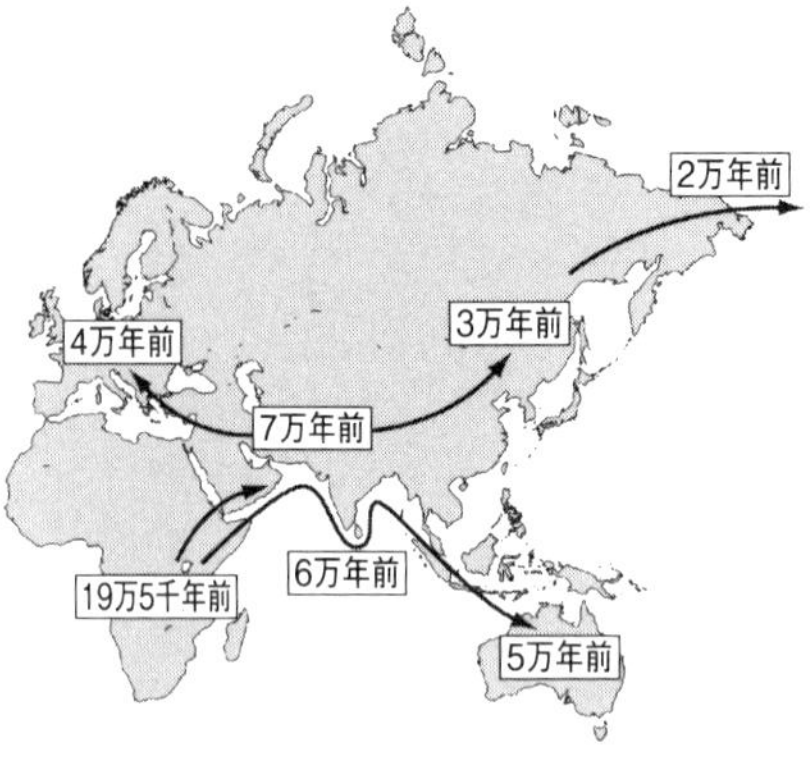

図 4.5　人類の拡散 (Kardong, 2008)
A：ホモ属では何度もアフリカで新種が分岐しその一部はアフリカを出て世界各地に広がっていった．B：19.5 万年前ホモ・サピエンスが誕生してアフリカから広がり出て，ヨーロッパにおいては先住のホモ・ネアンデルターレンシスを，アジアにおいてはホモ・エレクトスを駆逐した．図中の数字は移動の時期を表す．

きは、言語能力の発現に関わる遺伝子の転写因子と考えられる*FOXP2*の塩基配列から推定し、言語能力はおおむね同じと推定されている。しかし、化石のデータから、ホモ・ネアンデルターレンシスの口蓋と気管の構造がホモ・サピエンスに比べて母音の発音に不向きであること、ホモ・サピエンスほどきめ細かな発声ができないという点が指摘され、言語能力に大きな差があったとされてもいる。骨の太さや筋肉の付き方の比較から、ホモ・ネアンデルターレンシスは、ホモ・サピエンスよりずっと屈強であったといわれる。このようにみてくると、ヒト科動物の分岐と進化の過程ではたらいた淘汰圧は、知力の違いであったような気がしてならない。

一九八〇年に、南極のボストーク基地で氷床をボーリングによって鉛直にくりぬき、得られた氷コアに閉じ込められている過去の大気の組成を調べるプロジェクトが開始された。一九九八年には深さ約三・六㎞に達して、四二万年前からの二酸化炭素とメタンの挙動、加えて気温の変動が明らかとなった。同様のプロジェクトが南極ではドーム富士基地のものも含めて数カ所で、北半球ではグリーンランドで行われ、現在では八〇万年前から現在までの気候変動が詳細にわかっている（図4・6）。この変動は、地球が公転のなかで太陽にもっとも近づくタイミングと、地軸が北半球で太陽光を強く受けるように太陽に向かって傾くタイミングが微妙にずれているために生じる周期的変動などにより、日射量が変動するとするミランコビッチの理論によって説明できる。日射量に応じて二酸化炭素とメタンが変動し、日射量とあいまって気温を変動させることも知られている。ラディマン（W. F. Ruddiman）によると、二酸化炭素の実測値が八〇〇〇年前に、メタンのそれは五〇〇〇年前に理論的予測から外れて上昇をはじめているが、それぞれは人類による小麦作と稲作の開始により起こったものである。これにより、人類が五〇〇〇年前にはじまるはずであった次の氷期の開始を遅らせているといえる（図4・6）。

宇宙での生命研究のこれから

一万年ほど前に最後の氷期の終了を迎えて、ホモ・サピエンスはおよそ七〇〇〇年前から世界の各地に都市文明を築きはじめた。道具と言語を発達させ、文字をつくり、宗教を発明し、戦争と平和に明け暮れ、やがて科学技術を進歩させた。第二次世界大戦後の冷戦のなかで米ソ二大超大国による核弾頭を搭載した大陸間弾道ミサイルの開発の機をとらえて、二人の天才、コロリョフ（S. P. Korolyov）とフォンブラウン（W. von Braun）が人類の宇宙への夢を実現へと一歩近づけた。

宇宙開発にはいろいろな側面がある。宇宙生物科学と生命探査も重要な柱であるが、いまだに地球外生命の可能性を探っている段階で、火星隕石から生命の痕跡を発見したとする報告にもきわめて慎重なのが実情である（図4・7）。しかし、太陽系内に生命の存在の条件を少なくとも部分的には満たす生命探査の対象とすべき天体が次第に明らかとなってきた（図4・8、図4・9）。また、宇宙のどこかから送られてくるかもしれない知的生命体からの信号を辛抱強く待ち続けているプロジェクト「地球外知性の探査（Search for Extra-Terrestrial Intelligence、SETI）」も行われている。

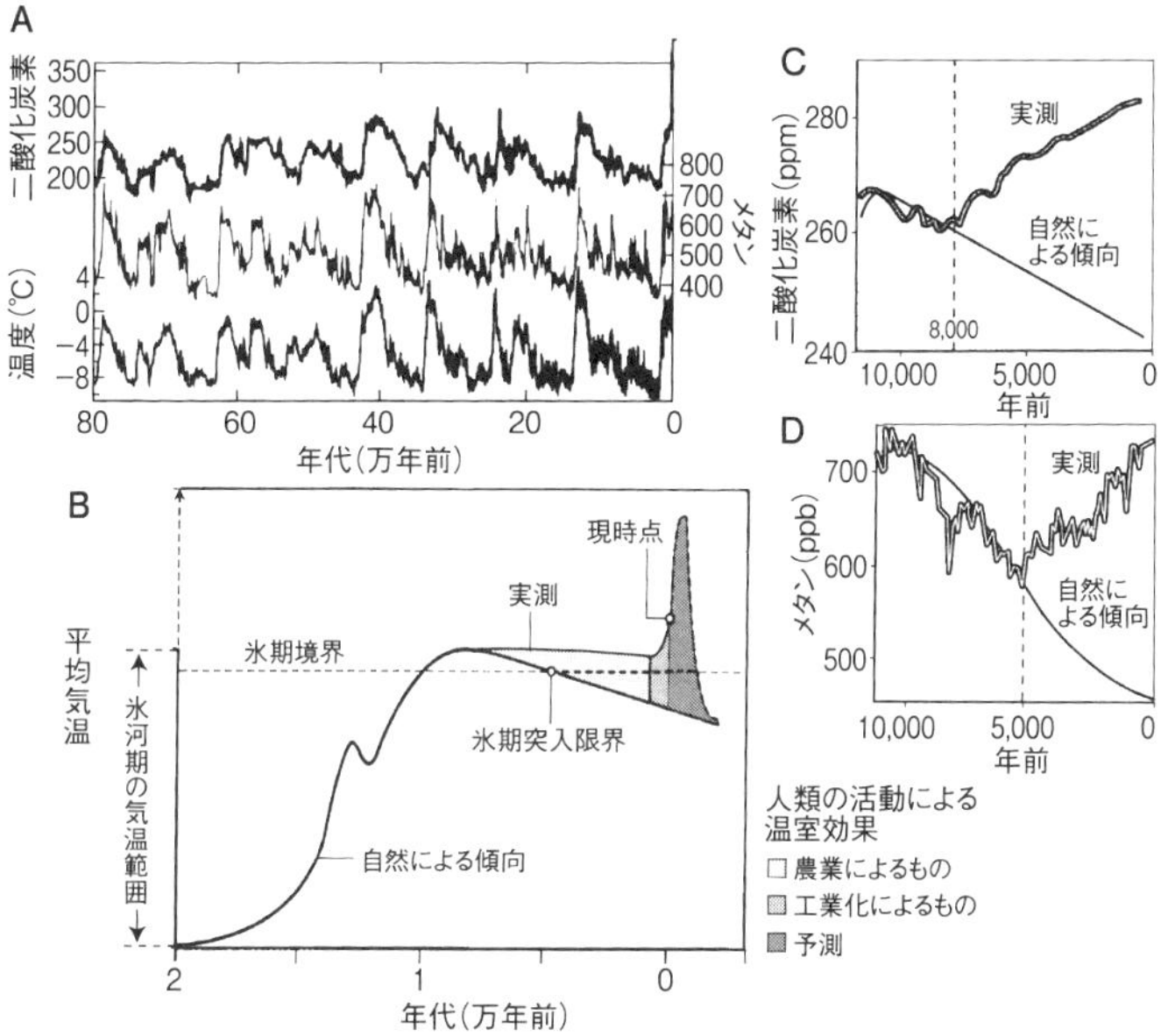

図 4. 6　人類による氷期の訪れの先のばし

A：80 万年前以降の気温，大気中の二酸化炭素濃度，メタン濃度の氷床コアからの推定（Brook, 2008）．B：2万年前から近未来へ向けての気温変動と人類の活動による影響．C：小麦農業の二酸化炭素濃度への影響．D：稲作のメタン濃度への影響（B〜D の出典は Ruddiman, 2005）．

国際宇宙ステーション

アメリカ航空宇宙局（NASA）の開発による再利用型有人宇宙船スペースシャトル（一九八一年〜）、および旧ソビエト連邦（その後ロシア連邦）によって開発された宇宙ステーション、ミール（一九八六〜二〇〇一年）において、数多くの科学的研究が行われ、宇宙生物科学の分野においても輝かしい成果をあげた。

冷戦下ではじまった宇宙開発競争の長い経験の果てに、スペースシャトルとミールの成果は、一五の国（米国、カナダ、日本、ロシア、ブラジル、ベルギー、

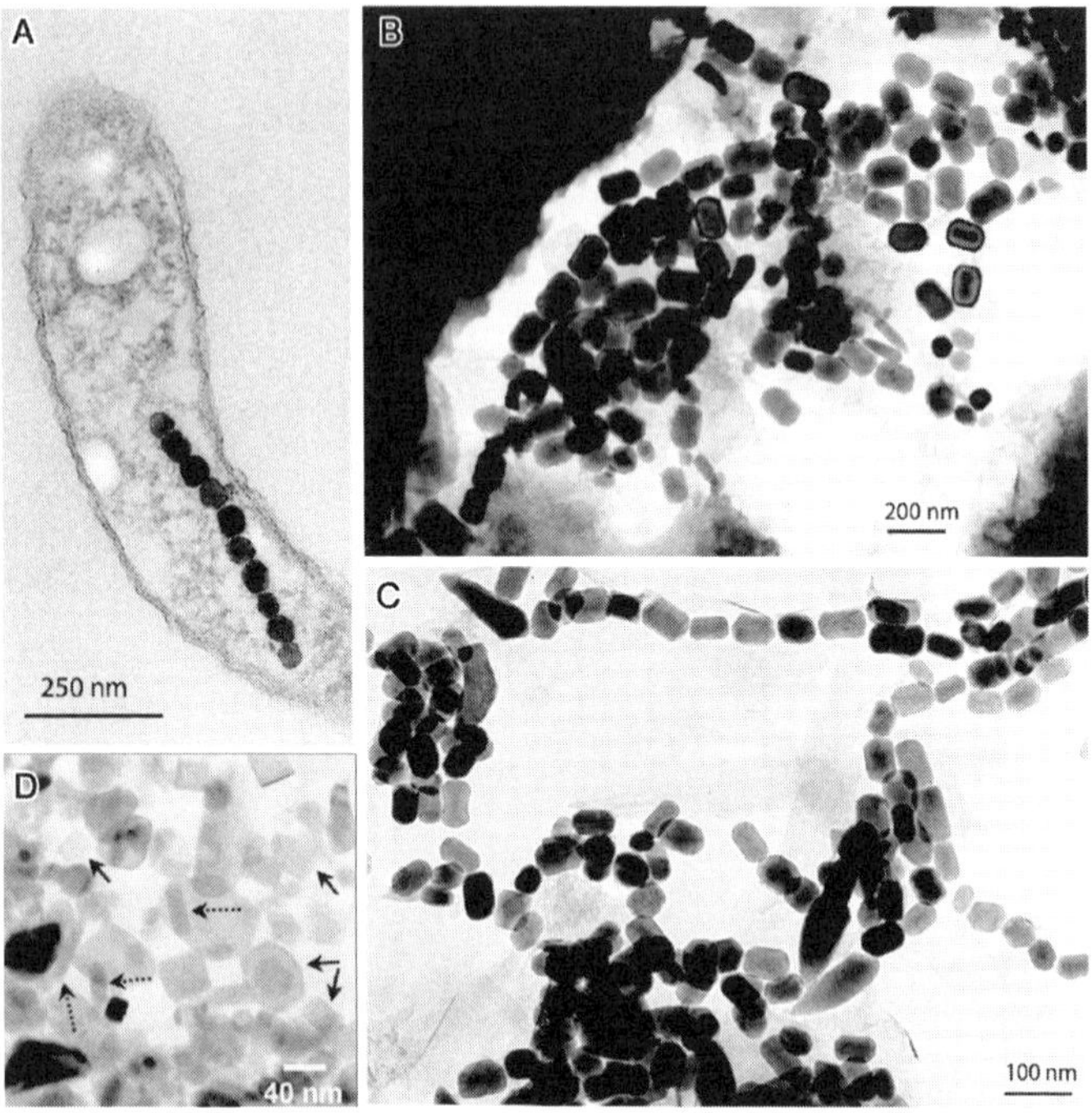

図 4．7　走磁性細菌と磁鉄鉱小粒 (Kopp & Kirshvink, 2008; Frankel & Bazylinski, 2004)

A：現生種のマグネトスピリラム・マグネトタクチクム（*Magnetospirillum magnetotacticum*）．細胞体の前後軸方向に数珠状に連なった磁性体小胞（magnetosome）がみられる．B・C：中新世（B）と白亜紀（C）の磁性体化石（magnetofossil）．形状の定量的解析から磁性体小胞の化石とされている（A～C の出典は Kopp & Kirshvink, 2008）．D：火星の隕石 ALH84001 に含まれる磁鉄鉱の微結晶．この微結晶の形状は磁性体小胞によく似ているが，数珠状に連なるものはほとんどみられない（D の出典は Frankel & Bazylinski, 2004）．

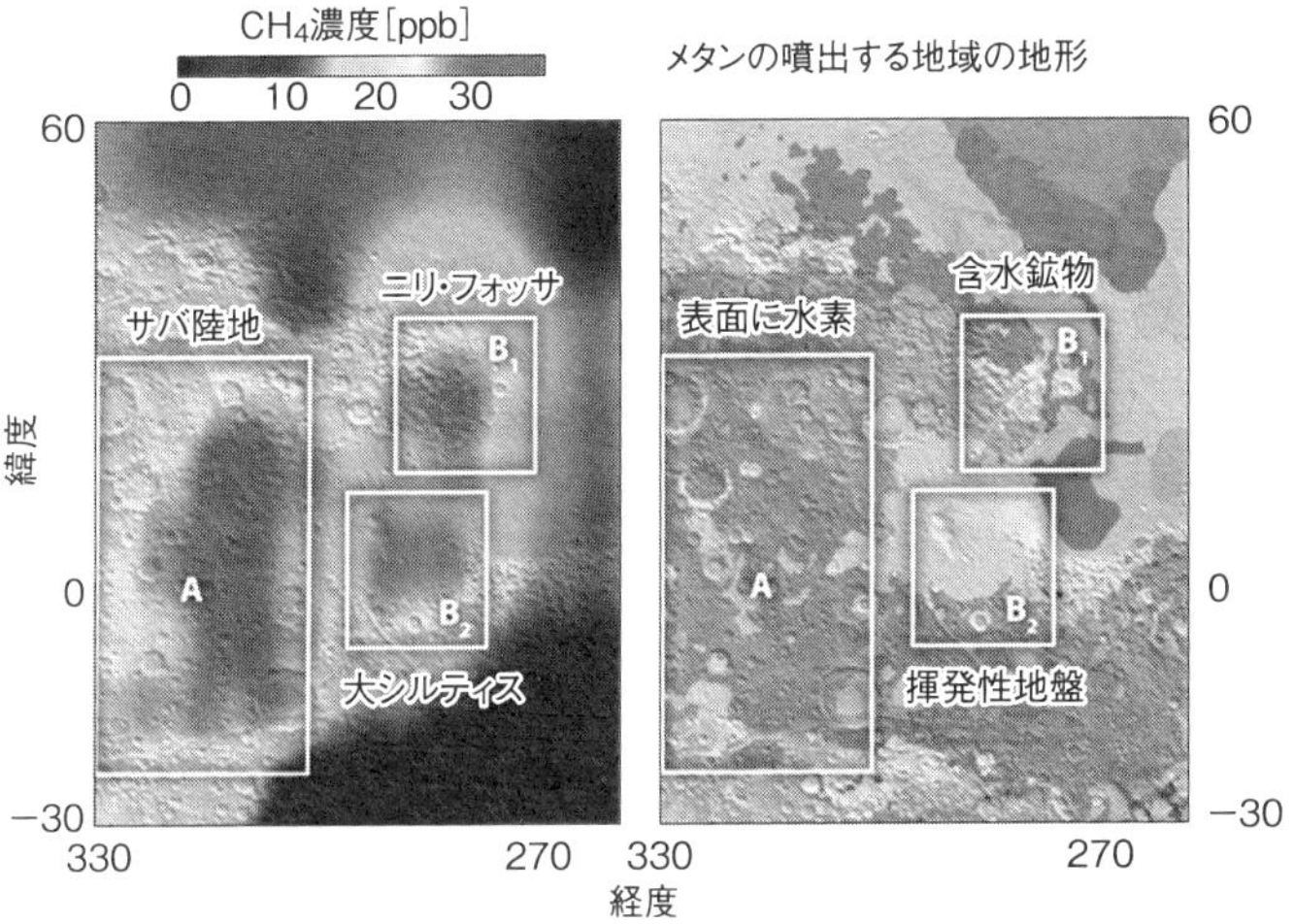

図 4.8　火星の夏の北半球に立ち昇るメタンプルーム（NASA ウェブサイト）
2003 年，NASA により検出されたもの（2009 年 1 月 15 日発表）．太陽からの紫外線によってメタンプルームは速やかに破壊され失われるはずなので，安定した信号が検出されるということは持続的に噴出されていることを意味し，現在の火星に生命活動あるいは地質学的活動が存在することを示唆している．

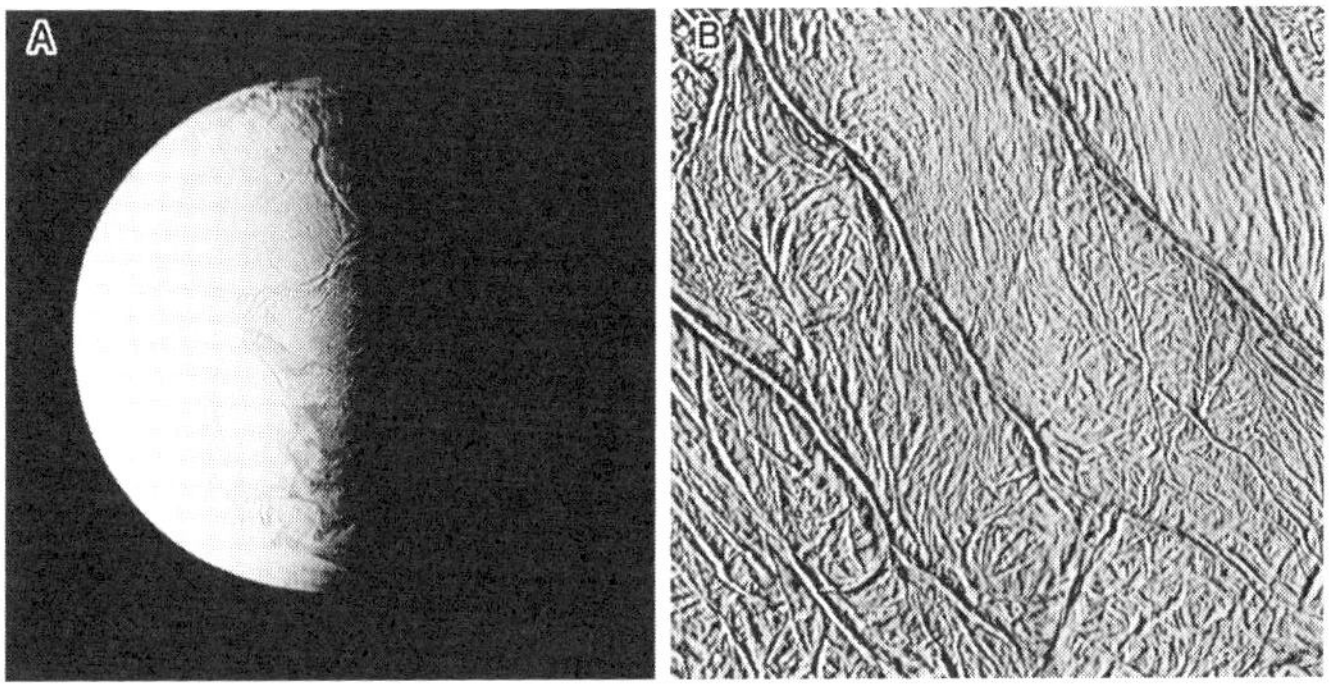

図4．9　生命探査の対象の一つ，土星の衛星エンケラドス(Enceladus)（NASA ウェブサイト）
全球凍結状態のエンケラドスの土星探査機カッシーニから撮影．A：土星に太陽光をさえぎられ月食に入ったところ．B：南極のクローズアップ．氷床に多数の亀裂がみられる．

デンマーク、フランス、ドイツ、イタリア、オランダ、ノルウェー、スペイン、スイス、イギリス）を代表する五つの宇宙機関の国際協力による国際宇宙ステーション（International Space Station、ISS）の建設で実を結んだ（図4・10、二〇〇九年六月完成）。日本の宇宙航空研究開発機構（JAXA）が開発した日本実験棟「きぼう」には、いくつかの生物実験用装置がラックに収められており、「生命現象を司る遺伝子やタンパク質のはたらきから、宇宙環境（とくに微小重力と宇宙放射線）の生命現象への影響解明を目指した研究」が行われはじめた。さまざまな生物種のなかでも、陸上に進出した植物は体をかたちづくる手がかりとして重力を利用し、また自重を支えるために重力を感受して細胞や組織を硬くするしくみを進化させてきた。固着して生長することから、重力の植物への影響は支配的である。そのようなこともあって、植物を用いた研究は優れた成果をあげてきている。国際宇宙ステーションでは長期にわたる宇宙実験が可能となることもあって、世代を通しての宇宙環境の影響や、さらに何世代も継代したときに変化があるかなどを調べる研究にも注目が集まる。第一期利用テーマとして一〇テーマ、第二期利用テーマとして八テーマが生命科学分野の研究として選定され、それらの実施・成果の状況を見守りながら、新たなテーマの募集が国内外で行われている。

「世界最高性能のエアロゲルを使用した軌道上の微生物や有機物の捕集、曝露実験により、微生物の宇宙空間への脱出生存、有機物の地球への搬入の可能性を評価する」研究プロジェクト「たんぽぽ」の準備が本書の執筆者の一人を中心として進められている。この研究は生命の起源のより深い理解をもたらすものとして期待される。

図4.10　国際宇宙ステーション（NASAウェブサイト）
2009年3月25日，若田光一宇宙飛行士を送り届け，ドッキングを解除した直後のスペースシャトル ディスカバリー号から撮影．もとのカラー画像では青く輝く地球を背景としている．全長は約110 m．日本実験棟「きぼう」を◯で囲んで示す．

ISSを超えて

ISSはおよそ一〇年の軌道上での運用利用が計画されている。その間に、長期間におよぶ宇宙環境滞在へのヒトという動物の耐性がテストされ、水を含む諸資源の究極のリサイクル技術の宇宙環境での運用の検証が行われる。その結果を受けて月へ、そしてその先の火星、木星と土星の衛星への宇宙探査旅行計画へのゴーサインが慎重に検討される。日本でも宇宙基本計画が定められ、小惑星イトカワへの挑戦的なミッションに続く太陽系探査や、さらに独自の有人探査への取り組みに大きな一歩が踏みだされようとしている。月以遠の宇宙探査を展望すると、往復に要する期間の長さ（火星では最短二・五〜三年）や、限定された打ち上げ機会（火星の場合行き帰りと

図4.11　エンケラドスに降り立ち生命を探査する近未来の宇宙飛行士（Porco, 2008）
太陽系惑星と衛星探査の国際宇宙ステーションでの予備実験の成果を踏まえての本格的生命探査のはじまり.

もに二年に一回）もあって、多人数・長期の計画は、水に加えて食料や酸素の再生循環利用が求められる。生物・生態学的な要素による再生循環を実現する宇宙農業構想は、国際的な協力のもとに進められるであろう宇宙探査計画に日本ならではの貢献をするものとして期待されている。生命の起源を解明しようとする科学にとって、序章で述べた、マース・サンプルリターン・ミッション、火星の有人探査、さらにその先にみえるエウロパやエンケラドスへの生命探査ミッションの成果が待ち遠しい（図4・11）。

編者・執筆者一覧

●編者

奥野　誠（おくの・まこと）

1948年，岡山県生まれ．1977年，東京大学理学系大学院相関理化学専攻博士課程修了．現在，東京大学大学院総合文化研究科准教授，理学博士．

馬場昭次（ばば・しょうじ）

1942年，東京都生まれ．1971年，東京大学理学系大学院生物学専攻博士課程修了．現在，お茶の水女子大学名誉教授，理学博士．

山下雅道（やました・まさみち）

1948年，東京都生まれ．1976年，東京大学理学系大学院化学専攻博士課程修了．現在，宇宙航空研究開発機構宇宙科学研究所教授，理学博士．

●執筆者（執筆順）

山下雅道（やました・まさみち）　前出

小林憲正（こばやし・けんせい）　横浜国立大学大学院工学研究院教授

澤井宏明（さわい・ひろあき）　群馬大学名誉教授

奥野　誠（おくの・まこと）　前出

菅原　正（すがわら・ただし）　東京大学大学院総合文化研究科教授

豊田太郎（とよた・たろう）　千葉大学工学部助教

鈴木健太郎（すずき・けんたろう）　東京大学大学院総合文化研究科助教

山岸明彦（やまぎし・あきひこ）　東京薬科大学生命科学部分子生命科学科教授

井上　勲（いのうえ・いさお）　筑波大学大学院生命環境科学研究科教授

星　元紀（ほし・もとのり）　放送大学教授

馬場昭次（ばば・しょうじ）　前出

索引

カ行

サ行

タ行

ナ行

ハ行

マ行

ヤ行

ラ行・ワ行

参考文献・参考ウェブサイト

●序章

NASA ウェブサイト（http://www.nasa.gov/home/index.html）

熊沢峰夫・伊藤孝士・吉田茂生（2002）全地球史解読．568p，東京大学出版会．

●第 1 章

Brack, A.（ed.）（1998）The Molecular Origins of Life: Assembling Pieces of the Puzzle. 428p, Cambridge University Press.

Dyson, F.（1999）Origins of Life, 2nd Edition. 112p, Cambridge University Press.

Gilbert, W.（1986）The RNA world. Nature, 319, 618.

Hanczyc, M. M., Toyota, T., Ikegami, Packard, T. N., Sugawara, T.（2007）Fatty Acid Chemistry at the Oil-Water Interface: Self-Propelled Oil Droplets. Journal of the American Chemical Society, 129, 9386–9391.

Ishimaru, M., Toyota, T., Takakura, K., Sugawara, T., Sugawara, Y.（2005）Helical Aggregate of Oleic. Acid and its dynamics in water at pH 8. Chemistry Letters, 34, 46–47.

石川　統・山岸明彦・河野重行・渡辺雄一郎・大島泰郎（2004）化学進化・細胞進化（シリーズ進化学 3）．247p，岩波書店．

池上高志（2007）動きが生命をつくる生命と意識への構成論的アプローチ．240p，青土社．

Joyce, G. F. and Orgel, L. E.（1993）“The Prospects for understanding the origin of the RNA world” in RNA world, Gesteland, R. F. and Atkins J. E.（eds.）, Cold Spring Harbor Laboratory Press.

久保田競・小林憲正・矢原徹一・鷲谷いづみ・馬場悠男・宗川吉汪・上田恵介（2003）自然の謎と科学のロマン〈下〉生命と人間・編．187p，新日本出版社．

金子邦彦（2003）生命とは何か―複雑系生命論序説．442p，東京大学出版会．

小林憲正（2008）アストロバイオロジー―宇宙が語る〈生命の起源〉．

122p，岩波書店．
レーン，J. M.（竹内敬人訳）（1997）超分子化学．280p，化学同人．
Miller, S. L.（1953）Science, 117, 528–529.
Miller, S. L. and A. Lazcano（1995）The origin of life—Did it occur at high temperature? Journal of Molecular Evolution, 41, 689–692.
Miller, S. L., Urey, H. C.（1959）Science, 130, 245–251.
嶺重　慎・小久保英一郎（2004）宇宙と生命の起源—ビッグバンから人類誕生まで（岩波ジュニア新書）．243p，岩波書店．
ＮＨＫ「宇宙」プロジェクト編（2001）天に満ちる生命（ＮＨＫスペシャル宇宙　未知への大紀行　第１巻）．240p，ＮＨＫ出版．
大島泰郎（1995）生命は熱水から始まった（科学のとびら 24）．146p，東京化学同人．
落合栄一郎（1991）生命と金属．111p，共立出版．
パリティ編集委員会編・伏見　譲責任編集（2004）生命の起源．137p，丸善．
Schopf, J. W., Kudryavtsev A. B., Agresti, D. G., Wdowiak, T. J., Czaja, A. D.（2002）Laser-Raman imagery of Earth's earliest fossils. Nature, 416, 73–76.
下山　晃（1995）原始地球と化学進化．月刊地球，17，440–447.
Shohda, K., Sugawara, T.（2006）Soft Matter, 2, 402–408.
生命科学資料集編集委員会（1997）生命科学資料集．268p，東京大学出版会．
Takakura, K., Sugawara, T.（2004）Langmuir, 20, 3832–3834.
Takakura, K., Toyota, T., Sugawara, T.（2003）A Novel System of Self-Reproducing Giant Vesicles. Journal of the American Chemical Society, 125, 8134–8140.
Toyota, T., Takakura, K., Kageyama, Y., Kurihara, K., Maru, N., Ohnuma, K., Kaneko, K., Sugawara, T.（2008）Langmuir, 24, 3037–3044.
Toyota, T., Tsuha, H., Yamada, K., Takakura, K., Ikegami, T. Sugawara, T.（2006）Listeria-like Motion of Oil Droplets. Chemistry Letters, 35, 708–709.
渡部潤一・佐々木晶・井田　茂編（2009）太陽系と惑星（シリーズ現代の天文学 9）．298p，日本評論社．

●第2章

Brack, A. (ed.) (1998) The Molecular Origins of Life: Assembling Pieces of the Puzzle. 428p, Cambridge University Press.

Doolittle, W. F. (1999) Phylogenetic classification and the universal tree. Science, 284, 2124-2128.

Forterre, P. (1996) A hot topic: The origin of hyperthermophiles. Cell, 85, 789-792.

Forterre, P. (2006) Three RNA cells for ribosomal lineages and three DNA viruses to replicate their genomes: a hypothesis for the origin of cellular domain. Proceedings of the National Academy of Sciences of the USA, 103, 3669-3674.

Gilbert, W. (1986) The RNA world. Nature, 319, 618.

Gogarten, J. P., Kibak, H., Dittrich, P., Taiz, L., Bowman, E. J., Bowman, B. J., Manolson, M. F., Poole, R. J., Date, T., Oshima, T., Konishi, J., Denda, K., Yoshida, M. (1989) Evolution of the vacuolar H^+-ATPasse: implications for the origin of eukaryotes. Proceedings of the National Academy of Sciences of the USA, 86, 6661-6665.

Gogarten-Boekels, M., Hilario, E. and Gogarten, J. P. (1995) The effects of heavy meteorite bombardment on the early evolution-The emergence of the three domains of life. Origins of Life and Evolution of Biosphere, 25, 251-264.

Hanczyc, M. M., Toyota, T., Ikegami, T., Packard, N., Sugawara, T. (2007) Chemistry at the oil-water interface: Self-propelled oil droplets. Journal of the American Chemical Society, 129, 9386-9391.

Hara K., Kakegawa T., Yamashiro K., Maruyama A., Ishibashi J.I., Marumo K., Urabe T., Yamagishi A. (2005) Analyses of the archaeal sub-sefloor community at Suiyo Seamount on the Izu-Bonin Arc. Advances in Space Research, 35, pp1634-1642.

Harrison, T. M., Blichert-Toft, J., Muller, W., Albarede, F., Holden, P. Mojzsis, S. J. (2005) Heterogeneous Hadean Hafnium Evidence of Continental Crust at 4.4 to 4.5 Ga. Science, 310, 1947-1950.

Hill, R. W., Wyse, G. A., Anderson, M. (2008) Animal Physiology, 2nd edition. 770p, Sinauer Associates, Inc..

Iwabe, N., K. Kuma, M. Hasegawa, S. Osawa, T. Miyata (1989) Evolu-

tionary relationship of archaebacteria, eubacteria, and eukaryotes inferred from phylogenetic trees of duplicated genes. Proceedings of the National Academy of Sciences of the USA, 86, 9355–9359.

磯崎行雄・寺林優・椛島太郎・角田地文・恒松知樹・鈴木良剛・小宮剛・丸山茂徳・加藤泰浩（1995）35億年前最古ストロマトライト”の正体―西オーストラリア，ピルバラ産，太古代中央海嶺の熱水性堆積物．月刊地球，17巻，7号，476–481.

池上高志（2007）動きが生命を作る―生命と意識への構成論的アプローチ．240p，青土社．

Jannasch, H. W.（1985）The chemosynthetic support of life and the microbial diversity at deep-sea hydrothermal vents. Proceedings of the Royal Society B: Biological Sciences, B225, 277–297.

Jannasch, H. W., Mottl M. J.（1985）Geomicrobiology of deep-sea hydrothermal vent. Science, 229, 717–725.

Joyce, G. F. and Orgel, L. E.（1993）“The Prospects for understanding the origin of the RNA world” in RNA world, Gesteland, R. F. and Atkins J. E.（eds.）, Cold Spring Harbor Laboratory Press.

金子邦彦（2003）生命とは何か―複雑系生命論序説．442p，東京大学出版会．

Kurihara, K., Takakura, K., Suzuki, K., Toyota, T., Sugawara, T.（2010）Cell-Sorting of Robust Self-Reproducing Giant Vesicles Tolerant to Highly Ionic Medium. Soft Matter, 6, 1888–1891.

Luisi, P. L.（2006）The Emergence of Life from Chemical Origins to Synthetic Biology. 332p, Cambridge.

レーン J. M.（竹内敬人訳）（1997）超分子化学．280p，化学同人．

Miller, S. L.（1953）Science, 117, 528–529.

Miller, S. L. and A. Lazcano（1995）The origin of life—Did it occur at high temperature? Journal of Molecular Evolution, 41, 689–692.

Miller, S. L., Urey, H. C.（1959）Science, 130, 245–251.

Miyazaki, J., S. Nakaya, T. Suzuki, M. Tamakoshi, T. Oshima and A. Yamagishi（2001）Ancestral residues stabilizing 3-isopropylmalate dehydrogenase of an extreme thermophile: Experimental evidence supporting the thermophilic common ancestor hypothesis. The Journal of Biochemistry, 129, 777–782.

Mojzsis, S. J., Arrhenius, G., McKeegan, K. D., Harrison, T. M., Nutman, A. P., Friend, C. R. L. (1996) Evidence for Life on Earth before 3,800 Million Years Ago. Nature, 384, 55-59.

Nisbet, E. G. and Fowler, C. M. R. (1996) Some liked it hot. Nature, 382, 404-405.

中内啓光監修（2004）フローサイトメトリー自由自在—マルチカラー解析からクローンソーティングまで（細胞工学別冊—実験プロトコールシリーズ）．182p．秀潤社．

Oberholzer, T., Albrizio, M., Luisi, P. L. (1995) Polymerase chain reaction in liposomes. Current Biology 2, 677-682.

Oparin, A. I., Zhisni, P., Ranpcii, M. (1938) Origin of Life, McMillan.

オパーリン，A. I.（東京大学ソヴィエト医学研究会訳）（1955）生命の起源．117p．岩崎書店．

大島泰郎（1995）生命は熱水から始まった（科学のとびら 24）．146p．東京化学同人．

Pace, N. R. (1991) Origin of life: Facing up to the physical setting. Cell, 65, 531-533.

Schopf, J. W. (1992) The oldest fossils and what they mean. Schopf, J. W. (ed.) Major Events in the History of Life: 29-63, Jones and Bartlett Pub.

Shapiro, H. M. (2003) Practical Flow Cytometry. 736p, Wiley-Liss, Inc..

Sherwood, L., Klandorf, H., Yancey, P., Cole, B. (2004) Animal Physiology: From Genes to Organisms. 816p, Thomson Brooks.

Shimizu, H., Yokobori, S., Ohkuri, T., Yokogawa, T., Nishikawa, K., Yamagishi. A. (2007) Extremely thermophilic translation system in the common ancestor Commonote: ancestral mutants of Glycyl-tRNA synthetase from the extreme thermophile *Thermus thermophilus*. Journal of Molecular Biology, 369, 1060-1069.

Shohda, K., Sugawara, T. (2006) DNA Polymerization on the Inner Surface of Giant Liposome for Synthesizing an Artificial Cell Model. Soft Matter, 2, 402-408.

下山　晃（1995）原始地球と化学進化．月刊地球，17, 440-447.

Takakura, K., Sugawara, T. (2004) Membrane Dynamics of a Myelin-like Giant Multilamellar Vesicle Applicable to a Self-Reproducing System.

Langmuir 20, 3832–3834.
Takakura, K., Toyota, T., Sugawara, T.（2003）A Novel System of Self-Reproducing Giant Vesicles. Journal of the American Chemical Society, 125, 8134–8140.
Toyota, T., Takakura, K., Kageyama, Y., Kurihara, K., Maru, N., Ohnuma, K., Kaneko, K., Sugawara, T.（2008）Population Study of Sizes and Components of Self-Reproducing Giant Multilamellar Vesicles. Langmuir, 24, 3037–3044.
Tice, M. M., Lowe, D. R.（2004）Photosynthetic microbial mats in the 3416-Myr-old ocean. Nature, 431, 549–552.
Ueno, Y., Yamada, K., Yoshida, N., Maruyama, S., Isozaki, Y.（2006）Evidence from fluid inclusions for microbial methanogenesis in the early Archaean. Nature, 440, 516–519.
Wachtershauser, G（2003）From pre-cells to Eukarya- a tale of two lipids. Molecular Microbiology, 47, 13–22.
Woese, C. R.（1987）Bacterial evolution. Microbiological Reviews, 51, 221–271.
Woese, C. R.（1998）The universal ancestor. Proceedings of the National Academy of Sciences of the USA, 95, 6854–6859.
Woese, C. R., Kandler, O., Wheelis, M. L.（1990）Towards a natural system of organisms: Proposal for the domains Archaea, Bacteria, and Eucarya. Proceedings of the National Academy of Sciences of the USA, 87, 4576–4579.
Yamagishi, A., T. Kon, Takahashi, G. and Oshima, T.（1998）From the common ancestor of all living organisms to protoeukaryotic cell. Wiegel, J. and Adams, M. W. W.（eds.）Thermophiles: The keys to molecular evolution and the origin of life?: 287–295, Taylor & Francis Ltd.
山岸明彦（2004）地球上における細胞の起源，石川　統・山岸明彦・河野重行・渡辺雄一郎・大島泰郎著（2004）化学進化・細胞進化（シリーズ進化学 3）第 1 章，pp9–54，岩波書店.

●第 3 章

Bell, G.（1982）The Masterpiece of Nature—The Evolution and Genetics

of Sexuality. University of California Press.
Bottjer, D. J.（2005）The early evolution of animals. Scientific American, 293, 31-35.（和訳はボッティエ，D. J. 動物はいつ左右対称になったのか．日経サイエンス 2005 年 11 月号，日経サイエンス社）
Buchsbaum, R., Buchsbaum, M., Pearse, J., and Pearse, V.（1987）Animals Without Backbones 3rd edition. University of Chicago Press.
Bullock, M. A., Grinspoon, D. H.（1999）Global climate change on Venus. Scientific American, 34-41.（和訳はブロック，M. A. ・グリンスプーン，D. H. 金星を襲った気候激変．日経サイエンス 1999 年 6 月号，日経サイエンス社）
Chen, J. Y., Bottjer, D. J., Oliveri, P., Dornbos, S. Q., Gao, F., Ruffins, S., Chi, H., Li, C. W. and Davidson, E. H.（2004）Small bilaterian fossils from 40 to 55 million years before the Cambrian. Science, 305, 218-222.
キャロル，L.（脇明子訳）（2000）鏡の国のアリス（岩波少年文庫）．274 p，岩波書店．
Cavalier-Smith, T.（2002）The neomuran origin of archaebacteria, the negibacterial root of the universal tree and bacterial megaclassification. International Journal of Systematic and Evolutionary Microbiology, 52（Part 1）, 7-76.
Douglas, S. E., Murphy, C. A., Spencer, D. F., Gray, M. W.（1991）Cryptomonad algae are evolutionary chimaeras of two phylogenetically distinct unicellular eukaryotes. Nature, 350, 148-151.
原生生物情報サーバ（http://protist.i.hosei.ac.jp/PDB/Images/Ciliophora/Spirostomum/index.html）
Golding, G. B. and Gupta, R. S.（1995）Protein-based phylogenies support a chimeric origin for the eukaryotic genome. Molecular Biology and Evolution, 12, 1-6.
Martin, W., Mueller, M.（1998）The hydrogen hypothesis for the first eukaryote. Nature, 392, 37-41.
Hartman, H., and Fedorov, A.（2002）The Origin of the Eukaryotic Cell: A Genomic Investigation. Proceedings of the National Academy of Sciences of the USA, 99, Issue 3, 1420-1425.
Hoffman, P. F., Schrag, D. P.（2000）Snowball earth. Scientific American,

50–57.（和訳はホフマン，P. F.・シュラグ，D. P. 氷に閉ざされた地球．日経サイエンス 2000 年 4 月号，日経サイエンス社）
http://users.rcn.com/jkimball.ma.ultranet/BiologyPages/P/Protists.html#Choanoflagellates
濱田隆士監修，川上紳一校閲，榎田政隆文・構成（2002）宇宙・地球いのちのはじまり 4 進化は単細胞生物から多細胞生物へ．48p，理論社．
井上　勲（2007）藻類 30 億年の自然史〔第 2 版〕—藻類から見る生物進化・地球・環境．643p，東海大学出版会．
Kirk, D. L.（1997）Volvox Molecular-Genetic Origins of Multicellularity and Cellular Differentiation. 381p, Cambridge University Press.
Knoll, A. H.（斎藤隆央訳）（2005）生命　最初の 30 億年—地球に刻まれた進化の足跡．390p，紀伊國屋書店．
熊沢峰夫・伊藤孝士・吉田茂生（2002）全地球史解読．568p，東京大学出版会．
McFadden, G. I., Reith, M. E., Munholland, J., Lang-unnasc, N.（1996）Plastid in human parasites. Nature, 381, 482 .
Miyashita, H., Ikemoto, H., Kurano, N., Miyachi, S. and Chihara, M.（2003）Acaryochloris marina gen. et sp. nov.（Cyanobacteria）, an oxygenic photosynthetic prokaryote containing chl d as a major pigment. Journal of Phycology, 39, 1247–1253.
Pappalardo, R. T., Head, J. W., Greeley, R.（1999）The hidden ocean of Europa. Scientific American, 34–43.（和訳はパパラルド，R. T.・ヘッド，J. W.・グリーリー，R. エウロパの隠された海．日経サイエンス 2000 年 2 月号，日経サイエンス社）
酒井治孝（2003）地球学入門—惑星地球と大気・海洋のシステム．284p，東海大学出版会．
Schierwater, B., de Jong, D., and DeSalle, R.（2009）Placozoa and the evolution of Metazoa and intrasomatic cell differentiation. The International Journal of Biochemistry & Cell Biology, 41, 370–379.
Simpson, S.（2003）Questioning the oldest signs of life. Scientific American, 52–59.（和訳はシンプソン，S. 最古の生命を追う，日経サイエンス 2003 年 7 月号．）
Smith, J. M. and Szathmáry, E.

Srivastava, M. *et al*. (2008) The Trichoplax genome and the nature of placozoans. Nature, 454, 955-960.

スミス，J. M.・サトマーリ，E.（長野敬訳）(2001) 生命進化 8 つの謎. 276p，朝日新聞社.

田近英一 (2007) 全球凍結と生物進化．地学雑誌，116，79-94.

Tomitani, A., knoll, A. H., Cavanaugh, C. M., Ohno, T. (2006) The evolutionary diversification of cyanobacteria: molecular-phylogenetic and paleontological perspectives. Proceedings of the National Academy of Sciences of the USA, 103, 5442-5447.

Tree of Life Web Project (http://tolweb.org/tree/)

Van de Peer, Y., Rensing, S. A, Maier, U. G. (1996) Substitution rate calibration of small subunit ribosomal RNA identifies chlorarachniophyte endosymbionts as remnants of green algae. Proceedings of the National Academy of Sciences of the USA, 93, 7732-7736.

Whitworth, D. E. (ed.) (2008) Myxobacteria Multicellularity and Differentiation. ASM Press.

wikipedia (http://en.wikipedia.org/wiki/Caenorhabditis_elegans)

●終章

アンダーウッド，P.（星川淳訳）(1998) 一万年の旅路―ネイティヴ・アメリカンの口承史．545p，翔泳社.

Brook, E. (2008) Windows on the greenhouse. Nature, 453, 291-292.

Frankel, R. B. and Bazylinski, D. A. (2004) Magnetosome mysteries. American Society for Microbiology News, 70, 176-183.

Gray, J. and Shear, W. (1995) Early life on earth. Slatkin, M. (ed.) Exploring Evolutionary Biology, Sinauer Associates, Inc.

http://www.abdn.ac.uk/rhynie/trig.htm

Kardong, K. V. (2008) An Introduction to Biological Evolution 2nd edition. McGraw Hill.

Kardong, K. V. (2009) Vertebrates Comparative Anatomy, Function, Evolution. 784p, McGraw-Hill.

Kopp, R. E. and Kirshvink, J. L. (2008) The identification and biochemical interpretation of fossil magnetotactic bacteria. Earth-Science Reviews, 86, 42-61.

NASA ウェブサイト（http://www.nasa.gov/home/index.html）
ＮＨＫ「地球大進化」プロジェクト編（2004）ＮＨＫスペシャル地球大進化 46 億年・人類への旅　1 生命の星大衝突からの始まり（DVD）. ＮＨＫエンタープライズ.
Porco, C.（2008）The restless world of Enceladus. Scientific American, 26–36.
Ruddiman, W. F.（2005）How did humans first alter global climate? Scientific American, 34–41.
Saxena, R. K., Saxena, S.（2008）Comparative Anatomy of Vertebrates. Viva Books Private Limited.
Schulte, P. *et al.*（2010）The Chicxulub asteroid impact and mass extinction at the Cretaceous-Paleogene boundary. Science, 327, 1214–1218.
Sepkoski, Jr., J. J.（1998）Rates of speciation in the fossil record. Philosophical Transactions of the Royal Society B: Biological Sciences, 353, 315–326.
シュービン，N.（垂水雄二訳）（2008）ヒトのなかの魚，魚のなかのヒト―最新科学が明らかにする人体進化 35 億年の旅．306p，早川書房.
渡辺勝巳監修（2006）Space Race 宇宙へ―冷戦と二人の天才（DVD）. ＮＨＫエンタープライズ.

生命の起源をさぐる　宇宙からよみとく生物進化

2010年12月20日　初版

［検印廃止］

編　者　日本宇宙生物科学会
奥野誠
馬場昭次
山下雅道

発行所　財団法人　東京大学出版会
代 表 者　長谷川寿一
113-8654　東京都文京区本郷7-3-1
http://www.utp.or.jp/
電話 03-3811-8814　FAX 03-3812-6958
振替 00160-6-59964

印刷所　株式会社平文社
製本所　島崎製本株式会社

ISBN 978-4-13-063331-4 Printed in Japan